ウイルスの反乱

ロビン・マランツ・ヘニッグ

長野 敬＋赤松眞紀 訳

青土社

ウイルスの反乱

ジェフに、そして我が愛娘、ジェシカとサマンサに我々は、動き躍るウイルスの布織りのなかで生きている。彼らは生物から生物へ、植物から昆虫、哺乳類、そこから人へと、またその逆にも、ミツバチのように忙しく飛び交い、……あたかも大パーティ席でのように、遺伝から遺伝へ次々に挨拶して回る。彼らは、新しい変種DNAを我々の間にゆき渡らせる最大の仕掛けなのかもしれない。そうだとすれば、医学でいやでも我々の注目の的となる奇妙なウイルス病は、一つの事故、ある種の落としものと見られるだろう。

――ルイス・トマス『細胞たちの生』

ウイルスの反乱

＊目次

はじめに　9

第1部　極微の疫病神

第1章　なぜ新しいウイルスが出現するのか　21

第2章　事例研究――エイズはなぜ出現したか　67

第3章　ウイルス学入門　95

第2部　あらたな脅威

第4章　狂った牛、死んだイルカ、そして人間のリスク　129

第5章　ウイルスは慢性病を起こすか　165

第6章　トロピカル・パンチ――恐るべきアルボウイルス　200

第7章 新型インフルエンザの出現 230

第3部 反撃

第8章 エイズに続くもの 259
第9章 ウイルスの家畜化 279
第10章 新しい生物学への道 304

訳者あとがき 327
本書に寄せて 333

人名索引 1
事項索引 5
注 7
文献 35

はじめに

それは家畜に始まった。牛が次々と狂い死にしたのだ。イングランド南部の酪農家が一九八六年に牛の奇妙な様子を最初に報告している。それによると、牛は興奮状態、神経過敏、あるいは攻撃的になり、最後には立っていられなくなるということだった。一ヵ月以内に、他にも同じ症状が報告されるようになり、英国全体の家畜に何かの伝染病が広がり、国内の食肉供給の安全性が脅かされていることが明らかになった。☆1

幾万頭もの家畜が感染したり屠殺されるという結果がもたらされたわけだが、それ以上に英国人の関心を集めたのは、ブリストルにおいて起こった一匹の猫の死だった。一九九〇年の春のことで、それに続いてあと二匹の猫の死も確認された。死ぬ前に、どの猫も牛と同じように狂ったり、攻撃的になったり、極端な虚脱状態に陥ったり、興奮したり、足をひきずったりした。

これは、本当に恐ろしいことだった。生物種の境界などは無視して、人間といっしょに住んでいる子猫さえ殺すウイルスが現われたのだ。人間にうつるケースも遠からず現われるのではないだろうか。

猫の死に至るころには、ロンドンの大衆紙が「狂牛病」を次の大災害として取り上げていた。いくらか度がすぎてはいたが、この予言には真実の部分も含まれていた。この病気が最初に牛で見られてから五年以上たって、結局一万八千頭の家畜が死んだ。また猫ばかりでなく、ロンドン動物園のアラビア・オリックスをはじめとする他の動物にも感染した。今のところ、人間に感染した例は見られていない。この病気は、何年間も気づかれずに神経系の中で成長を続ける奇妙な「スロー」ウイルスによってひき起こされると考えられている。不気味なことに、このウイルスは、私たちをとりまく環境にも存続している。あるアメリカの科学者が、このウイルスを含んだ土を容器に入れて、メリーランドの自宅の庭に埋めた。三年後に掘り出した時点で、そのウイルスにはまだ感染力があった。☆2

牛の病気は、人間の行為によって、新しくウイルスの繁殖できる場が作り出された一例を示している。牛の場合には、たった一つ飼料の製造工程が変わり、純度が変わったことが原因となった。こうしたパターンはウイルスが出現してくる過程において、たびたび見ることができる。出現ウイルスとは、生物種あるいは地理上の境界を越えて、予期せぬ場所で、先例のない毒性を現わすウイルスのことをさす。この中でも最も悪名の高いのがエイズをおこすウイルスである。

ウイルスの出現は、近年まであまり例が見られなかった。そして最近まで、それはウイルスの遺伝子配列に起きたまったく予想のつかない変化、つまり突然変異によって証明できると考えられていた。しかし、ウイルスが出現する方法や理由を系統的に見ていくうちに、科学者は、突然変異が原因となっているものはきわめて稀だという驚くべき事実を発見した。そして人間の行動が、新しいウイルスの出現にとって、以前考えられていた以上に重要性を持つことがわかった。

このことを理解していれば、我々のこの時代で最も重要ないくつかの社会問題に新しい光をなげかけることができる。環境的、政治的、人口統計的、経済的、軍事的など生活のあらゆる面におけるすべての決断は、世界の反対側にある病気とかかわり合いを持つ可能性を秘めている。エジプトでアスワン・ハイ・ダムが建設された時には、ダムに蓄えられるようになった水のおかげで蚊が繁殖して、その蚊が運ぶウイルスが新しい脅威となった。日本からテキサスに中古タイヤが送られた時、湿ったリムにただ乗りしていた蚊が新大陸までたどりついた。この蚊は、テキサスでは見たこともないウイルスを運ぶことができたので、公衆衛生に新たな脅威をもたらした。ソウルで市街地の境界が田舎へと拡大されたとき、韓国の都会に住む人々は、野ネズミが何百年ものあいだ持っていたウイルスにさらされるようになった。そして多くの人々が、死亡率一〇パーセントという猛烈な出血熱に感染した。

一九六〇〜七〇年代には、公衆衛生当局や科学者は「進歩」がこのような結果をもたらすことを考えてもみなかった。西側の人間は、少なくとも伝染病に関する限り、自分は無敵同然とうぬぼれていた。しかし、それはギリシャ神話における神々に対する思い上がりに匹敵するほどの思い上がりだ。私たちは、自然界の釣合ばかりか、自分自身の健康への影響すらほとんど考えずに生態系に介入して、物品や人間を世界各地に送りだしてきた。

当時の科学者は伝染病のことを、ひとつずつ端から片付けていける問題のように考えていた。あたかもガンマンが、殺した人の数をガンベルトに刻むように、ひとつずつ勝利をおさめていけるものと考えていた。科学の力によって私たちはポリオを征服し、天然痘を根絶し、小児麻痺のワクチンを開発し、ワクチンの安全網をすり抜けて感染症がおきた場合の対策として「奇跡の薬」抗生物質を作りだした。一九六九年に合衆国公衆衛生局長官ウィリアム・H・スチュワートは、「伝染病との戦いで我々は勝利を収めた」と宣言している。そしてオーストラリアのウイルス学者のサー・マクファーレン・バーネットは獲得免疫耐性の仮説でノーベル賞を受賞した一人であり、これが臓器移植へと続くのだが、そのバーネットも著書の第三版の始めに同様の考えを記している。その中で彼は、『伝染病の博物史』の初版から二十年以上を経て、多くが変わったことにふれている。一九六二年にバーネットは、二十世紀の終わりには、社会生活に重大な意味を持つ伝染病は事実上無くなるだろうと記述している。また伝染病について書くのは、「すでに歴史となってしまったことについて書くようなものだ」と述べている。

伝染病に対する勝利宣言が時期尚早であることを示す最たる例がエイズだった。この極めて小さい、ヒトの免疫不全症ウイルスは、単に数本の遺伝物質の糸で構成されているにすぎないが、私たちがいかに死すべき運命にあるかをみせつけてくれた。そして新たな病原体の手中におちる前にその出現を予測するのがいかに困難であるか、また私たちの傲慢な心を根底から揺さぶる事実、つまり自然界のしくみの中で人間はかなり辺縁的な存在らしいことを、教えてくれた。

宿主とした人間をかなりの割合で殺してしまうにもかかわらずエイズ・ウイルスはしぶとく生き続け、今日世界各地において推定一千万の人々の中で増殖を続けている。ウイルスにとって自分が致死的であることなどとるに足らないことで、古い宿主が死ぬ前に新しい宿主に感染さえすればよいのだ。それは、このウイルスの潜伏期間が十年あるいはそれ以上ということから、保証されているも同然なのだ。寄生生物の永続をたすける宿主として考えると、人間は、英国のある生物学者が言うように「ウイルスの植民地」

のように見えてくる。[4]

本書は、自然界におけるウイルスの驚くべき役割を中心テーマとして扱っている。ウイルスの側から見れば、宿主は、それが人間のように高等なものであろうと無かろうと、自分を増やす手段にすぎない。人間が感染するのはウイルスが「ずる賢い」からではなく、ウイルスの行く手をさえぎったからにすぎない。

リチャード・クローズは、この真理をもう二十年以上となえ続けている。オハイオ訛りと撫でつけた白髪といった風貌のクローズは、中西部の説教師そのものである。米国の国立衛生研究所（NIH）の一部門である国立アレルギー・感染症研究所（NIAID）の責任者として、彼は八年間任務についていたが、そのように権威ある立場から声を上げても、聴衆は懐疑的あるいは無関心であった。人々が耳をかすようになったのは、エイズの悲劇が起こってからだった。

「愛、憎しみ、平和、戦争、都市化、人口過剰、不景気、一晩に異なった五人と寝るほど元気な人など、原因となるのは何であろうとも、社会構造に大きな変化が生じると、生態系のシステムにストレスがかかり、人間と微生物の間の平衡状態が変わることがある。大きな変化は疫病や伝染病につながる。しかも、それは我々のごく身近な所にいる微生物によって引き起こされることが多い」とクローズは言い続けていた。[5]

新しいウイルスがいかにして、またどのようにして出現するのかを以下に考えていくうえで、クローズも道を示してくれる。彼は今、NIHのフォガティー国際センターの首席研究員であり、米国政府のエイズ研究を先導するNIAIDの科学者や行政官にアドヴァイスを与える立場にある。一九八一年に出版された彼の短いエッセー集『途絶えない流れ——微生物の不休の挑戦』は、今でも国内の指導的立場にある伝染病の専門家たちに引用されることがある。そうした中には、NIAIDの現役の所長であるアンソニー・フォーシもいる。フォーシが一九九〇年に議会に年次予算の請願をしたときスタッフにつくらせたポスターは、実はクローズの小冊子からインスピレーションを得たものだった。このポスターには、「絶え間なく打ち寄せる病気の波」と命名されたイラストが描かれていた。そこでは二十一世紀と記された大きなクエスチョン・マークに、伝染病をちりばめた津波が覆いかぶさっていた。フォーシは後にこのポスターを額にいれて、彼の先輩に進呈した。

六十歳代後半のクローズを、出現ウイルスの分野における白髪の賢人に譬えるなら、スティーヴン・モースは行動家だといえる。モースは、ニューヨークにあるロックフェラー大学のウイルス学助教授である。(偶然のことであるがクローズもこの大学で、一九五〇年代、六〇年代に細菌学者として評価されていた。)四十歳代初めのモースは、その真剣な態度、角わくの眼鏡、調子の高い声などのおかげで年より若く見える。彼がニューヨークのブロンクス科学ハイスクールのませた生徒だったころ、あるいはその後十九歳でニューヨークの最も古いシティー・カレッジを卒業したころから、外見や行動が少しも変わっていないのではないかと思われる。現在、彼はウイルスの「出現」について考え、書き、話すことに、ほとんどの時間を費やしている。(彼はその言葉を自分が造り出したとも考えているが、謙虚で几帳面な性格上、それを大っぴらに宣言するのは控えている。)モースは一九八九年に、この問題に関する会議を取り仕切ったり、米国科学アカデミー後援の出現微生物委員会でウイルス部門の議長を務め、ウイルスの出現に関する本と、もう一冊ウイルスの進化に関する学問的な本の編集に携わり、その間の時間にどうにか自分の研究であるマウスのヘルペスウイルスの研究を詰め込んでいる。

ディック・クローズとスティーヴン・モースの間には世代の隔たりがあるが、伝染病の本性を知り、進化を予想し、人間が世界の体系のどの部分にあてはまるかを解明しようとする共通の知的要求によって結ばれている。ウイルスは、遺伝学、環境関係、人間の行動といった分野の謎を解読するロゼッタ石になり得るものだ。その謎が解けなければ、迫り来るより大きな問題にとりかかることはできない。

記録の残っている限り昔から、新しいウイルスはいつも出現していた。しかし、私たちが今までになく狡猾な方法で自然界に侵入するようになってから、そのペースは速くなってきている。森林の開拓から遺伝子組換えに至る人間の行動は、ウイルスのカタストロフィーを招いている。その結果、核のホロコーストに匹敵するほどの環境的ホロコーストが起きるかも知れない。

「この惑星で、人間支配の存続を妨げる唯一そして最大の脅威はウイルスである」と細菌学者、ノーベル賞受賞者、そしてロックフェラーの名誉学長であるジョシュア・レダーバーグは述べている。レダーバーグは米国科学アカデミーの出現微生物委員会の議長を務めた。そしてモースもその委員会に属していた。[☆6]彼はモースにとって知的指導者であり、出現ウイルスに関しては、彼の関心がモース自身の関心をよび起こすきっかけとなった。レダーバーグは、ウイルスの恐ろしさを説くことで、私たちの思い上がりを打ち砕こうとしていた。「人類が存在し続けられる保証は無い」と、彼はスピーチや著作のなかで述べている。

かと言って、人類の存続がまったく絶望的なわけでもない。新しい病気の歴史的な見通しには暗い部分もあるかもしれないが、少しは楽天的になれるところもある。まず第一に進化の過程でウイルスが出現するように、ウイルスが姿を消してしまうこともある。たとえば、イギリスの発汗熱は、十五、十六世紀に爆発的な流行をみたが、その原因と考えられるウイルスは今日絶滅していると考えられている。第二に、自分のせいで健康が脅かされるようになったと悪く言われているが、人間がある種のウイルスを実際に排除した例をあげて、それを賞賛することもできるではないか。ウイルスに対する最大の勝利は天然痘に対するもので、世界規模で行われたワクチン接種の後、一九八〇年にそれは根絶された。第三に、科学者たちはもう不意打ちを受けないように、監視システムを研究している。「ウイルス学者はまだ特定の病気が突発するのを予測できないが、それをもたらす要因を数多く知るようになった。また、その起源の理解を深めることによって、病気のごく早い段階で何らかの手をうてるようになってきた」とモースは述べている。[☆7]

これから先のページで、世界各地で新しい病原体に先手を打とうと努力を重ねている人々に出会う。それは、研究室で研究を行う科学者、野外で研究を行う人々、疫学者、獣医、医師等で、彼らは今はじめて共通の言語を使って共通の敵を鎮圧しようとしている。実際問題として、出現ウイルスの研究は、すべてを遺伝子に還元して考える傾向の分子生物学崇拝の立場から、生物学をより一般的で多方面にわたるものに変えていくかもしれない。この新しい生物学は、全体としての生物学と遺伝学をあわせたようなもので、生物間の働き、関係、共存、進化の方法を学ぶ学問になるだろう。

ウイルス前線は、危険とチャンスに遭遇する場所だ。科学者は、時として自惚れたり自信過剰になったり、時として知識の乏しさにくじけそうになる。クローズが、何年間も言い続けてきたことに彼の後輩は今ようやく気づこうとしている。「我々は、未来の問題を解決するのに過去の医学的方法にたよることはできない。昔の問題が装いも新たに再出現することは、間違いなく遺伝機構にプログラムされている」[☆8]ということに。

この本で私は、科学者を時として勝利をおさめ、時として過ちを犯す人間として描き、「ウイルスの出現」の科学を、いま始まりつつあるものとして取り上げていこうと思う。そのためには、過去において妨げとなっていた思い上がりやうぬぼれを捨て、ウイルスに関する限り人間は、教師も、商人も、配管工も、司教も、分子生物学者も、ジャーナリストも皆、繁殖の手近な手段にすぎないということを念頭において話を進めなければいけない。

第1部

極微の疫病神

第1章　なぜ新しいウイルスが出現するのか

一九八九年二月三日、シカゴ郊外に住むエンジニアが、熱、咽頭痛、筋肉痛を訴えて診療所を訪れた。中西部は真冬の時期で、流感がはやっていたので、彼にはインフルエンザの診断が下され、帰宅した。一週間以内に彼は診療所を再訪した。別の医師が敗血性咽頭炎の可能性を考え、ペニシリンを処方した。数日後、ほとんど飲み込めないほどの喉の痛み、高熱、それに加えて血の混じった下痢があったので、彼は再び診療所を訪れた。この時に彼を診たのは、消化器の専門医だった。彼はシカゴの名門医学校で研究を行うかたわら、診療所でアルバイトをしていた。彼の診断は、痔疾（出血の原因）を伴ったインフルエンザ（熱と喉の痛み）という独創的なものだった。

医師たちは皆、医学校で習った通りのことをしたにすぎなかった。研修中の医師が診断の下し方、つまり症状から考え得るものの中から正しい診断を下す方法を学ぶとき、彼らには、ある便利な格言が与えられるのだ。「セントラル・パークで蹄の音が聞こえても、シマウマだと思ってはいけない。」これは、診断には常識的なアプローチが必要なことを医学生に教えている。つまり、予想されるものを考えるように言っている。不明のものに惑わされて普通の例を忘れてはいけない、と。しかし世界が狭くなるにつれて、このようなアドヴァイスも時代遅れになるのかもしれない。馬を考えている医師の目の前にシマウマが現われるようになったら困った事になるだろう。

痔疾とインフルエンザと診断された二日後に、エンジニアはイリノイ州ウィンフィルドのセントラル・デュ・ページ病院に入院した。四〇度の高熱、脈搏は平常の四倍、そしてショック状態に陥っていた。翌日までに彼は死亡した。

彼の生まれがナイジェリアで、言葉にもひどい訛りがあったが、そのことと、奇病が数多くみられるアフリカの地を結びつけて考えた医師は、最初の三人の中には誰もいなかった。彼が最近国外に旅行したかどうか訊ねた者もいなかった。しかし、そのことこそ決定的に問題だったのだ。そのエンジニアは母親の葬儀に参列するため、一月十八日にナイジェリアに帰郷していた。当時彼は知らなかったが、彼の母親が死んだのは、大変珍しくて毒性の極めて強いアフリカのウイルスに感染したためだった。現地を一月三十一日に出国して、二月一日の朝オヘア国際空港についた時にも、彼は気分が良かった。しかし、そのとき彼はすでに恐るべきウイルスに感染していた。高熱と出血が始まるのはもはや時間の問題だった。

入院して、ようやく正しい診断が下された。このケースを診た伝染病の専門家ロバート・チェースが患者の妻に旅行歴を尋ねることを思いついたのだった。心配したチェースは次にアトランタの疾病防御センター（CDC）のジョセフ・マコーミックに電話をかけた。マコーミックは一九七〇年代後半にアフリカで出血熱を研究していた。「高熱、咽頭痛、肝臓障害、内出血を起こす病気がアフリカ西部にあるか」という問いに対するマコーミックの答は、「もちろん」だった。

エンジニアは、母親に死をもたらしたのと同じ病気にかかっていることがわかった。それはラッサ熱だった。葬儀のために帰郷している間に、彼の父親といとこが数人ラッサ熱で死んだ。二人の姉妹は罹病したが、回復した。ナイジェリアで医者をしていた彼の兄弟も、彼の帰国後間もなくラッサ熱で死んだ。エンジニアの死は、ナイジェリアで伝染病が流行していることを世界各地に知らせる最初の警告だった。☆1

一九六九年にナイジェリアで最初に記録されたラッサ熱は、病気に感染して唾液と尿にラッサ・ウイルスを出すようになったネズミと接触をもつことによって起こる。そしてネズミからネズミ、ネズミから人間へと簡単に広がっていく。ウイルスは皮膚に生じた傷口から侵入するので、食糧貯蔵庫にネズミが入り込んだり、ネズミが家の近くで排尿するような地域に住む人々が、伝染性の高いラッサ・ウイルスに高い頻度でさらされることになる。こうした状態は、アフリカの貧しい社会ではよくみられる。それは、ラッサ熱を媒介する「柔らかい毛皮」のネズミが、人間の周りでうまく生息できる種類のものであることからきている。このようにネズミからネズミ、ネズミから人間へと伝染しやすいラッサ熱ではあるが、極めて密接な接触を除けば、ネズミの媒介なしに人から人へ感染することはほとんどない。ラッサ熱は、この二十年以上の間にアフリカ各地で時々発生しているが、この病気で重症患者の四〇パーセント近くが死んでいる。一九八九年だけを見てもアフリカ西部で五千人が死んだ。

チェースが電話をかけてから一時間以内に、呼吸を楽にするためエンジニアには人工呼吸器がつけられた。出血を止めるために多量の血管収縮剤が送り込まれた。製薬会社から実験的な抗ウイルス剤が緊急に空輸された。しかし現代医学の力は、この原始的なウイルスとの闘いにまったく歯がたたなかった。「彼は、大病院で呼吸器とスワン＝ガンツ・カテーテル（心不全をモニターするため肺動脈に挿入する管）につながれ、専門医に囲まれて死んだ」とマコーミックは述べている。「誰も彼を助けられなかった。何をしても彼は反応しなかった、と彼らは私に言った。」

最初の医師が正しい診断をしていたらどうなっていただろう。早期の治療で彼を救うことができたのではないか。「それは、あまり確かではない。ナイジェリアのウイルスと闘った経験はないし、エンジニアが感染したナイジェリアのラッサ熱は、すでに研究されているシエラレオネなどのものに比べても毒性が高いように考えられるから」とマコーミックは述べている。

エンジニアが死亡した二月十六日、マコーミックは起こりかけているパニックを鎮めるために、エンジニアの住んでいた町へ飛んだ。彼はグレン・エリン地区の教会の熱心な信者であり、たくさんの人が彼を見舞った。世話をした病院の職員も、彼の便器や針の扱いに特に注意を払っていたわけではなかった。ラッサ熱がイリノイ州に広まるおそれがあった。

マコーミックは、エンジニアには間に合わなかったリバビリンという実験段階の薬を未亡人と六人の子供たちに処方した。母親と七歳から十七歳までの子供たちは、エンジニアと同じ食器から食べ、彼の寝具を取替え、彼が病気で寝ていた二週間、そばについていた。けれどリバビリンのおかげか、周囲にネズミがいなければ伝染しにくいためかわからないが、誰もラッサ熱にはかからなかった。

CDCの関与する限りでは、この話はここで終わる。エンジニア以外は誰も死ななかった。具合の悪くなった者すらいなかった。（二月十七日、彼についていた看護婦に流感の症状がみられ、一瞬ひやっとさせられたが、四十八時間以内に回復した。）しかし、大筋において、ウイルス学者が心配しているのは、正にこの種の状況なのだ。シナリオは、新種のかなり毒性の高いウイルスが地理的にかなり離れた所へ移動して、初めて出会った集団を脅かすというものである。もしもこの国でナイジェリアと同じくらいラッサ熱がうつりやすかったら、このエンジニアのケースだけでも第二のエイズを引き起こすことができただろう。

出現するウイルスは必ずしも新種のものとは限らない。そのウイルスの脅威にさらされる集団にとって初めての出会いであるにすぎないこともある。ウイルスが自然に突然変異を起こしたり、生物種間の境界や地理的境界を越えたときに、今までこのウイルスに出会ったことのない集団が危険にさらされる。普通、出現ウイルスによって伝染病が起きるときには、その第一波が最も大きなダメージをもたらす。その一例を、一九五〇年にオーストラリアに計画的に持ち込まれたウサギのウイルスにみることができる。このウイルスは、輸入後に手がつけられないほど増えすぎたウサギを一掃するために導入された。一八五〇年代に英国のある紳士が「ほんの軽い気持ちで」数十羽のウサギをイギリスから輸入した。オーストラリアには天敵がいなかったので、ウサギは二十年間で爆発的に殖え続け、作物や牧草を食い荒し、他の弱い生物を脅かすまでになった。一九五〇年、ミクソーマと呼ばれる非常に毒性の高い系統のウサギのウイルスが、ブラジルからオーストラリアに導入された。このウイルスは、ブラジルでは良性腫瘍を形成する比較的害のないものとして知られていた。☆2

しばらくの間、ミクソーマ作戦は成功するかのようにみえた。ウイルスを放った後、最初の数週間でミクソーマはオーストラリアのウサギを死亡率九九・九パーセントで殺した。しかしわずか一年後に死亡率は九〇パーセントに下がり、一九五八年には二五パーセントにすぎなかった。ミクソーマ・ウイルスとオーストラリアのウサギ両者に急速な進化が起き、その結果病原体と宿主の間に平衡状態が生じて、共存できるようになったのだ。ミクソーマの導入に手をかしたオーストラリアの著名なウイルス学者フランク・フェンナーは、導入後三十年以上を経て、次のように記述している。「いま、我々は、宿主とウイルスの遺伝的変化が互いに作用しあっている様子をみている。このようにして伝染病の進化がみられるユニークなモデルを、十年位の間隔でずっと観察していければよいと思う。」

オーストラリアのウサギにとって、ミクソーマは出現ウイルスによる病気ということができる。しかし、これは自然発生したものではなかった。このウイルスはブラジルの研究所で発見されたもので、サンパウロの森にすむ野ウサギには無害で、実験用にヨーロッパから輸入したウサギを殺す力をもっていた。研究者は死んだウサギからそのウイルスを分離して実験室で増やし、それをオーストラリアに持ち込んでマレー川の上流に群れをなしていたウサギに接種した。二十マイル離れた川の湿地でミクソーマに感染したウサギが死に始めた。これは、ウイルスを接種したことに加えて、そのウイルスの重要なベクターである蚊が、この地域に生息していたからでもあった。（ベクターとは運び手であり、ウイルス感染した生物を刺してウイルスを自己の体に取り込み、それを増やした後に次の個体を刺してウイルスを注ぎこむ昆虫や動物のことをいう。）オーストラリアでミクソーマを伝染させるには、むろん人間の介入も必要であったが、それだけでは不十分だった。ウイルスは、その初期にはものすごい成果をおさめ、ミクソーマによる病気は、わずか三ヵ月でヨーロッパ西部に匹敵する地域に広がった。けれどもこの人間の計画がうまく運ぶためには、ベクターの蚊があらかじめ生息していることが必須条件だった。

おそらく他の出現ウイルスの病気にも、それが動物でも人間でも、ミクソーマのときと同様なパターンがみられるだろう。新しい集団が病気に感染すると、即座に破壊的な効果がもたらされる。しかし数年のうちに、動物宿主はウイルスの害を受けにくい方向に進化する。第一波で死ななかった個体は遺伝的に抵抗性を持っていたか、最初の感染によって抗体ができたかのいずれかである。動物宿主が進化する間に、ウイルスも進化を続ける。きわめて致死率の高いウイルスは、宿主を急速に死に至らしめるため、次の宿主に感染するひまもなく死に絶えてしまう。このことからも、時間をかけてゆっくり殺す系統のウイルスの方が有利なことがわかる。ふつう、宿主が約六世代を経る間に両者の進化は平衡状態に近づく。その結果、自分を広めてくれる宿主の健康を損ねるほどには毒性の強くないウイルスと、感受性がそれほど強くないため感染しても生き続けていける宿主が生じてくる。このような平衡状態に達するのに、ふつう約六世代かかるのだ。これは、六ヵ月から十ヵ月で親になる繁殖のはやいウサギでは、あっと言う間であるが、人間の場合には少なくとも百二十五年かかる。[☆3]

同じ様にして人間に感染する出現ウイルスも、一般的には自然界に存在するもので、長い間、目につかないところに潜伏し続けている。あるときウイルスの何かが変化する。それは遺伝的配列の変化のこともあるし、生態的な釣合の中での変化のことや、今までに出会ったことのない生物種と接したことによる変化の場合もある。ウイルスは、出現すると元のすみかを抜け出して新しい集団に感染し始める。これは、次のようなことが原因で起こることが多い。ひとつはウイルス遺伝子の一つに突然変異が生じ、感染能力が変わった場合。また降雨や気温のパターンに変化が生じて食う者と食われる者のバランスが変わり、ウイルスが繁殖しやすいすみかを新たに見つけた場合。さらに人間の行為、つまり熱帯雨林に道路を通して、ある地域から別の地域へ微生物を運んだり、人と環境の関係を変えて森林の際まで住宅をたてて未知のウイルスに出会う機会を作り出したりすることが原因になることもある。☆4

最後の二例のメカニズム、つまり人と自然界のいずれかが変わり、それがウイルスと宿主のバランスを変えるという考えは、最初の突然変異の例ほど興味をそそられるものではない。私たちは、自分の行動が健康に影響を及ぼすとかいう現実的な事柄よりも、気味の悪い新しい微生物がだしぬけに出現するのを想像するほうが面白いようだ。一九六九年に出版されたマイケル・クライトンのベストセラー『アンドロメダ病原体』に登場する、宇宙から降ってくる伝染性物体を始めとして、遺伝子を継ぎ合わせる実験を行う研究所から新種の微生物が逃げ出すという白熱した政治論争にいたるまで、突然変異はあらゆる悪夢の主役をつとめている。にもかかわらず、ウイルス出現の原因が突然変異にあることはほとんどないに等しい。それなのに、なぜ私たちは自分が自然界における不運な犠牲者であるかのようなイメージにとらわれているのだろうか。実のところ自然界を考える限り、人間は中心的存在ではないのだ。このことは、新種ウイルスの研究でもっとはっきり見ることができる。時折、私たちはウイルスの進んでいく道にひょっこり迷い出て、危機に直面することがある。しかし、ウイルスは、始めからそうしようと思っていたわけではな

図1　ミクソーマ・ウイルスが一九五〇年にオーストラリアに導入されたとき、最初の年には、ウイルスにさらされたウサギのうち九九・八％が死んだ。生き残った少数のウサギ（第一世代）は遺伝的に抵抗性のものであった。これらのウサギが生殖を続けるにつれて（第三世代）、集団中で抵抗性のウサギの比率は増した。同時にまた、最も毒力の強いウイルスも、宿主が死んでしまうので死に絶えて、毒力がやや弱いウイルスの比率が増した（第三世代）。この共進化の結果として、ミクソーマの死亡率は年々低くなり、約二五％で一定化した（第六世代）。

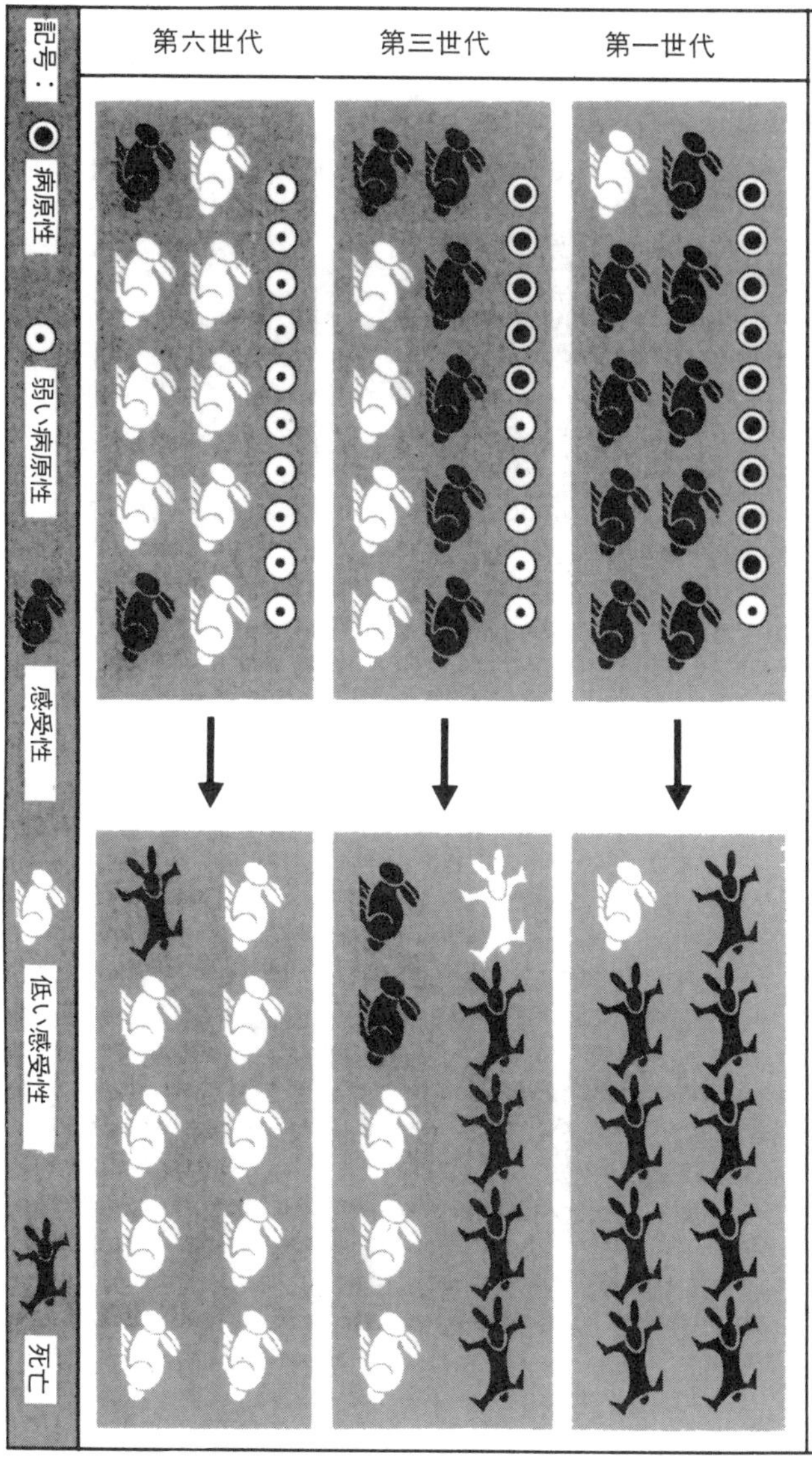

図1　ウサギとミクソーマウイルスの共進化

い。災難は私たち自身が招いたのであって、私たちの苦しみなどウイルスにとっては何の関係もないのだ。エッセイストのルイス・トマスは、次のように述べている。「私たちは広大な微生物の領土のことを、ふだんあまり気にかけていない。……両者が共に生きていく上での話合いがまとまらないとき、生物学的国境線に誤解が生じて、その線をどちらかが越えたとき病気が生ずる。」☆5

ウイルスと自然界における宿主――ほとんどの場合が人間ではない――の関係は、私たちが介入しなくとも幸せにうまくやっていける。しかし私たちは何回も邪魔を繰り返してきた。その結果、災難がふりかかってきたのだ。こうしたことをコロンブスの時代、いや、おそらくその何百年も前から、ずっと続けてきている。昔の病気の原因は、現代の疫学者にとっても謎であるが、新世界の発見が人々の健康にもたらした影響は、はっきりと文書に残されている。ヨーロッパの探検家が最初にアメリカにやってきたとき、彼らは、人員や荷物と共に、アメリカの先住民が経験したこともない恐ろしいウイルスを運び込んだ。その結果もたらされた伝染病は、歴史を作り出すほどの力をもっていた。

たとえば天然痘の力を借りなければ、コルテスの小隊は一五二一年にメキシコを征服できなかっただろう。アズテク族の三分の一が、その年に天然痘で死亡した。彼らは、この壊滅的なできごとを、自分たちが知らずに犯した罪に天罰が下ったと考えた。それに対してスペイン人が誰一人として天然痘にかからなかったことは、天罰だというアズテク族の確信をさらに強める結果になった。これは生物学的に説明することができる。スペイン人は幼少時にみな天然痘のウイルスにさらされたことがあったので、免疫をもっていたのだ。しかしアズテク族は、それを聖なる魔術と考えた。彼らは自分が死に値する人間だから死に、白人は神に好意を持たれているから生きていると信じた。「アメリカ先住民の見地によると、優勢なスペイン人に黙従するほか道はなかった」[6]とウィリアム・マクニールは古典的な歴史書『悪疫と民衆』に記述している。

何百年もの間、船が大海を行き来するうちに、ウイルスもその船に潜り込んで海を行き来していた。はしかや天然痘のように、ウイルスが水夫の体にすみつくこともあった。罹病した水夫が寄港地で下船するだけで、病気は新たな地域にひろがっていった。

しかし、すべてのウイルスが人から人へと伝染するわけではない。多くのウイルスにはそれを媒介する昆虫や動物、つまりベクターが関与している。ベクターは自分が悪影響を受けることなしにウイルスをかくまい、次の犠牲者（獲物）を刺したり噛んだりするときに、ウイルス液を満たした注射器のように効率よくウイルスを送り込む。ベクターが運ぶウイルスは、はしかや天然痘と違って、人が吐く息を吸っても決してうつらない。大部分のヘルペスウイルスのように、セックスでうつることもない。媒介物を通してのみ感染する。だから新しい土地にウイルスが導入されるには、二つの独立した出来事が、続いて起こらなければならない。まずウイルスが持ち込まれること（これは人間の患者に運ばれることが多い）、そしてベクター（昆虫が多いが小型の齧歯類のこともある）も送り込まれるか、あるいはすでにその地に生息していなければならない。

十七世紀の奴隷船は、ウイルス・ベクターとして悪名高いハマダラカという西アフリカ生まれの蚊を世界各地に運ぶ理想的な条件を備えていた。この蚊は、黄熱病のウイルスを運んで伝染させることができる。黄熱病はひどい衰弱を伴う病気で、高熱、頭痛、吐き気、嘔吐、そしてひどい場合には黄胆（肝臓障害）、蛋白尿（尿に蛋白質が出る腎臓障害）、いわゆる黒吐（内出血に伴う）などの症状がみられる。黄熱病の蚊は人間との生活にとてもよく馴染んでいて、人工的な容器の中でしか繁殖しない。水底が泥や砂では産卵しないのだ。奴隷として売るアフリカ人を船でカリブへ運ぶときには、ふたをせずに水を蓄えていた樽がハマダラカの幼虫が繁殖するのに恰好の場となった。船がカリブに入港してみると、暖かい気候は、旧世界の蚊にとって大変住み心地がよかった。

黄熱病が起こるために必要な二つの条件のひとつが蚊のベクターとすると、もうひとつはウイルスそのものである。ウイルスは一六四〇年、西アフリカからハバナへ向かう奴隷船の水夫が長航海中に罹病してカリブに持ち込まれた。水夫たちは「イエロー・ジャック」にかかっていた。伝染病患者をだした船は、陸の人々に警告を発するために黄色い伝染病旗を掲げるきまりになっていたので、こう呼ばれていた。ヨーロッパ人の水夫が次々と死に、水樽の中では蚊が次々と繁殖し続けていた。免疫をもたない蚊が次々と羽化して、病気の水夫を刺す。このようにして致命的なサイクルは続いた。船がようやくキューバに着くと、何十人もの病人とおびただしい数の蚊が下船した。その中には、すでに血液中にウイルスを運んでいるものもあった。蚊が運んでいるウイルスは、他のすべての伝染性要因と同じように唾液腺へと送られる。この蚊が免疫をもたないキューバ人を刺して、黄熱病ウイルスが直接血管に送り込まれた。こうして一六四八年にキューバとユカタン半島の港町で、こちらの半球で初めての黄熱病が報告された。そして、旧世界で猛威を奮っていた病気が新世界にも定着した。☆7

近年、アジアのタイガー・モスキートとして知られている蚊が、ラテンアメリカや米国南部でハマダラカに取って代わろうとしている。(この蚊の通称は、黒白の縞模様と、奔放に襲って刺すヤマネコ的性質に由来している。)タイガー・モスキートは、日本からテキサスに中古タイヤを運んだ船でやってきて、一九八五年に上陸した。船に潜り込んでいたのは、湿った場所で羽化する蚊の幼虫、ボウフラだった。古タイヤにたまった雨水は、この幼虫にぴったりの場所だった。こうしてテキサスに上陸した蚊は、合衆国の西南部十八州に広まっている。その中でも多くの州で、この蚊は先住していたハマダラカを一掃してしまった。これは喜ばしい知らせのように聞こえるかもしれないが、さにあらずである。この蚊も黄熱病のウイルスを媒介できるのだ。（すべての蚊があらゆるウイルスのベクターとなりうるわけではない。）そのうえタイガー・モスキート、正式にはセスジヤブカ（Aedes albopictus）は、互いに関連した二種類の病気のウイルスを媒介できる。あまりひどい症状は起こさないデング熱と、悪性のデング出血熱である。

専門家の多くは、アメリカにおいて次に起こる伝染病の最有力候補はデング熱だと考えている。国内ではまだこの病気は起きていないが、それも時間の問題だろう。ベクターである蚊がもういるのだから、デング熱が出現するには、感染患者が数人いればいいのだ。蚊が一回感染患者を刺すとウイルスは蚊の唾液腺に移動して、そこでウイルスにとって重要なねずみ算式のうなぎ昇りの増殖が行われる。次に、その蚊は感染していない人を刺す。こうして終わりのないサイクルが始まる。

スティーヴン・モースが「大学助教授」を絵にかいたような人物であることは前にも述べた。近眼、熱心、その上かけ足も満足にできないという、まさにぴったりの風才をしていた。モースは明らかに頭脳で生きているような人物だった。☆8

彼は、最初から出現ウイルスの専門家だったのではない。それは偶然のことから始まったと彼は言っている。当時、彼はラトガーズ大学で四年間助教授をつとめた後、ロックフェラー大学にきて二年を少し過ぎたところだった。すでに三十六歳になっていたが、まだ准研究員の職にあった。（生物医学の分野の研修は、おそろしく長い時間かかる。）彼は学長宅でひらかれたスタッフのレセプションに招待されていた。当時の学長はジョシュア・レダーバーグで、彼は年に一回このような会を催していた。一九八八年の冬の午後に、学長宅の居間の見晴らしのいい窓からイースト・リバーを眺めていたモースは、実に風采のあがらない人物だった。いつもと変わらぬ一日で、いつもと同じ服装をしていた。ドレスアップ用の服は限られていたので、今でも彼は、そのとき紺のブレザー、青いストライプのシャツ、グレーのフランネルのズボンというでたちだったことを覚えている。そして、体の重心を移し変えたり肩越しに振り向いたりして、いつものように居心地の悪そうな様子をしていた。

そのとき学長が近寄ってきた。レダーバーグ夫人マーゲリートが、研究室の獣医にきく大切な事があったことを思い出させたからだった。獣医は出席できなかったので、レダーバーグは、特に考えることもせずに代わりの者にたずねたのだった。「ハンタウイルスの心配をした方が良いだろうか」と彼はモースにたずねた。レダーバーグは、友人であるD・カールトン・ガイジュセクにかわってこの質問をしたのだった。ガイジュセクは、米国の国立神経病および卒中研究所の研究者で、ウイルスによって起きるクールーという病気の伝染方法を明らかにしてノーベル賞を受賞していた。彼はウイルスがいかに奇妙なものか百も承知であり、彼が扱っていたクールー・ウイルスなどは、ニューギニアの現地種族にみられ、感染した者の脳を食べることによって感染するものだった。その彼が、自然界でハンタウイルスを宿している野生種の齧歯類動物を実験用に使うことによってウイルスが研究室に持ち込まれたら、新たな危険が生じるかもしれないと考えたのだ。

レダーバーグは、細菌学の分野で研究を行っていた（彼も、この分野でノーベル賞を受賞している）。彼はウイルスのうちでも、この奇妙な名前のついたハンタウイルスについては特に詳しい知識はもっていなかった。彼の知っていたのは、このウイルスが最初はアジアの人々に感染したこと、空気中を感染すること、ヨーロッパから大陸を渡って各地に売られていた実験用飼育系統のラットで生まれつきこのウイルスに感染しているものがあることだけだった。ロックフェラーで直接ハンタウイルスの研究をしている研究室はなかったが、このウイルスを宿すことの知られている種のラットは実験に用いられていた。

モースもこのアジアのウイルスについてあまり知識を持ちあわせていなかったが、そのままでは終わらなかった。それから数週間の内に、彼は科学雑誌の記事を添えた長いメモをレダーバーグに書いて、ハンタウイルスが何であるか、そしてそれがロックフェラーで実験用齧歯類を扱う科学者にどの程度の危険があるか説明した。それに対してレダーバーグは、直ちに四つの文章からなる手書きの返事を出した。モースはこの手紙をファイルに保存してあるばかりか、その全文を引用することもできる。「出現ウイルスの危険性を世界的なレベルでどう扱うか、高レベルのポリシーを考える必要がある。」

短い白い髭、穏やかな物腰のレダーバーグは、多くの人々に尊敬されていた。インフォーマルな意見を尊敬していた人物から聞かされたモースは、どうしたらその「高レベルのポリシー」をもっとはっきりさせられるか、考えるようになった。それは彼自身にも関連のあることだったし、あのレダーバーグですら懸念を持っているのだから、この問題にもっと真剣に取り組まなければならないという義務感をモースは感じていた。「空いた時間があると出現ウイルスの問題、たとえばエイズはどこから現われたか、といった問題に思いを馳せた」と彼は回想している。「研究室でマウスのヘルペスウイルスの実験を行ったり、助成金の申請書を書いたりしているほかの時間には、知恵をしぼったり悩んだりもした。とてつもなく大きく、予想のつかない問題だったので、どうしたらよいかまったくわからなかった。」

モースが最初にしたことは、この問題の知識は彼よりも少ないが、物事を別の面から見られる人物に声をかけることだった。彼はロックフェラーの同僚、とは言ってもほとんど面識のない、ミッチェル・フィーゲンバウムに電話をかけて、違う分野の人間がこの問題をどのように考えるか聞こうとした。フィーゲンバウムはカオス理論を考案した物理学者だった。「私は、ウイルスの突然変異をカオスで予測できるか知りたかった。ウイルス出現の原動力が、まだ突然変異だと考えていたから」とモースは述べている。

簡単に説明すると、ランダムなできごとの中から、あるパターンを予想するのがカオス理論である。蛇口から水滴が落ちる様子、雷を伴った嵐の気流の渦などの物理的現象は、カオス的な変化のパターンをもつ。カオス理論が、ランダムに見えるウイルスの突然変異を予想できるのではないかというのは、良い考えのような気がしたのだ。しかしフィーゲンバウムは、うまくいかないという考えだった。けれども、この最初の電話をきっかけにして彼とモースは友人になり、何杯もエスプレッソを飲みながら、生物学におけるカオスの可能性について、何時間も語り合った。「答はみつからなかったが、とても楽しい時を過ごした」とモースは述べている。

モースが突然変異に関心を示したことは、その時代の科学思想をそのまま表わしていた。一九八〇年代の終わり頃には、ウイルスの脅威を突然変異で説明する考えが定着していた。それは、生物学の大部分を遺伝子で説明しようとする考えに執着していたのと同じことだった。科学者のアプローチは、「ハンマーを手にした子供には、すべてのものが釘に見える」という格言そのままであった。分子生物学者は組換えDNA技術というすばらしいハンマーを手に入れたので、すべての生物学の問題が遺伝子の配列や配列に生じた誤りで説明がつくと考えた。また、実験室で実際に突然変異を作り出すこともできたので、ウイルスの出現や進化も突然変異でかなり説明できると考えていた。ほかにどう考えられただろう。彼らが実験室で模倣していたのは、その突然変異だったので、もしも突然変異で多くを解明できないとすると、彼らの日々の研究は実生活においてほとんど意味を持たなくなる恐れがあった。

「私たちは突然変異に注目しすぎて、ある程度感覚が麻痺していたような気がする」と今になってモースは述べている。「突然変異はランダムなできごとであり、ランダムなできごとの方向を予測するのは定義からみても無理なのだ。この分野には運命論がはびこっていた。未来が予測できないのなら、努力する必要などあるのだろうかという考えが人々の心のなかにあったと思う。」ウイルス学者は、舞台脇でどのような新種ウイルスが待機しているか予測しようとするよりも、すでに臨床的影響が解明されているウイルスの研究に落ち着いてしまった。

しかし理由はともあれ、モースは次に何が現われるか、好奇心をもって周辺の事柄に目を向けていた。それが彼の個性なのかもしれない。彼は生まれつきの楽天家で、運命論などとは何の縁もないような人であった。あるいは彼の知性がそうさせたのかもしれない。彼の目の前に巨大で難解な問題があり、それは彼が広く関心を持っていた政治、歴史、地理、哲学といった分野を統合したようなものだった。きわめて頭の良い人は、実験生物学から知的満足を得られないことも多い。研究が順調に進んでいても、退屈で決まりきった仕事が延々と続き、小さな答を出すために小さな問題に意欲的に取り組む姿勢が要求されていた。だから多くの生物学者が他に、より想像的なものを求めるのかもしれない。優秀な科学者は他の分野にも精通している。楽器を演奏したり、コントラクト・ブリッジをしたり、コンピュータをいじったり、ヴィクトリア朝時代の長編小説を読んだりする。

モースは、多少自己満足的な意味もあって、この知的な「趣味」を選んだ。けれど彼に自己満足をもたらすものは、普通の人々とは違い、富、名声、身分の保証といったものには関心がなかった。こうしたものは、この非伝統的、非研究室的な研究者とは無縁だった。モースの自己満足は、人間の健康にとって重要な意味を持つパズルを解くことによって得られる個人的なものであり、これは他の人々には理解しがたいところだった。

新種ウイルスの出現の問題に取り組むモースの着想は、知識がそれほどない者にとっては、それほどすばらしいものとは思えなかった。彼は、会議を開いたのだった。振り返ってみると、それはばかげているようにすらみえた。科学者が集まって出現ウイルスの話をしている周囲で、人々が次々とエイズで死んでいくのは、古代ローマの地獄絵図のなかでヴァイオリンを弾く皇帝ネロのイメージに似ていないだろうか。しかし、こうした会議は、科学にとって重要であり、そこから進展がもたらされるのだ。一九八〇年、八一年の会議で医師と基礎科学者が言葉を交わすまで、彼らはエイズが流行していることを知らなかった。自分自身のウイルスの研究に没頭していた医者、分子生物学者、生態学者、歴史学者、疫学者、社会学者といった人々は、一九八九年にモースが全員を一つの部屋に集合させるまで、互いに分かちあえる情報をもっていることとさえ知らなかった。

モースは会議を運営するにあたって、国立アレルギー・感染症研究所に援助を求めた。彼は、研究所長のジョン・ラ・モンターニュが同じような考えを持つ人物であることを知り、幸運だったと述べている。ラ・モンターニュは、深い知識をもつ人でさえ見逃してしまうほどの問題でも、それをグローバルに見ることのできる予言能力をもつ人だと、モースは評価している。ラ・モンターニュは口調も穏やかで、一見すると予言者というよりも誠実な役人といったところで、インタヴューの冒頭に自分の論点を書き出すような人物だった。インフルエンザ・ウイルスの研究からこの分野に入ったためか、彼はウイルスが素早く変化すること、そして新しい伝染病が恐ろしいものになり得ることに厳しい注意を向けていた。[☆9]

会議の後援が決まり発表されると、次は問題意識を高めるためにジャーナリストの注目を集める必要があった。彼らには、他の専門家や社会全般にメッセージを伝える役割があった。この点においても、モースの会議は大きな成功を収めていた。科学者や臨床医に読まれている、『バイオサイエンス』、『メディカル・ワールド・ニュース』、『サイエンス・ニュース』の記者が、出現ウイルスの危険性について詳しいレポートを書いて会議をフォローしたのだった。『ニューヨーク・タイムズ』の医学欄を担当するローレンス・アルトマンもいた。彼はその翌週、会議に関する長い記事を書いた。(その記事はほぼ完璧であった。「会議の主催者」がスティーヴン・モースではなくてジョシュア・レダーバーグと記述した事を除けばの話である。この文章とレダーバーグの写真を見たモースは、自分の故郷の新聞に、会議の発足につとめ、議長もつとめた自分の役割について何も触れていなかったことに、「ぺちゃんこにされた」気持ちだったと述べている。)

それから数ヵ月の間に、他の雑誌もこの新しい研究分野に関する専門誌の情報を扱うようになった。そして、科学知識を持つ一般人にもそれを読む機会が与えられるようになった。一九九〇年には、『ディスカヴァー』、『オムニ』、『ザ・サイエンス』、『イシューズ・イン・サイエンス・アンド・テクノロジー』が、それぞれ出現ウイルスの特別記事を載せた。（後者二誌の記事はモースが書いている。）一九九一年の初めに、モースは束の間の名声を得た。『ビジネス・ウィーク』が出現ウイルスを取り上げ、実物よりよい彼の写真が載り、彼の言葉が三回以上引用されたのだ。同じころ、英国放送協会（BBC）が出現ウイルスの一時間ドキュメンタリーを放映した。今度はモースもはっきりと登場していた。

それと同時に、モースは専門家のうちでも活動を起こそうとしていた。彼は『伝染病雑誌』に会議の概要を共著で載せ、膨大な量の会議の論文を、「出現ウイルス」（Emerging Virus）という文集にまとめたのだった。[☆10]

「たった一回の会議でこんなことになるとは思わなかった。と言っても『こんなこと』が『どんなこと』かわからないが」とモースは述べている。しかし彼は、いまだに取材の依頼を受け続けていることを喜び、出現ウイルスの国内随一のスポークスマンになったことにいくらか戸惑っている。色々な注目を集めた結果、大学の元学長を「ジョシュ」と呼べるようになった、と彼は嬉しそうに言った。

モースの会議はプログラムが従来の会議とは異なり、そのことも注目を集める一因となった。普通の人とは違って、彼はまず歴史的概観からこの問題に入りたかった。それも科学者ではなくて歴史学者から話を聞きたいと考えていた。「それは当時、私が歴史学者と恋愛関係にあったからかもしれない」と彼も認めている。会議の計画にとりかかっていた一九八九年の初めころ、彼は母校、ブロンクス・ハイスクール・オブ・サイエンスで歴史を教えていたマリリン・ゲワーッと親密な関係にあった。モースとゲワーッは何年も前に偶然出会い、双方が結婚と再婚を経験してから八〇年代半ばに再び出会った。(彼らは一九九一年に結婚した。)「歴史学者を愛していたからだけではなくて、歴史が好きだったから、この問題には歴史的な見方が必要だと考えた」とモースは述べている。彼は当時シカゴ大学の名誉教授だったウィリアム・マクニールに声をかけ、講演を依頼した。マクニールは承諾した。

次にモースは、生物学のさまざまな分野から講演者を招いた。彼は、疾病発生論、進化、疫学、免疫学、ワクチン、遺伝学などの分野で研究を行い、不可解なウイルスの正体を暴こうとしている人々を捜した。彼は、ウィスコンシン大学で米国がん協会の研究教授をしているハワード・テミンを招いた。(モースもウィスコンシン大学の彼のもとで、大学院生時代に研究を行った。)テミンはレトロウイルスが増殖に用いる酵素を発見してノーベル賞を受賞している。ハーヴァード大学の微生物学の主任でウイルスの本を書いたバーナード・フィールズにも声をかけた。(彼の赤表紙の大著『フィールズ・ウイルス学』は、金銭的に許されればすべての医学生の蔵書に納められているといってもよかった。)そして、ミクソーマ・ウイルスのキャンペーンの指揮をとり、今ではポックスウイルスの世界的権威となったオーストラリアの医師、フランク・フェンナーも招かれた。モースは、さらに、CDCの疫学者、米国陸軍の野外ウイルス研究者、昆虫学者、病理学者、獣医、動物学者などもメンバーに加えた。彼は全員をホテル・ワシントンに集め、連続三日間の話合いを持った。

彼はこのミーティングを、多くの分野にわたるものにすると共に、世代を越えたものにすることも目指していた。その前年の春、ラスベガスで開催されたFASEB（米国生物学会連合）の年会に出席して、この方法を思いついた。その第一日目には、免疫学の現代の話題にアプローチするミニ・シンポジウムが開かれた。まとめ役にあったNIHのシェルダン・コーエンは、それぞれのディスカッションのトピックに、年配の科学者と若い科学者を組み合わせた。ウイルスに対する免疫をとりあげたセッションでは、ポリオ・ワクチンの開発者で、サンディエゴのソーク研究所の所長であるジョナス・ソーク——当時七十四歳になろうとしていた——が歴史的な面について話し、ニューヨークのアルバート・アインシュタイン医科大学の分子生物学者で当時五十一歳のバリー・ブルームが、組換えDNAのテクノロジーを用いたワクチンの開発について説明した。

「二人ずつペアにする方法は、思いつきだった。古参は、同じことを何年も言い続けるが誰も耳を貸さない。若者は遺伝的なメカニズムにばかり目を向けて、疾病発生論や、伝染性因子が病気を起こすしくみのことなど何も考えていなかった」とモースは回想している。彼は自分の会議も同じ様にアレンジしたが、それほどかけ離れた組合わせにはしないで、ラッサ熱やハンタウイルスの研究をしている著名な疫学者の見解と、これらのウイルス病を遺伝子レベルで扱っていた若い分子生物学者の考えを組合わせた。

モースの会議から出てきた驚くべき発見は、ウイルス出現の最も重要な原因が突然変異ではないという事実であった。突然変異が病気を引き起こすまでには、幾つかの基準を達成しなければならない。まず、それはウイルスが存続していくのに有利なものか、あるいは少なくとも環境的に中立的なもので、最終的には突然変異体の割合が非突然変異体を上回らなければならない。また、変異を起こす前に比べて毒性が強くなければ、危険は生じないが、次の宿主にウイルスを渡す前に宿主を殺してしまうほど毒性が強くてもいけない。ランダムに起きた突然変異がこれらすべての基準を満たすのは、事実上不可能に近い。[11]

それではいったい何が起こるかというと、人間の作り出した条件によって、すでに存在しているウイルスが、地理的あるいは生物種間の境界を越えるのである。モースはすっかりこの考えのとりこになり、会議が終わった後に、まったく新しい「ウイルスの交通」という言葉を考え出した。[12]「この、ウイルスの交通のたとえは、いくつかの点で気に入っている。私にとっては、為し得ることに皆の注意を向ける手がかりになった」とモースは述べている。病気は、新たにランダムに起きるものであって予測不能だという考えから彼は逃れようとしていた。新しい病気のほとんどのものは我々の行動に起因するが、行動は変えることができるということを、彼はわからせようとしているのだ。「物や車の往来と同じように、ウイルスの交通にも、「進め」や「止まれ」の信号や道路交通法のようなきまりがある。」

人間が自然界に介入した事によって生じる環境変化の多くは、ウイルスの出現にとって「進め」の信号のようなものである。アマゾンの雨林に侵入したり、アフリカのサバンナを都市化するとき、私たちは、さもなければ出会うことのなかったウイルスの通り道に不用意にも踏み込んでしまうのだ。この十年間、二十年間に、狭くなりつつある地球上に起きたさまざまな社会、経済、政治の変化は、ウイルスが通れる新しい道を偶然作り出してしまった。その道は今までの道とは異なり、ちょうど昔のピンボール・マシンで、木製の通路に球が打ち出されていたように、それに沿ってウイルスや人間が移動したり交差したりできるようなものである。人工的にウイルスが運搬されるメカニズムには、次のようなものがある。

• 世界旅行。不可解なウイルスを宿していることに気づかない人間、研究の目的で外国から輸入された動物、海を渡ってくる貨物船に潜り込んでくるウイルス感染した蚊やネズミなどが世界を駆けめぐる。
・都市化。多数の人間や、ウイルスを宿した動物を都市に集め、病気が伝染しやすいごみごみした状態を作り出す。
・地球の温暖化。以前は熱帯地域に限られていたウイルスが、より広い地域で繁殖できるようになる。
・農業慣習。人間に感染する恐れのあるウイルスをもつ動物（豚、アヒルなど）を、互いに近くで飼育することによって、遺伝物質の交換が容易になり、その結果ウイルスの組換えが促進される。
・水の管理。貯水池（川のダム、水田も含む）ができると、ウイルスを媒介する蚊などの虫が増殖する。
・現代医学。ウイルスの新しい伝達ルート（点滴、臓器移植、輸血）をもたらした。また治療目的で免疫系を抑制した患者にウイルスの再活性化が起きる。
・現代科学。まったく不自然な状態のもとに、研究者、そしてついには地域全体をも異様なウイルスの危険にさらす可能性を持つ。

都市化、それも特に発展途上国において百万人都市を作り出すような場合には、ウイルス病に色々な影響がある。田舎の人々が都市に移り住むとき、彼らは病気のウイルスを持つ齧歯類を連れてくる。そして彼らは住居を定めるが、それはごみごみした汚い場所であることが多く、ネズミたちのかっこうのすみかになる。人口五百万以上の都市は、人口過密、給排水の不備、お粗末な下水システム、ごみの山などで悪名が高い。こうした環境は、ネズミ、蚊、その他のベクター、そしてそれが運ぶ病原体の繁殖に手を貸すことになる。発展途上国の多くの都市のように住人のくらしが貧しいと、ストレスや栄養失調が伴い、感染しやすくなることもある。
レダーバーグの質問の元になったハンタウイルスは、韓国で急速に都市化が進められたことが一因となって一九七〇年に出現した。このウイルスはそれ以前も田舎にいたもので、不思議なことに毎年秋になると何千人もの農夫や羊飼いを死に至らしめていた。けれどそれは、アジアの田舎でよくみられる風土病にすぎなかった。ところが、今度はアメリカ人が病気に罹り始めた。世界屈指の生物医学研究者たちの注目を集めるのに、これ以上の理由はいらなかった。研究するに値する伝染病とはどのようなものか、アフリカで何年もウイルスの野外研究を行っている人に聞いてみるとよい。彼は皮肉を込めてこう言うだろう。「一人の白人の死をもたらすようなもの」と。ハンタウイルスの場合にもそうだった。

それは一九五〇年代のことで、アメリカ合衆国や国連軍は朝鮮半島で戦っていた。米国陸軍は、何千人もの兵士が今までにみたことのない流感のような病気に罹ったことに注目した。その病気にはインフルエンザのような高熱と脱水が伴ったが、重症の場合には内出血、ショック、腎機能の障害が生じた。感染した約二千名のうち数百名が死亡した。彼らは、コリアン出血熱と呼ばれるようになった病気に罹ったのだ。(病気の名称は、その後、腎症候性出血熱に変えられた。医学的にも政治的にもこちらの方が正確で正しい。)これに極めて近い病気で同じ科に属するウイルスに起因するものは、朝鮮半島ばかりか、中国、ロシア、旧ソビエト連邦の共和国、ギリシャ、スカンジナヴィアなどにもみられる。こうした例をすべて合わせると、年間約十万件、約五千人が死んでいる。[☆13]

初めは何が出血熱を起こしているか、誰にもわからなかった。「当時、医学の最高峰にいた人々が調査にたずさわっていた。多大の努力がなされ、病気の治療法と予防に関する知識がたくさん得られたが、その原因となった因子を分離するには二十年かかった」とジェームズ・ルデュクは述べている。彼は疫学者であり、現在ジュネーブの世界保健機構（WHO）に属しているが、彼もまたその研究チームに加わっていた。

ウイルスが分離されたのは一九七六年のことだった。ソウル大学の生物学者、ホー・ワン・リー博士は、アジアの田舎に広くみられるネズミ、いわゆる縞入りの野生マウスであるセスジネズミ（Apodemus agrarius）の肺組織に新種ウイルスを発見した。彼は、近くを流れる川にちなんでそれをハンターンウイルスと命名した。このウイルスはハンタウイルス属に属する四種類のウイルスの一つである。リーの発見によって、兵士たちが感染した経路が明らかになった。戦争のおかげで、彼らはこのマウスの棲む水田へと駆り出されたのだ。ネズミは有害なウイルスを体内に宿していたが、自分が病気になることはなく、糞尿と共にウイルスを排出した。水中のハンタウイルスは、宿主となるマウスあるいは人間を見つけるまで、何時間あるいは何日も待つのである。

地面に近いところにいる兵士は、真っ先に感染しやすかった。米の収穫を行う農夫も同様だった。こうして朝鮮半島で長年みられていた病気の奇妙なパターンに、説明がつくようになった。出血熱には晩秋から初冬にかけて多く見られ、女性よりも男性がはるかにかかりやすいというパターンがあったのだ。リーがウイルスを分離して、ネズミまでの足どりが解明されたことから、病気の謎は農業慣習によって説明がつくようになった。毎年秋に収穫が行われ、それは主に男手によって行われていたからだ。

それから数年のうちに、リーはもう一つ驚くべきことを発見した。ソウル市内に住む多くの人が、高熱、腎臓の機能障害、内出血、ショック、そしてひどい場合には腎不全を起こす、典型的なハンタウイルス感染症にかかったのだ。患者の血液サンプルからハンタウイルスの抗体が検出された。これは、その患者がウイルスに感染して、それに対応して抗体がつくられたことを示してている。しかし今回の患者は、農夫でも兵士でもなく、市内から足を踏みだしたこともない人が多かった。彼らは田舎に住むベクターに出会うこともなしに、田舎のウイルスにさらされたのだ。

原因をさぐる優秀な医師の例にもれず、リーは患者の家を訪れて感染源を調べた。患者は皆、大きなアパートに住んでおり、その近くの路地でリーは小さなネズミを簡単に捕らえることができた。彼は例のマウス、つまりセスジネズミを捜していたが、そこには世界中のどの都市にもいるネズミ（ラット）しかいなかった。「それは波止場のネズミと呼ばれているやつだ。このラットは波止場にたむろしていて船に飛び乗り、あらゆる大陸の港町に移動する」とルデュクは述べている。町のネズミは、田舎に住むいとこのセスジネズミと同じように、ソウル・ウイルスとリーが命名したハンタウイルスの一種を持っていた。研究室にもどって、リーはラットの血液中のウイルスの抗体を捜した。そして内臓にウイルスそのものの証拠をみつけた。どうやら百万都市の建設によってウイルスがマウスからラットへ飛び移り、さらにソウルの住宅事情が悪かったためにラットと人間が異常接近したようだった。

都市化の二次的影響は郊外化であり、これは特に発展国にはっきり現われている。新しい住宅を建てるために森林地帯を切り開く必要が生じて、ここに新しいウイルス病を作り出す原因が生じる。野生の鳥や動物のすみかだった地域に住宅を建てると、そこに住む人々は今まで地理的に離れていた動物ウイルスにさらされるようになる。そうして新しい人間の病気が発生することも多い。そうしたものの中には、大勢の関心を集めた病気で、長い間ウイルスが原因と考えられていたものがある。実際にはウイルスによるものではなかったが、一九七〇年初期に注目されるようになったライム病である。この病気は不可解な関節炎に似た症候群で、何かに感染することによってかかることがはっきりしていた。その伝染パターンは、アルボウイルス（節足動物がはこぶウイルスで、蚊やダニやノミなどに刺されることによってうつされる）と同じであった。その病気はある地域に集中しており、発生件数は夏に増加した。初めのうちは、原因はわからないまま、コネチカット州の町オールド・ライムに限定されているように思われた。この田舎町の周辺の子供たちに関節炎が多くみられることに最初に気づいたのは、その町の二人の若い母親だった。それから数年の内に、合衆国北東部各地の人々が感染していることがわかってきた。感染者の多くは、以前森林地域だった所が宅地開発されたオールド・ライムのような町に住んでいた。新しい家の庭にはシカがやってきた。そして人間は、このシカのダニと接触をもつようになった。最初科学者の多くは、このダニがウイルスを媒介すると考えた。しかしライム病には抗生物質が効くようであったことから、この可能性は除かれた。結局ライム病は、別のタイプの伝染性微生物であるスピロヘータが原因とわかった。現在、このスピロヘータはボレリア・ブルグドルフェリであることがわかっている。[☆14]

動物のすみかに郊外化が押し寄せると、ウイルスもこのスピロヘータと同じように出現する。たとえば、木のうろで繁殖する蚊が媒介する脳炎ウイルスは、感染している蚊に刺されるほど人間が森林の奥深く入り込んだときに、はじめて感染の危険をもたらす。東部ウマ脳炎やカリフォルニア脳炎など、合衆国ではかなり稀な病気も、開発によって森の奥へ奥へと郊外の境界が広がった地域に限られている。

郊外化が進み、数種類の脳炎ウイルスが発見された北東部の森林地帯に比べると、熱帯地域の青々と茂った森林はウイルスで燃え上がっている。地球の気温が上昇するにつれて、世界中で熱帯地域が広がり、新しいウイルスが噴出しやすい環境が広がる。「熱帯雨林では、凍るような低温や低湿度には耐えられない微生物が増殖している。熱帯雨林の気温や湿度があれば、単細胞寄生生物は宿主の体を離れてもかなり長期間生きられることが多い。独立した生物として生き続けられる寄生生物もある」とウィリアム・マクニールは記述している。[☆15] このような多くの「寄生候補生物」の細胞の中に、今まで人類が出逢ったことのないウイルスがひそんでいることは確かである。

この気味の悪い停滞した世界に生き、生命体の妖気がどろどろした中をうろうろしながら、ウイルスは何百年も生き続けてきたのだろう。本当に生きているとも生きていないとも言えないウイルスは、繁殖を手伝ってくれる宿主がぶつかってくるのを森林で待ち続ける。多くの場合には、両者の必要性が完全に協調性を保っている。ウイルスは、ある時は節足動物、あるときは野生動物の中ですごし、増殖しても虫や動物は健康な状態を保っている。こうした平衡状態は長い間続く。

しかし、人間が森林の中へと道路を建設してデリケートなバランスを崩してしまうと、この豊かな生物集団に劇的な変化が起きる。たとえば一九五〇年後半には、ベレンとブラジリア間にハイウェイを建設するために、有史以来初めて、多数の人間がアマゾンの雨林に足を踏み入れた。イェール大学のウイルス学者であり、当時約五十万の人口のベレンというブラジル北部の都市でロックフェラー財団研究所の所長をつとめていたロバート・ショープは、次のように述べている。「これが、現在、世界中が心配している熱帯雨林の伐採のはじまりだった。雨林に入って仕事をしてから出てきた労働者から検体をとると、いろいろなウイルスを分離することができた。その中には、はじめて科学の場に登場する新顔もあった。」ショープの同僚たちが新しい道に添って採集した蚊や野生動物も、今までに見たことのないウイルスを運んでいた。ハイウェイの建設が始まるまで、こうしたウイルスは、感染の可能性のある人間や、正体を探ろうとする好奇心旺盛なウイルス学者から、完全に隔離されていたのである。

ショープや共同研究者の次のステップは、発見した新種ウイルスが人間に有害なものかどうか調べることだった。そのためには病気の徴候が実際に現われるのを待たなければならなかった。しかし、それには長くかからなかった。一九六〇年のある日、ベレンの市立病院にハイウェイ建設に携わるブラジル人労働者が現われた。彼はずっと健康だったが二週間前から高熱を出し、頭痛と精神の不調を訴えていた。彼の病気は普通のマラリアのようだったが、気になることにある一点で異なっていた。毛がすべて抜け落ちてしまったのだ。奇妙なウイルスを求めて、ショープは彼の血液検査を行った。予想は的中して、彼は新しいウイルスを発見した。それは四年前にコロンビアの小さな町、グアロアで発見されたことからグアロア・ウイルスと命名されたものだった。そのブラジル人は回復したが、毛が抜け落ちて高熱を出したケースは、この他には報告されなかった。解明を必要とするような病気が起きるのを待つ約五千種類の外来ウイルスと共に、このグアロア・ウイルスはイェール大学にあるショープの研究室の中で乾燥凍結状態になってガラス容器の中でじっとしている。

地球を取り巻くガスの温室効果によって、この先数十年で世界の気温が華氏で九度(摂氏で五度)上昇するという予測がある。それに従って、ウイルスが繁殖できる場所の割合も次第に増えてくる。「熱帯の病気が北へ移動してくることは間違いない」とノートルダム大学の昆虫学者、ジョージ・クレーグは述べ

ている。☆16

地球の温暖化に伴って、ウイルスを媒介する昆虫が増殖することも考えられる。少しだけ暖かくなると、夏が少しだけ長くなることなど、ちょっとした変化でも病気の伝染には大問題が起きる。こうした変化は、有害ウイルスの最もよく知られたベクターである蚊のような生物の大発生をもたらすと考えられている。

「地球の温暖化がごくわずかであっても、昆虫とそれを食う動物の成長の同調性が崩れることがある。いままでは同じ時期に成虫になる昆虫も、その時期が変わってくる」とハーヴァード大学公衆衛生医学校の生態学者、そして数学者の出でもあるリチャード・レヴィンズは述べている。仮に、ある地域の年間平均気温がたった一度だけ上がったとすると、「食う者と食われる者が同時に現われなくなる場合も考えられる。」

レヴィンズは、地球の温暖化のような環境変化が病気に与える影響を予測する数学モデルを考案した。それは、このようなものである。セントルイス脳炎を伝染する蚊、ネッタイイエカと、その蚊の天敵であるトンボの関係を例にとってみよう。その元になるのは、「度日《どにち》」の考え方である。一度日とは、ある一日の平均気温が基準温度を一度上回ることを意味する。(平均気温が二度上回るときは、その日を二度日、三度上回るときは三度日とする。)昆虫が成虫になるためには、幼虫の状態である決まった度日数をすごさなければならない。羽化までに必要な日数や度日の基準温度は種によって異なるが、同一種内では一定である。

たとえばイエカの度日数の基準温度が十四度で、羽化するまでに五十度日必要だとする。(これは実際の値ではない。レヴィンズは、自分の考えをはっきりさせるために、適当な値を用いた。）四月と五月の平均気温が摂氏十五度だとすると、一日につき一度日が加算されて、五十日を過ぎたところで羽化することになる。さてここで、地球の温暖化によって四月の平均気温が摂氏十六度になったとすると、度日数は二倍の割合で加算されることになる。つまり、一日につき一度日ではなくて、二度日加算されていく。この場合には、蚊はたった二十五日で羽化するのである。

次に、イエカの自然界における天敵であるトンボに目を向けよう。トンボも五十日で羽化するものとする。けれどもこのスケジュールは、異なる要因に支配されているのである。それは、トンボの度日数の基準温度が十三度で、羽化には百度日必要とするからである。四月と五月の実際の温度が摂氏十五度の場合には、毎日二度日ずつ加算され、獲物である蚊と同じ五十日で羽化するので、うまくいく。けれど、地球の温暖化によって気温が摂氏十六度に上昇すると、食うもの食われるものの同調性が狂ってしまう。「気温が摂氏十六度になるということは、トンボにとって度日数を加算する割合が一・五倍になるということだ」とレヴィンズは述べている。一方、蚊の場合にはその割合が二倍になる。「つまり、以前はどちらも羽化するのに五十日かかっていたのが、片方は二十五日、もう片方は三十五日に短縮されるわけだ。両者の同調性はなくなってしまう。」その結果、蚊の天敵がいなくなり、刺される人間の数、したがってセントルイス脳炎に感染する可能性が増大する。☆17

大気の汚染は、温室効果を上回る環境的カタストロフへとつながる。こうした問題の多くは、公衆衛生にインパクトをもたらす。一例を挙げると、地球を保護するオゾン層が破壊されると、地球上すべての生物の免疫が破壊されてしまうことも考えられる。オゾン層は、太陽から出る有害な紫外線が地表にとどくのを防いでいる。この層がないと、私たちはかなり多量の紫外線を受けるようになり、免疫に狂いが生じてくることもあるだろう。紫外線の照射を受けた実験用マウスの血液を調べると、正常な免疫系細胞の数が正常値よりも低いことがわかっている。[☆18]

スミソニアン研究所の公開事業部の次長であるトマス・ラヴジョイは、「それは互いに関連し合った問題だ」と書いている。開発途上国の農業も気候の変動によって打撃を受け、既存の食糧問題がさらに複雑化する。貧困から生じるストレスに、汚染を原因とする栄養や免疫の問題が加わって複雑になると、ラヴジョイが言うところの「厄介な伝染状況」が生じるようになる。[☆19]

「現代」の人間が農業活動を行ったことが足掛かりとなって現われたウイルス病もある。その一例は、アルゼンチン出血熱である。[☆20] この病気は第二次世界大戦後、アルゼンチン北西部に新しい農地を開拓するためにパンパス・グラスを刈り取ったときに出現した。草丈のあるパンパス・グラスが無くなると、ジュニン・ウイルスを媒介するある種の齧歯類の天敵もいなくなった。毎年、晩夏（アルゼンチンでは二月）から初冬にかけて、齧歯類ヨルマウスとアルゼンチンヨルマウスの数がふえる。収穫のために季節労働者もやってくるので、人口も増加する。そして毎年、罹病者の二〇パーセントをも死亡させるような恐ろしい伝染病が発生する。

その症状はひどく、四〇度もの高熱、悪寒、頭痛、目と筋肉の痛み、嘔吐、低血圧、脱水、そして最悪の場合には、歯肉の出血、鼻血、尿や嘔吐に血が混じる内出血の徴候がみられるようになる。死亡する場合は、血液中の液体成分である血漿が血管から周囲の組織に漏れ出したことによって起こる深いショックが原因となることが多い。最もリスクの高いのは、二十歳から四十九歳の男性で、特に農業労働者で高かった。

これは、人に伝染するウイルスの種類が、農業様式の影響を受けていることを示す一例である。そしてそれは、農業に従事する者がいつどこでウイルスを媒介する動物と出会うかによって確定される。作物の収穫を行う人によく見られ、季節的流行のある病気で、他には特に共通性のないもの、たとえばボリビアのボリビア出血熱、朝鮮半島の腎症候性出血熱、エジプトのリフトヴァレー熱なども、同様な説明をつけることができる。しかし、農業がウイルス出現の原因となっている例は、他にもある。ある種の農業方式では二種類以上の動物を一緒に飼うので、それらの動物間で、それぞれが持つウイルスの交換が起きる。このウイルスは、第三の動物に感染することもあり、それは人間である場合が多い。

多分インフルエンザ・ウイルスも、変化する機会をこうして与えられているのだろう。「世界中のあらゆるインフルエンザ・ウイルスの中のすべての遺伝子は、水鳥のなかにある」とメンフィスにあるセント・ジュード小児研究病院のロバート・ウェブスターは述べている。野生のカモ類や水鳥は、腹の中にインフルエンザ・ウイルスを運んでいるが、自身には何の影響もない。腸管はウイルスにとって理想的な場所で、容易に増殖して次の宿主に移ることもできる。新しいウイルスは鳥の糞と共に排出されて、他の鳥の泳いでいる水を汚染する。感染していない水鳥がその水を飲むと、ウイルスは再び腸管の中へ入っていく。

水鳥の集団がそのままの状態でいる限り問題はないが、他の動物と一緒になると鳥のインフルエンザ・

ウイルスと、もう一方の動物のもつウイルスが一緒になることもある。ここで農業慣習が問題になる。インフルエンザ・ウイルスの貯蔵所の役割を果たしているのは飼育されている豚である。特にアジアなどでは、多くの農家が豚とカモを一緒に飼っている。その場合、ウイルスに感染した水を飲むのは豚であり、豚の体内で二種類のウイルスが一緒になる。ウイルスは、しばしば遺伝物質を少しずつ交換して、新種のインフルエンザ・ウイルスとして出現する。こうしたことは、それに対する免疫をもたない人間集団にとっては、恐るべきことである。[☆21]

中国の畑の豚やカモが、ウイルスを混合する器の役割を果たしているように、米国あるいは同様に工業化された他の国の病院では、人間がその器となることもある。現代医学では、意図的に患者の免疫反応を抑制することもある。こうした患者は、病原体の侵入に対して免疫反応が機能しないような薬を服用している。それは、免疫系が何かの理由で自分自身の体を攻撃目標にしてしまうような病気に罹っている人々である。

シクロスポリンあるいは他の免疫抑制剤の長期投薬を受けているのは、たいてい臓器移植を受けた人々である。彼らの免疫系は意図的に抑えられているため、自分のものではない組織を拒絶するメカニズムが働かない。拒絶反応をおさえるのは移植が成功するためには良い事だが、腎臓や肝臓の中毒などの恐ろしい副作用が生じることもある。事実、免疫抑制剤の服用が、慢性的な病気をもたらすこともある。このようなものとしては、特に、高血圧、がんなどが知られている。しかし、他人の臓器がなければ死んでしまう人、あるいは抑制剤がなければ新しい臓器を受け入れられない人にとっては、それだけの価値がある。

少数ではあるが、多発性硬化症や膠原病の一種である紅斑性狼瘡や糖尿病などの自己免疫病の治療に、こうした強い薬を服用している人もいる。自己免疫病は、移植された腎臓が拒絶されるのと同じようにして、自分自身の組織が異物として拒絶されることで発症する。免疫系がある神経細胞を攻撃しようとすると、多発性硬化症が起こる。膵臓のある種の細胞が攻撃されると糖尿病になる。長年移植患者に用いられてきた免疫抑制剤を、自己免疫病の治療に用いている医療センターもある。また、がんの化学療法に用いる薬には、意図的ではないにせよ免疫系を抑制する副作用をもつものが多い。

意図的であろうとなかろうと、免疫が抑制されている患者は、ウイルスを混合する容器になり得るのだ。このような人々は感染しやすいので、同時に二種類以上のものに感染することも十分に考えられる。そうした場合、そのウイルスがインフルエンザ・ウイルスのように組換えを起こしやすいものだと、患者の体内からまったく新しい系統のウイルスが出現して周囲に伝染するかもしれない。新しい組換えウイルスの前には、私たちは免疫が抑制されている人々と同じくらい無力なのだ。「こうしたことが実際起こった例は皆無だが、理論的には可能なことだ」とモースは述べている。

また、以前無害だったウイルスが、免疫の抑制された患者の中で突然変異を起こして病原性をもつようになる可能性も考えられる。ある例をみてみよう。ある中年女性が腎臓移植を受け、シクロスポリンの服用を始めた。移植された腎臓にはサイトメガロウイルス（CMV）と呼ばれるウイルスが潜伏していた。このウイルスはよく見られるヘルペスウイルスで、感染初期には症状が出るが、その後はずっと潜伏し続ける。腎臓の提供者は、自分がCMVを持っていたことを知らなかった。その人が生きている間に再発することはおよそ考えられなかった。移植を受けた人の体内でも、CMVはふつうは無害である。また、彼女自身がもともと潜伏状態にあるCMVを持っていることも十分に考えられる。しかし彼女はシクロスポリンを服用していたので、CMVを潜伏状態にとどめておくことができなかった。ウイルスが潜伏状態を続けるためには、免疫系が、ある制限を加えなければならない。普通は、マクロファージと呼ばれる攻撃細胞が絶え間なく見張っているのである。CMVは患者の新しい腎臓の中で再び複製を始める。「突然変異を起こす可能性が、世代を経るにしたがって高くなることを心配している」とニューヨークのマウント・サイナイ医科大学のウイルス学者、エドウィン・D・キルボーンは言っている。免疫系が抑制されることによって、「複製を行う可能性が増す。成人患者の組織でウイルスがどんどん繁殖すれば、新しい選好性、毒性、伝染パターンをもつものが出現することも考えられる。」要するにCMVは、宿主の中で平衡状態に達していたヘルペスウイルスとは異なるかなり危険なものになり得るのだ。[☆22]

現代医学のもたらした奇跡は、体内にウイルスを送り込む新しい方法を偶然作り出してしまった。今日では、欠乏性疾患を人間のホルモンで治療したり、手術で失った血液を輸血で補ったり、損傷のある臓器をドナーからもらったものと取り替えたりできるようになった。いずれの方法によっても、ホルモン、血液、臓器には、検出の方法がないほど巧妙に隠れたウイルスが宿っている可能性がある。

生物製品でウイルスの時限爆弾となったものの一つに成長ホルモンがある。死亡した人間の脳下垂体からとったこの物質が、うかつなことに、クロイツフェルト＝ヤコブ病をおこすウイルスに汚染されていた。この奇妙なウイルスは活動がゆっくりして、二十年以上気づかれないこともある。また、現在イギリスで猛威をふるっている狂牛病や、一九五〇年代にD・カールトン・ガイジュセクが研究したニューギニアでよく見られる神経病、クールーを起こすウイルスと関係があると考えられている。ガイジュセクと協同研究を行っている国立神経病・卒中研究所のクラレンス・J（「ジョー」）・ギブスは、残酷で致命的な退化を脳にもたらすクロイツフェルト＝ヤコプ病の珍しい伝染経路の研究を行っている。その中でも珍しいものの一つが、人間の成長ホルモンである。少なくとも十五人が、人間の成長ホルモンからクロイツフェルト＝ヤコプ病に感染して死亡している。しかしこれは始まりにすぎないのかもしれない。「我々が推定するところでは、世界中で三万人もの若者が、同じ治療を受けるところだったからである」と彼は述べている。ギブスらは、死体からとった成長ホルモンを市場で扱わないように勧告した。それ以来、成長ホルモンは、感染のリスクのまったくない合成ホルモンが代わりに使われている。[☆23]

クロイツフェルト＝ヤコプ・ウイルスの別の医原性経路（医療が原因となった感染経路）の例の記録もある。少なくとも一例があり、それは別の原因で死んだ男性の角膜をもらった女性の場合である。彼の視神経組織にスロー・ウイルスが感染していることはわかっていなかった。ウイルスはまず男性の視神経に感染してから、眼の組織にも広がっていった。彼の角膜をもらった女性は、視力を取り戻してから十八ヵ月後に、恐ろしい神経病に命を奪われた。同じウイルスが、さらに精巧な医療技術によって感染した例も二件ある。スイスで、てんかんの治療を行うために銀製の電極を脳に深く差し込まれた二人の若者に、不注意にもクロイツフェルト＝ヤコプ・ウイルスが直接接種されてしまったのだ。この電極は、徴候があったかどうかは分からないがウイルスを保有した患者に用いたものだったと考えられる。このスイスのケースは十七歳の少年と二十三歳の女性で、どちらも電極治療から二年以内に死亡した。他にも電極の場合と同様に、前もって熱、アルコール、ホルムアルデヒドなどで殺菌済みだったにもかかわらず、手術用具からウイルスに感染した例が少なくとも五件ある。その用具で手術を受けた患者は全員、手術後約二年以内にクロイツフェルト＝ヤコプ病で死亡した。また、脊髄と脳を覆っている外側の膜、つまり脳硬膜から移

植した細胞からクロイツフェルト＝ヤコブ病に感染して、短期間でひどい死に方をしたケースも五件ある。☆24

これらのケースでは、病気の進行が普通の場合に比べて悪性で速かった。しかし、少人数に集中的にウイルス感染の徴候が現われたおかげで、ギブスらは、不運な人々を襲ったクロイツフェルト＝ヤコブ・ウイルスの出所をすべてのケースでたどることができた。理論的に言っても、臓器移植や汚染された用具から直接感染する場合には、たちが悪いものになりやすい。この場合と同様に、一九六七年に西ドイツで出現した奇妙なウイルス症候群も、きわめて劇的な症状がはっきりと、しかも集中して現われたので、ただちに人々の注目を集めた。

それはマールブルクと呼ばれる町で起こった。突然二十五人が、高熱、目の充血、全身の発疹、血の混じった嘔吐、下痢を合わせ持った徴候に襲われた。このうち七名は出血がとまらずに死亡した。病気になった人々の関連を明らかにするのは難しくはなかった。彼らは皆、同じ場所で働いていたのだ。それはポリオワクチンを製造している研究所だった。次のステップは、病人たちの共通点、そして施設の他の場所で働いていた人々との相違点を見つけることだった。

この病気の出現を解明するために、疾病防御センターの疫学者ジョー・マコーミックが呼ばれた。（彼はこの二十年後にもラッサ熱の調査のためにシカゴに呼び寄せられている。）彼は、次のように述べている。

「すべてが、かなりはっきりしていた。大規模な発生だったし、その土地特有の病気でもなかったので、可能性は一つだった。」すべての患者がサルの培養細胞を扱っていた。詳しく言うと、それはその前月にウガンダで捕獲されたミドリザルの腎臓細胞だった。ポリオウイルスが増殖できる動物細胞は、サルの腎臓細胞だけであった。

病気が始まってから一ヵ月後におさまるまでに、全部で三十名が感染した。そしてそれはマールブルクだけではなく、フランクフルトとユーゴスラビアのベルグラードにもみられた。それぞれの場所で共通していたのは、同じアフリカの業者から同じ便で輸入されたミドリザルの組織を扱っていた点であった。しかし伝染のパターンは奇妙で、サルのケージの掃除をしたり、餌をやったり、手入れをしていた飼育係には感染していなかった。病気になったのは、サルの臓器を外科的に取り出し、臓器の培養細胞を扱った人々だけだった。そうした人々と近い関係にあった妻、ガールフレンド、病院の付添いなどに感染した例も五件あった。患者を全員隔離して、疑わしいサルをすべて殺すことによって、伝染病はすばやく抑制された。三十名の感染患者のうち七名が死んだ。残りの人々は、後遺症もなく全快した。病気は突然姿を現わしたときのように、突然消え去った。[☆25]

今ではマールブルク・ウイルスと呼ばれているこのウイルスは、それ以後は、たった二回しか人間に感染していない。一回目は、一九七六年に当時のローデシアをヒッチハイクで旅行していたオーストラリア人だった。二回目は一九九〇年の始めに、休暇中ケニアを旅行していて病気になったスウェーデン人だった。オーストラリア人は死に、彼のガールフレンドと担当の看護婦が病気をうつされたが、二人とも回復した。スウェーデン人は、ストックホルムの病院の集中治療室で二週間すごしてから帰宅した。今日マールブルク・ウイルスは、世界のいくつかの研究室の中で、凍結乾燥状態で保存されている。一九六七年の発病例から、このウイルスの伝染性がきわめて高く、致命的な影響を持つことがわかっているため、今のところ、その働きを解明するための詳しい研究は、凍結状態にあって誰にも許可されていない。

こうした話は科学的に面白いだけで、まるで別世界の珍しい話のようにみえた。しかし当時まだ高校生だったスティーヴン・モースにとって、マールブルク事件は警告的な意味を持った物語であった。それは、まさに、ハンタウイルスの質問をしたときにレダーバーグが想像していた通りの、段階を追って次々と起こる一連のできごとで、まず最初に野生動物の中に、その動物に害を及ぼさずに生きているウイルスがあり、次にその動物が捕えられ研究のために組織が培養されて、中にいたウイルスが周囲に放出されるというパターンだった。[26] このようなできごとは、最近では一九八九年に、多少新しい趣向を加えて再び起こった。フィリピンからヴァージニアの保管所に二体の積荷で送られてきたサルにエボラというきわめて恐ろしいウイルスの変種が検出されたのだ。[27]

幸いなことに研究室内の発生は、一般に一代あるいは二代目の感染でおさまる。ウイルスは大変不思議で、きわめてもろい存在なので、いまのところ人から人へはうつらないことがわかっている。しかし特に感染しやすいウイルスでなくとも、研究所や病院の中で小規模の流行を起こすことはある。研究者は高濃度のウイルスを扱い、死んだ動物の解剖をしたり、ガラスのピペットでウイルスを含んだ溶液を吸い上げたり、感染しやすい操作を行っている。ウィリアム・マクニールは、新しい伝染病が「最初にたかるのは医者だ」と述べている。[28] つまり、伝染病が流行する初期の段階で次々と死んでいくのは、その原因を探っている研究者たちだろう、ということになる。

理屈では、いったんウイルスが新しい宿主である医師や研究者にすみつくと、人間に適応し始めるようになる。次の点は重要なので、もう一度思い出してみよう。ほとんどのウイルスにとって、しばしば起こる突然変異が新しい系統株の出現につながるとは、もはや考えられてはいないが、その突然変異は新しいすみかに適応する能力をウイルスに与えているのである。いったん新しいすみかに出会うと、この場合にはウイルスを宿した動物や動物細胞に研究者が直接接触を持つと、ウイルスはその新しいチャンスに飛び移って、それに適応できるようになるかもしれない。ウイルスや他の微生物は、「きわめて革新的存在で、表面下で繁殖する機会をねらっている。また、遺伝的多様性によって病原性が強まってきている」と国立衛生研究所のリチャード・クローズは述べている。[☆29]

ウイルスの進化的適応が急速に進む結果、研究室から逃げ出したものが、だんだん人間に感染しやすいものになるかもしれない。そして、研究者が新種の感染症を周囲の社会に持ち込むようなことがあったら、免疫を持っている人など誰もいないのだ。

ウイルス学の物語は、分子の片隅ごとに新たな脅威が身を潜めているような、恐ろしげなものばかりではない。私たちには自分の健康を脅かすものを造り出した責任があるが、もう一方では、ある種のウイルス病を撲滅した功績もあるのだ。また、ウイルスが進化の途中で出現するのに対して、稀なことではあるが、姿を消してしまうこともある。

人間が撲滅したウイルスのなかで最も有名なものは、かつて最も伝染性が高い病気と考えられていた天然痘の例である。この恐ろしい病気は、感染すると体中に滲出性の瘡ができて、半数以上が死亡するものだ。天然痘は世界規模で行われたワクチン接種プログラムにより根絶された。「自然」な天然痘感染の最後のケースは、一九七七年九月に記録されている。軍隊以外の最後のワクチン接種は一九八二年に行われた。天然痘感染の唯一の可能性は、ずっと研究室内に限られてきている。ヨーロッパにおける最後の二件は、どちらもイギリスで研究室内の接触から起こっている。一九七三年三月、ロンドンで医療技術者が自分の扱っていた天然痘ウイルスに感染して、それを別の二名にうつした。合計三名が感染して、二次感染した二名が死亡した。一九七八年八月には、さらに奇怪なケースが起こった。今度感染したのは、イギリスのバーミンガムの医学研究所で撮影をしていた女性写真家だった。彼女が感染したウイルスの足取りをたどったところ、まず彼女が仕事をした研究室に行きついた。そしてその研究室は、空調ダクトを経由して、有名な科学者サー・ヘンリー・ベドソンの天然痘研究室に直接つながっていた。写真家は死亡した。そして病気は彼女の母親にもうつったが、母親は回復した。サー・ヘンリーは、若い女性が天然痘で死亡したことの罪の意識から立ち直れずに、自殺した。[☆30]

こうした悲劇が起こったので、NATO加盟の政府や当時のソビエト圏の諸国は、天然痘ウイルスのストックの保管を二箇所に限ることに合意した。米国アトランタの疾病防御センターと、モスクワのウイルス試料研究所である。いまそれらの研究所では、天然痘ウイルスの遺伝子地図上のすべての遺伝子を解明して、その配列をコンピュータ・ディスクに記憶させて、最終的には、残されている最後のウイルスも破壊してしまおうとしている。

ときにはウイルスが、自ら姿を消してしまうこともあるようだ。十五、十六世紀のヨーロッパは、粟粒熱またはイギリス発汗熱と呼ばれる不思議な病気の大打撃をうけた。当時ウイルスはまだ発見されていないし、一八九八年まではその存在が想像されることもなく、一九三九年までは姿を見られることもなかった。しかし病気の徴候をみると、それは、今日ウイルスによって起きることがわかっている状態によく似ている。「患者は、ひどい熱と、悪臭を放つ汗をびしょ濡れになるほどかき、こうした症状が始まってから二十四時間以内に死んでしまう」と現在ソルボンヌ大学で教鞭をとっている医師、そして医学史の研究者でもあるユーゴスラビア人、ミルコ・D・グルメクは記述している。[☆31] 発汗病は一四八五年に突然現われ、イギリスとフランスで五回流行して、一五五一年に姿を消した。現代の専門家たちは、発汗病の原因となったものはおそらくウイルスであり、そのウイルスは今日では絶滅していると考えている。もしその通りだとすれば、今日私たちが悩まされているウイルスも、宿主を殺すのが早すぎるとか、宿主から宿主へと移る能力を失うなどの理由で絶滅の道をたどるのかもしれない。

今日ウイルスの出現にかかわっている専門家で、ウイルスの進化の道筋の研究に時間をさいている人は多い。リチャード・クローズはこの何年もの間、エッセイやスピーチの中でウイルスの出現について訴えている。「昔の問題が装いを新たに再出現することは、進化を司る遺伝機構にプログラムされている。したがって、伝染病をコントロールする戦略を練るときには、進化の波が主導権をにぎっていることを常に念頭におかなければならない」と彼は一九七八年に書いている。分子生物学の幕開け時代に科学者として教育を受けてきたスティーヴン・モースは、進化に対する考え方に遺伝学の味付けを加えている。「系統樹、つまり家系図を作るときに分子配列を比較する方法が開発されたが、これは分子進化説の最も有効で有力な応用方法であり、各種ウイルス間の関係を解明するのに最も有効な手段である」と彼は書いている。分子生物学の出現以来、ウイルスの進化はもはや「ほとんど分子比較の分野の研究になった」ともつけ加えている。[32]

それから、エドウィン・キルボーンがいる。彼はマウント・サイナイのウイルス学者であり、一九七六年の不運な「ブタ流感」ワクチンの発起人となり、重要な役割を果たしたのだった。彼は、瘦せて背が高く、白いあごひげをはやしていた。白衣を着たところは、ピート・シーガーとジョナス・ソークを合わせたような風貌をしていた。その数年後にキルボーンは、遺伝子に変化が生じたウイルスについて書くよう依頼された。当時の一般社会は、組換えDNAの研究、そして研究室から抜け出す可能性のある危険な変異体に制約を加えようとしていた。一九七六年の初めに、流行しなかった疫病のワクチン接種を実行したことを弁解した経験で広報活動の腕をみがいたキルボーンには、このホットな論争に加わる依頼をことわることなどできなかった。彼は仕事を引き受けて、独自のひとひねりしたユーモアを加えている。その中で彼は、まったく新しい型のウイルスを作り出して、それに最大毒性猛悪ウイルス（Maximally Malignant Monster Virus）という、いたずらっ気のある名前をつけた。（そして科学者流儀を気取って、その一文全体を通じて頭文字でMMMVとしかつめらしく表記した。）この恐るべきウイルスは、今までのウイルスの中で最も致死率が高く、ポリオウイルスのような環境的安定性をもち、インフルエンザ・ウイルスのように突然変異を起こしやすく、狂犬病ウイルスのように宿主を選ばず、ヘルペスウイルスのような潜伏期や再発の可能性を持つ。」インフルエンザのように空気中を伝わり、これもまたインフルエンザのように下部気道で増殖する。またそのウイルスは人の免疫を抑制するので、感染が起きやすくなる。エイズ・ウイルスのように、自身の遺伝子を宿主細胞の核に挿入できるレトロウイルスである。[33]

MMMVが実在しないのは、もちろんのことであり、生物兵器としてそれを人工的に作り出すほどひどい人間がいるとは考えにくい(絶対とは言い切れないが)。ウイルスではわずかな変化が、とてつもなく大きな違いを生じるので、進化や出現の道筋の予測は当てにならない。キルボーンは、そのことを言わんが為に、MMMVのようなものを引き合いに出したのだ。

第2章　事例研究——エイズはなぜ出現したか

一九七七年十二月、デンマーク人の外科医マルグレーテ・ラスクがコペンハーゲンで死亡した。普通あまり例の見られない三種類の感染症、カリニ肺炎、口と咽喉のカンジダ症、白色ブドウ球菌による敗血症が死因だった。彼女は四十四歳で、死ぬまでの約二年間ずっと体調をくずしていた。ラスクは一九七二年から一九七七年にかけて、最初はアフリカのザイール北部の田舎にある病院、次に首都キンシャサの大病院で外科医の仕事をしていた。

一九八二年十月パリ。フランスの地質学者クロード・シャルドンが、腸のクリプトスポリジウム感染症と脳のトキソプラスマ感染症で死亡した。彼は三十五歳、既婚で小さな女の子がいた。死ぬ前の一年間以上具合が悪かった。彼は死亡する四年前にハイチで野外研究を行っているときにひどい交通事故にあい、左腕が切断された。八人の親切なハイチ人の新鮮な血液を輸血して命をとりとめることができた。

一九八四年、カナダの航空機乗務員がケベックで死亡した。死因はカポジ肉腫（稀な病気。成長の遅いがん）で、ニューモシスティス肺炎を併発していた。その男性ガエタン・デュガスは三十一歳で、一九八〇年以来がんだった。飛行機の乗務員だったので、合衆国各地、カナダ、フランス、カリブへと自由に、しかも無料で行き来して、各地で数十人の男性との出会いを楽しんでいた。[☆1]

後から考えてみると、ラスク、シャルドン、デュガスが初期のエイズ患者だったことははっきりしている。彼らは正真正銘のエイズである証拠ともいえる日和見感染で死亡したのだった。日和見感染とは、健全な免疫系をもつ人々には何も起こさない微生物が、すべての防御機能を欠くエイズ患者で感染症を起こしたり増殖したりすることをさす。エイズ患者を苦しめている日和見感染の中で最もよく見られるのが、初期のケースにみられたニューモシスティス・カリニ肺炎（略してPCP）、トキソプラスマ症、クリプトスポリジウム感染症、そしてカポジ肉腫である。エイズ流行初期の十年間には、マイコバクテリウム（Mycobacterium avium-intracellulare）、サイトメガロウイルス、網膜炎、口腔内のカンジダ感染症、その他多くの日和見感染も現われた。

ラスク、シャルドン、デュガスのケース、そして他の数千例の詳細を調べることによって、科学者はエイズがどこで始まり、いかにして世界中の人々に狂暴な力を及ぼすようになったかを、一つの説にまとめることができた。ラスクがエイズ・ウイルスをアフリカから持ち出してヨーロッパに持ち込んだのかもしれない。血液から感染したシャルドンがハイチからフランスに移動して、さらにその輸送網を複雑にしたのかもしれない。デュガスが北アメリカの台風の目となってウイルスを撒き散らして、そこから流行が始まったのかもしれない。アメリカの疫学者の中にはデュガスを「患者ゼロ」と呼ぶ人もいる。これは核爆弾の落下点を表わすゼロ地点を公衆衛生の場に置き換えた言葉である。彼はニューヨーク、ロサンゼルス、その他合衆国の八都市で四十件以上のエイズを起こしたと言われている。それは患者自身とのセックス、あるいは患者とセックスした男性とのセックスとして広がっていった。彼にエイズをうつされていながら確認からもれた人が世界中にあと何人いるかはわからない。デュガスはたいへんハンサムで、浮気っぽく、魅力的な男性だった。彼自身によると、彼には年間二百五十人のセックス・パートナーがいて、それは病気が始まってからも続いていたという。無防備なセックスがパートナーにも危険を及ぼすことを一九八二年に知らされてからも、彼はエイズをうつす恐れのあることを言わなかった。むしろ逆に駆り立てられるようにして征服を続け、行為が終わってから、「俺は死ぬことになっている。おまえもだ」と男たちに話していた。☆2

エイズはいろいろな面において、現在進行中のウイルス出現の実例となっている。流行のごく初期の混乱を念入りに研究すると、ウイルス出現のパターンと真実を知る手掛かりが得られる。新種ウイルスの出現に手を貸すことが知られている人間のさまざまな行為のうち、エイズの場合には少なくとも六種類のものが登場している。世界旅行、都市への移動、行動様式の変化、現代の医療技術、遺伝子組換え、そして研究室での操作。これらすべてのものがエイズの出現と流行に手を貸している。

エイズによって、出現ウイルス研究に向けられる人々の関心が変わってきた。最近出現した恐ろしいウイルスの手中に落ちた今、新種ウイルスの出現を論ずる学説が、突然脚光をあびるようになった。その内容は、熱帯病の専門家や疫学者が何年もの間、取り組んできたことだった。ウイルスの突然の出現は、野外研究を行っている人の励みになると同時に脅威にもなった。彼らは、広報活動向きには仕込まれていなかったからである。彼らには、公衆の前に出た時のまばゆさ、喧騒、論争などに巻き込まれるよりは、アフリカのへんぴな村で困難な生活をおくったり、人間の毛髪ほどの試験管で危険な病原体を扱うほうが、性に合っていた。健康状態の問題で、ポリオ以来、一般市民の関心をこれほどまでにひきつけたのは、おそらくエイズしかないだろう。

スティーヴン・モースも、自分のミーティング、記事、談話などに寄せられた関心は、その一部をエイズに負うところがあるのを知っている。「人々はエイズがどこから生じたか知りたいがために、この問題に、いま関心を寄せているのは確かだ」と彼は述べている。[☆3] エイズがなければ出現ウイルスに関する一九八九年の会議が政府の資金援助を受けることはなかったかもしれないし、そこから出た結論も一時的に関心を集めるだけで終わったかもしれない。エイズがなければ、米国科学アカデミーは出現微生物に関する特別委員会を設置することなどなかっただろう。その委員会でモースは分科委員会の議長をつとめ、生物医学の分野で業績を上げた、二十歳以上年上の先輩たちと知的同僚の間柄になった。

他の人ならば、このような華々しいタイミングを利用できて、うまくやった、あるいはラッキーだったと思うかもしれない。しかし彼は、自分がいま取り組んでいる企画の重大さを考えると憂鬱になる。出現ウイルスの問題の代表的なスポークスマンになったとしたら、ウイルス学者にとっての「名声」に最も近いものが得られるかもしれないが、それはエイズで苦しみ、死んでいく何十万人もの人々のおかげだということも彼は知っている。また一方では、彼が「次のエイズ」を予想するメカニズムを考案できれば、今は想像上のものでしかない病気から、苦痛をかなり軽減できるのではないかということも言える。いずれにせよ、思わず知らずのうちに、彼はエイズの存在の恩恵をこうむっている。モースは、出会った誰とでも世間話をするような親切な人物で、その対象はロックフェラー大学のカフェテリアでチーズマカロニをよそってくれるおばさんから、食堂の向こう側にすわっているノーベル賞受賞者、ヨーク・アベニューのガードマンから郵便受けで出会った学部長まで、実にさまざまである。現代の生物医学研究では多くの一般人の苦しみから科学者が名声を得ることが多い事実を、他の人々とこれほどうまくやっていける人物が気づかないでいるはずはないだろう。

「エイズに荒々しい揺さぶりをかけられて、感染症を再認識するようになった我々は、いま不確実性の時代にいて、未来のエイズに対して身構えている。次にどのようなカタストロフが我々に襲いかかろうとしているかを考えずにはいられない」とモースはエイズの歴史に関するエッセイに記述している。

リチャード・クローズがエイズの起源を考える時には、別の意味で憂鬱な気分になるかもしれない。エイズの流行が始まったばかりのころ、彼は権威ある立場にあった。カリフォルニアとニューヨークの数人の疫学者が、困惑させられるこの突発の研究のリーダーシップをとるように、NIHの諸機関に訴えた。クラウスが所長を務める研究所も、そのなかに含まれていた。数十人のゲイの死が初めて記録にされたころから、NIHののろい対応の責任の一部を問われ、非難を受けるようになった。彼は一九八四年にNIHを辞めた。その理由はエイズとはまったく関係ないことだと彼は言っている。「一九八一年に病気が始まった頃、その件数はごくわずかだった。あれやこれや数件ずつ出現する病気のことで、いちいち輪をくぐりぬけていたら、ボールから目が離れてしまうではないか」と彼は自分の立場を弁護している。NIHがもっと素早く対応していても病気の進行は変えられなかったろうと彼は述べている。「研究があれ以上速く進めるとは思わない。一年半以内にエイズは性行為で感染することがわかった。あれほど潜伏期間の長い病気でそれを証明するのはほんとうに難しい。三年以内にはウイルスが同定された。[☆4]その六ヵ月後には血液検査もできた。二年後には薬も開発された」とクローズは述べている。彼は、こうした進歩は十分スピーディーだったと信じている。

エイズの渦中に巻きこまれると、科学者も非科学者も正確な歴史的な見方に必要な、冷静な客観性を失ってしまう。たしかに道徳観に背くような性行為で伝染する病気を問題にするのだから、いくら時間的に離れていても客観性を保てないのかもしれない。(一四〇〇年代の終わり頃に梅毒が出現したわけは誰も知らない。フランス人は「ナポリ病」と言い、イタリア人は「フランス病」と呼んでいた。数世紀にわたって罪のなすり合いを続けた結果、他にもっと緊急性を要する問題が生じて、その起源はうやむやになってしまった。)エイズ流行の初期、一九八三、一九八四年には、原理主義の人々はエイズを「神の怒り」と呼び、見境のないホモセクシュアルな性行為や薬物の濫用にふける人々に神の罰が下ったと言っていた。このような考え方は、幸いに今では減っているが、時折顔を出すことがある。たとえば「神の怒り」の心理は、米国政府の政策の影にまだ潜んでいるのかもしれない。あらゆる公衆衛生の専門家の助言に反して、また他の国々の例に反して、米国政府はエイズ・ウイルスのテストが陽性である旅行者や移住者を締め出しているのだ。[☆5]

エイズの話になると精神訓話ふうになるのは熱狂的な信者や保守主義者だけではない。科学者もこの病気の分析結果から非科学的な見解を引き出すことがあるのだ。口調がとげとげしくなったり、男の売春やサルとのセックスの猥談をしたがったり、自分に近い所で発生したことを考えるのはおぞましいので、他の国や民族のせいにしようとする。こうした傾向は正しい判断力の妨げになることが多い。そうでなければ、エイズ・ウイルスがどうやってサルから人に飛び移ったか（そのような飛躍が必要だったとして）という問題に対して、いまだに数多の説が横行しているはずはない。

最も広く受け入れられている説によると、エイズ・ウイルス（ヒト免疫不全ウイルス、HIV）の起源は人間以外の霊長類のウイルス（サル免疫不全ウイルス、SIV）であり、それが何かの理由で生物種間を飛び越えて人間に感染するようになったという。その飛躍がいつ起こったかは目下論争中である。今世紀の初めにヨーロッパ、アフリカ、北アメリカの各地で患者から採って保存してあった血清の分析結果によると、SIVウイルスが人に感染するようになったのは五十年以上前、百年以内だということがわかった。サルから人へ移った場所にはそれほど論争はなくて、ほとんどの有力なウイルス学者は、人類発祥の地であるアフリカ大陸にエイズの最初の動きを見出している。HIVにはきわめて異なる二系統があるので、種間の飛躍はある時期に異なる地点で起きたと考えられている。西アフリカで多くみられる系統HIV－2は、ほとんど区別がつかないほどSIVと似ている。このことからアメリカやヨーロッパの多くの科学者は、このウイルスが比較的最近、おそらく五十〜六十年くらい前に飛び移ったと考えている。世界のその他の地域に多いHIV－1系統は、少なくとも二世代前から人間に感染しはじめて、その間新しい宿主の中で進化を続け、元の姿からどんどん離れていった。

HIV－1とHIV－2いずれのケースでも、一九七〇年代の初めに何かが起きて、すでに爆発寸前の状態にあったウイルスが、公衆衛生上もはや無視しきれないものになったというのが、ごく一般的な考えである。アフリカ内での、あるいはアフリカから地球の反対側の国々までエイズを蔓延させた、この「何か」はウイルス自体の変化かもしれないし（可能性は低い）、人間の行動に変化が生じたからかもしれない。

一方エイズの起源に関する別の説によると、世界的流行はアフリカに発したのではなく、問題が噴出し始めたのは一九七〇年代よりもずっと前の一九三〇年代、一九四〇年代頃までさかのぼった時期だという。この説によると、エイズ・ウイルスはまったく変化していないし、人間の行動もまったく変わっていない。何が変わったかというと、世界各地で流行する伝染病の内容が変わってきたというのだ。つまり、他のさまざまな伝染病が撲滅されてゆくにつれて、カモフラージュされていたHIVが姿を現わしてきたわけだ。ソルボンヌ大学のミルコ・グルメクは、人類が常に一定量の伝染病に悩まされているという考え方に対してパソケノージズという新語を作った。[☆6] ある伝染病が排除されると、必ず別の種類のものがその場所を埋めると彼は言っている。興味をそそる考えであるが、受け入れない科学者も多い。反対意見は、エイズの徴候が世界で最も早い時期に現われた場所のいくつかが合衆国の中だったことも一因となって、特にアメリカ人に多い。その上この説は運命論的なにおいもするので、困難に出会っても何とかそれを克服しようとするアメリカ精神に反するのだ。

エイズのアフリカ起源説は、大陸の最西端の国々に生息するサルの血清学的研究に基づいている。そこにいる大部分のサルには、人間のHIV‐2とほとんど同じようなサルのレトロウイルスSIVに感染した徴候がみられる。西アフリカのサルの七〇パーセントにSIV感染がみられ、その地域の健康状態の良い大人の一五パーセントがHIV‐2陽性である。リスクの高い集団では、その値は急増する。たとえばギニアビサウのビサウの売春婦のHIV‐2感染率は、実に六四パーセントにもなる。一九八五年に発見されたHIV－2はエイズ・ウイルスと、いとこのような近い関係にあり（エイズ・ウイルスは、その二年前に発見されたのでHIV－1と命名された）、ギニアビサウ、セネガル、ガンビア、カボヴェルデ諸島に特有の病気である。このHIV－2は、ザイール、ケニア、コンゴ、ウガンダなど、中央アフリカの国々、そしてエイズがかなり流行っているその他の国々にはほとんど存在しない。また、エイズにもっとも厳しい北アメリカ、南アメリカ、西ヨーロッパなどの大陸にもみられない。[☆7]

HIV－2はHIV－1と近い関係にあるかもしれないが、サルのウイルスSIVとはほとんど同一といえるほど似ている。HIV－2とSIVは遺伝子が酷似しているので、違いをみつけるほうがかえって難しい。「我々がサルのウイルスをSIV、人間のウイルスをHIVと呼ぶのは、人間のウイルスは人間、サルのウイルスはサルを宿主としているからにすぎない」とマックス・エセックスは述べている。彼はハーヴァード大学公衆衛生学部エイズ研究所の所長で、SIVの共同発見者でもある。「あまり研究されていないサル、たとえばマンドリルを調べて、他のSIVとの交叉反応が陽性であり、抗体をもつことからSIVウイルスの一種を発見したとする。つぎにそれを分離して、遺伝子クローニングして配列を明らかにする。そしてそれを遺伝子配列の専門家に黙って送って、『私にはわからないのだが、これはサルのウイルスだろうか、人間のだろうか』と尋ねたとする。彼らは『私たちにもわからない』といってそれを送り返してくるだろう。」言い換えると、ウイルスのすべての機能を指図するウイルス遺伝子の配列が、サルと人ではほとんど全部同じなのだ。種類の異なるシロエリマンガベー（西アフリカ沿岸の森林にすむサルの一種）からとったさまざまな系統のSIVを見ると、あるものはサルのものよりもHIV－2の方によく似ていることすらある。「HIV－2がサルに感染したり、SIVが人に感染することも十分に考えられる」とエセックスは述べている。

そのような遺伝子の類似は、両者が共通の性質を受け継いでいることを物語っている。科学者がカエルとカメ、トラとライオン、サル・ウイルスとヒト・ウイルスといった二種間の進化的関係を推論するときには、それぞれのDNAのある部分に関して両者が同じ部分、つまり相同な部分を探す。そして相同性の比率が高いほど、生物の家系図である系統樹における二者の関係は近いことになる。最近エセックスの同僚で、マサチューセッツ州サウスボロにあるニューイングランド霊長類センターのロナルド・デロジャースは、HIV-2とシロエリマンガベーのSIVには八五パーセントの相同性がみられたと報告している。これに対してヒト免疫不全ウイルスの二系統であるHIV-1とHIV-2の相同性は約四〇パーセントにすぎなかった。☆8

「数千年位かもしれないが、十万あるいは百万年以下」のかなり長い間、SIVはアフリカのサルの中にいたとエセックスは推論している。それ以前の感染が有り得ないのは、野生のアジアのサルにはSIVがまったくみられないからである。仮に数百万年前のアフリカにSIVが存在していたら、つまりアジアのサルが分かれて新大陸へ移動する前にSIVがあったら、アジアのサルはSIVと共に移動して、世界中に感染が広まっていただろう。地球上のSIV分布をみるとアフリカに限られていることから、科学者はアジア種が分離してからアフリカにSIVが出現したと推論できるのだ。

オーストラリアのウサギとブラジルのミクソーマ・ウイルスでみられた自然の場を借りた実験と同じようなことが、ここにも成り立っている。ブラジルのウサギがミクソーマと平和に共存していたように、アフリカのサルはSIVと平和に共存する術を進化によって獲得していた。そのためサルは病気にならずに慢性感染を体内にもっていた。一方アジアのサルはSIVに出会った経験がなかったので、耐性をもっていなかった。霊長類研究施設でこうしたアジアのマカック属のサルをアフリカのシロエリマンガベーやミドリザルのそばで飼うと、オーストラリアのウサギがミクソーマ・ウイルスと人為的な接触を持ったのと同様に、人為的にSIVにさらされることになる。

ふとしたことからSIV感染を受けたアジアのマカックは、すべて病気になって死んだ。（ミクソーマ・ウイルス感染の第一撃をうけたオーストラリアのウサギにも同じことがおこった。）いままでにさらされたことのないウイルスに初めて出会った動物は、すぐにばたばた死んでいく。それはその動物がウイルスの致死的な力に対する感受性を持っているからである。しかしそうした動物集団のなかで、おそらく生まれつきの自然抗体を持つ個体は生き残り、たぶん十〜十五代後にその性質は子孫に伝えられて生まれつき抵抗性をもつようになっている。一方その時点で生き残っているウイルスは、もともとの毒性が多少弱いものである。というのも、毒性のきわめて強いものは最初の宿主と一緒に死に絶えてしまうからである。そうした結果、最終的にはオーストラリアのウサギとミクソーマ、あるいはアフリカのシロエリマンガベーとSIVのように、アジアのマカックも最初は大打撃を受けながらもウイルスとの平衡状態に到達するかもしれない。

捕えられたマカックはいったいどうやってSIVに感染したのだろうか。アフリカから来たウイルス保有動物と隣り合ったケージに入れられていたからにすぎないと言う科学者もいる。しかしマックス・エセックスはそのようには考えていなかった。HIVと同様、SIVも密接な接触や、血液、体液の交換によってのみ感染するからである。合衆国内のほとんどの霊長類研究所では、種の異なるサルは離して飼育しているので、性的接触や噛んだり引っ掻いたりすることはおよそ不可能だと彼は言っている。「研究所の霊長類の専門家が、十五〜二十年前にマカックにそうしたウイルスの接種を行ったというのが最も有力な考えだ。当時レトロウイルスはまだ発見されていなかったので、彼らは研究中のマラリアや他の病気のウイルスだけを接種したものと考えていた」とエセックスは述べている。☆9

遺伝的にかなり似ているHIV-1とHIV-2ではあるが、HIV-2の方が生じさせる症状が少ないようだ。HIV-2に感染した人がひどい免疫不全症にかかる割合や、日和見感染を起こす割合も少なく、正常に寿命をまっとうして、まったく関係のない病気で死ぬことの方が多いようだ。HIV-2の潜伏期間が二十年で、HIV-1の十年に比べてずっと長いことを理由にあげる科学者もいる。また、SIVがアフリカのサルに何の症状も起こさないのと同じ理由、つまりもともと毒性が弱いか、毒性の低いものへと時間をかけて進化したからだと考える人々もいる。(HIV-2が人間に住みつくようになってからまだ百年たっていないので、ウイルス毒性が変わったり宿主の耐性が変わるのは時間的にまだ無理であり、したがって最後の可能性はありそうもないとエセックスは論じている。)

SIVの物語はフーガのように同じテーマが何度も繰り返され、最終的には人間においてより壮大なスケールで反復されるのかもしれない。アフリカのサルが結局SIVと共に生きることを学んだように、人間もHIV-2と共に生きることを学んだ。しかしアフリカのサルには害を及ぼさないSIVがアジアのサルをすぐに殺してしまうように、HIV-2が風土病となっている西アフリカの辺地以外に住む人間は、種の境界を越えたウイルスの第一波に襲われているのかもしれない。そしてそのウイルスが、今私たちがHIV-1と言っているものなのかもしれない。

このシナリオにはある重要な疑問が残されている。いったい何が原因となって、今世紀の初めにSIVが人間に感染するようになったのだろう。SIVとHIV－2が遺伝的にきわめて近い関係にあることから、突然変異がまったく起こらなくてもサルのウイルスが人のウイルスになった可能性はある。それでは何が必要だったかというと、SIVが研究所内でハイイロマンガベーからマカックに移ったときのように、サルと人の関係が変わる必要があった。[☆10]

SIVはどのようにして人間に入ったのだろうか。これは単純な質問のようにみえるかもしれない。しかしアフリカの誰が、あるいは何がエイズの原因となったかという推論は、決してわかりやすい問題ではない。伝染病の歴史には、生物種を越えて感染する例が、そこかしこに見られる。しかし異なる種間の性交や不自然な儀式が原因だと科学者に言われたものは、他にはまったくみられない。地理的に接近したことだけで十分に説明がつくのが普通だった。しかしエイズの場合には、同性愛、売春、薬物濫用などと関連しているため、そのような質問自体が当てつけ、ステレオタイプ、外国人嫌いなどの沈澱した汚水溜をかきまわすような騒ぎを起こす。冷静な科学者でさえ時折その汚水に落ち込んで、エイズ・ウイルスが種間を飛び越した方法に関して、かなり風変わりな説をひっさげて這い上がってくる。その中には次のようなものがあった。

・SIVはワクチン、特にSIV感染したサルの培養細胞を用いて精製されたポリオ・ワクチンの汚染物質として人間に入った。

・SIVで偶然汚染されていた血液が、ザイールのある部族の儀式に用いられた。その儀式では、性欲を高めるためにサルの血清を男女の骨盤のあたりに注射していた（オスザルの血清は男性、メスザルの血清は女性に）。

・HIVは研究室内の操作によってSIVからできた。細菌兵器として作り出されて、偶然あるいは故意にかもしれないが、周囲にばらまかれた。

・これはアフリカの部族ではよく行われることだが、異種生物間の性交によってSIVはサルから人へ移った。

真実はおそらくずっと現実的なことだろう。アフリカの多くの部族はサルを捕って肉を食べる。また、西欧人が犬や猫を飼うようにサルをペットにする者もいる。いずれにしても、狩用のナイフや肉切庖丁でけがをしたり、ペットに引っ掻かれたり噛まれたりして傷口から新鮮なサルの血液が入り込むことは十分に考えられる。

一風変わった種間セックス説で説明できるのは、エイズ・ウイルスとしては稀な型のHIV-2の存在だけで、HIV-1がどこから生じたかは説明できない。HIV-1は今までに知られているどのSIVとも大きく異なっているため、アメリカやヨーロッパの大部分の科学者は、それがサルのウイルスだったことはないと信じている。そして、HIV-1は中央アフリカにおいて何代もの間チンパンジーのウイルスあるいは人間のウイルスであったとさえ考えているのだ。

リチャード・クローズと国立衛生研究所の同僚たちは、エイズの起源に関して、あるシナリオを書き上げた。それによるとすべての初期の動きがアフリカに端を発したことになっている。クローズのような科学界のリーダー的な人物は別であるが、一般的に言うと、これは論争を招くような考え方である。というのも、この筋書きは、自分自身を弁護できない国々にエイズの罪をきせようとしているように思えるからである。この説に批判的な人は次のように述べている。合衆国はエイズの源から遠ざかれば遠ざかるほど、自分の過ちが原因ではなくて、ただ身に降りかかった災難としてエイズにアプローチできるのだと。エイズの科学的説明には政治が絡んでくるので、真実と感情的愛国主義を分けて考えるのは大変難しい。しかし、エイズのアフリカ起源説は政治的にご都合主義の点もあるので、だからそれが即誤りだとも言い切れない。クローズばかりではなく、マックス・エセックス、彼のハーヴァードの同僚ウィリアム・ヘーゼルティンとロナルド・デロジャース、HIV-1の協同発見者である合衆国のロバート・ギャロとフランスのリュック・モンタニエなどを含めた世界中の科学者間では、エイズがアフリカに始まったという考えが有力になっている。そしてここで、私たちがおなじみになってきたウイルス出現の要因、すなわち行動の変化、都市へ向かう人間、海を渡る人間、それに加えてたぶんウイルス自身にわずかばかりの変化などが持ちだされてくる。

この説によると、HIV-1は中央アフリカのどこか遠く離れた所に何年も前からあったと思われる。何年もの間、ウイルスと宿主の人間は比較的平和に共存していた。ウイルスは伝染しにくかったので、その広がり方はゆっくりで、地理的に隔離されたいくつかの集団のみに限られていた。ウイルスは、多分今日我々がエイズとしてみているものと同じ免疫系の異常を起こしていただろうが、不可解な伝染病で若者が死ぬことがそれほどめずらしくない大陸では、特に気づかれることもないまま終わっていた。

一九七〇年代に起きた行動の変化によって、精液や血液の交換といったウイルスの感染経路が、より一般的なものになってきた。またアフリカの植民地支配が終わり、大陸に民主主義が広まりつつあった。独立と共に、都市化、伝統的家族の崩壊、性活動の活発化、医療および儀式に用いられる(そして再利用される)西洋の注射針など多くのものが導入された。こうしたことによってHIVは初めて新しい経路に出くわして、あちこちに移動できるようになった。HIVが疫学者の言うように「世界的になる」ためには、外国へ旅行する者が数人いればすむことだった。

ここで多くの人々がHIV-1の発生点と考えられている国、ザイールの例をみよう。はじめベルギー領コンゴとして植民地化されていたザイールは(当時はコンゴ民主共和国と呼ばれていた)、一九六〇年にベルギーから独立した。伝統的な価値観は捨て去られ、人々は首都キンシャサ(旧レオポルドヴィル)へ押し寄せた。独立当時レオポルドヴィルの人口はすでに一万人から四十万人にまでふくれあがっていた。独立後は爆発的増加をみせ、一九八〇年には二百五十万人、現在は四百万人に達するかもしれない。[☆11]押し寄せた人々と共に、不潔な環境、ペスト、衛生状態の悪化、伝染病の流行もやってきた。そして村の厳しい掟を失った人々の間には乱交や男女の売春が広まった。その結果性病が流行ったが、治療もせずに放っておくことが多かった。こうしたことはすべて、HIVに「かかる」率、ウイルスに一回さらされるだけで正真正銘のエイズになってしまう可能性を高めることが知られている。

それと同じ頃、注射針がアフリカへやってきた。科学的な体面を保つために、呪い師たちは伝統的な秘薬を西洋の針で投与するようになった。その上、経済的に済ませるため、彼らは繰り返して同じ針を使った。同じ頃に天然痘ワクチンをたずさえて公衆衛生の国際ボランティアが大陸にやってきたことに注目する人もいる。すでにＨＩＶ－１に感染して潜伏状態にある可能性を秘めたアフリカ人に大量の種痘ワクチンを投与したことが、ＨＩＶを活性化して共感染をもたらしたのかもしれないと言うのだ。これに対する有力な根拠はない。そして理由は明らかだが、世界保険機構は、自身が主催した天然痘撲滅キャンペーンとその後のエイズ流行の関連をすべて否定している。しかし、これには少なくとも一つの実例がある。ＨＩＶ陽性でも全般的には健康だったアメリカの兵士が一九八九年に天然痘のワクチン接種を受けて間もなく電撃性のエイズになった（当時、軍隊ではまだワクチン接種が行われていた）。彼は数週間で死んだ。☆12

ベルギー人が去った後にはハイチ人の専門家たちがザイールにやってきた。彼らは高等教育を受け、黒人でフランス語ができたので、まだ駆け出しのこの国を軌道に乗せるのを助ける指導的立場に迎えられた。ハイチ人たちは旧勢力に代わって、建築家、エンジニア、医者、経済学者、その他の専門職についた。しかし一九七〇年なかばにナショナリズムの波が打ち寄せると、ザイール人はハイチ人を追放した。母国に帰ったハイチ人は、骨身を削るような貧苦に直面した。それは彼らがキンシャサで見たものよりもずっとひどい状態だった。ポルトープランスで病気のサイクルが新たに始まった。人口過密、不潔、売春、そして伝染病や性病の流行。ハイチから合衆国やヨーロッパ西部への直行便が、その後間もなく開かれた。ハイチはゲイにとって、魅力的で経済的な休憩地となり、彼らの多くが売春をしていたハイチの若い男の子の客になった。間もなく、ハイチ人がアフリカから持ち出した、性交渉で伝染するエイズが、ヨーロッパ人やアメリカ人の血に入り込んでいった。彼らはＨＩＶを持ち帰り、サンフランシスコ、ニューヨーク、パリのゲイバー、浴場、パーティーなどで会った男たちにまきちらした。こうしてエイズの世界的流行が

始まった。[☆13]

きちんとしてわかりやすい年代記ではあるが、この中には、今考えると最初のエイズだったかと思われる古いケース・ヒストリーが考慮されていないのが難点だ。たとえば、ずっとさかのぼった一八六八年には、ウィーンの医師、モリッツ・カポジが、数例の奇妙な肉腫を初めて目にしている。後に彼の名前がつけられたこの肉腫は、今ではエイズなったゲイの若者にみられる「日和見感染」を代表する徴候として知られている。一八六八年から一八七一年までに五人の肉腫の患者がカポジの診察を受けた。百二十五年前に死亡した患者は、あらゆる面でエイズだったように思われる。ある患者を検視したところ、内臓にカポジ肉腫が広がっていた上に、肺には正体不明の病変部があった。これは今日多くのエイズ患者を死にいたらしめているカリニ肺炎だったかもしれない。カポジ肉腫は一八七四年と一八八二年の間にも小流行があった。十二名の患者はナポリに住み、その内訳は五歳の子供が一名、三十九歳から四十四歳の男性が十一名だった。個々の患者の履歴や性的傾向は、当時医師によって記録されていなかったが、十九世紀末のウィーンやナポリは、どちらも同性愛の中心地として知られていた。[☆14]

謎に包まれた前身不明の伝染病が、未解決のまま医療記録に残されていることはたびたびあった。個々の症例の個人データを公表するのは禁止されているので、こうした記録をさかのぼって診断を下すことはできない。しかしこのうちの多くの感染症は、今日我々が「日和見感染」としているものによって起きたことを当時の病理学者が見いだしている。また、未来の病理学者が患者の死因を突き止められるかもしれないと考えて、組織や血液のサンプルを保存した機転のきく医師もいた。いくつかのケースでは、実際に謎が解き明かされている。こうしたものの中で、HIV感染の古いケースとしては、一九五八年のものまでが確認されている。

この最も早いケースの患者はイギリスの水夫だった。彼は二十五歳で、一九五八年の終わり頃から、歯肉炎、皮膚病、息切れ、疲労、体重の減少、寝汗、咳、痔疾の徴候がみられた。一九五九年二月には、ひどい痔瘻と鼻腔にできた小さな腫瘍の治療で入院した。どちらの症状も悪化して潰瘍化した。王立医学校の学長、サー・ロバート・プラットが招かれて意見を求められたが、正体不明のウイルス病らしいということしかわからなかった。しかし彼が水夫のカルテに残した言葉には先見の明があった。「細菌による病気がほとんど制圧された今、我々は新たにウイルス病の波に襲われようとしているのだろうか」と彼は記述している。

一九五九年九月、その水夫はマンチェスターの王立施療所で死んだ。抗生物質、ステロイド、放射線療法のいずれも効を奏さなかった。その病院の病理学者であったジョージ・ウィリアムズが検視を行ったところ、サイトメガロウイルスとカリニ肺炎に同時に感染した珍しい所見だった。これを不思議に思った彼は、そのことを医学の謎として『ランセット』誌に書き、患者の組織試料をパラフィンに保存した。[☆15]

二十六年後の一九八五年にウィリアムズらは、新しく発見されたエイズ・ウイルスが検出できるかどうか、保存組織をテストした。水夫の性傾向は誰も知らなかったし、彼の親戚もみつからなかったが、何と言っても彼の徴候は典型的なエイズのように思われたからだった。しかし、組織にＨＩＶがあったとしても、それは検出できないほどわずかな量だった。

一九八八年にポリメラーゼ連鎖反応（ＰＣＲ）という新しい検査方法が商品化されるようになって、事態はまったく変わった。わずかな量しかない遺伝物質の配列でも、ＰＣＲによって量を増やして、従来の方法で検出できるようになった。増殖は、目の回るような速さで行われる。仮に組織サンプルにたった一個のウイルスしかなかったとしても、PCRによれば何時間かでそれを百億個にすることができる。[☆16]スティーヴン・モースのようなウイルス学者たちは、好奇心をそそる問題を解決する手段としてのPCRの役割を考え、あるいはそれを実地に移して楽しんだ。たとえばモースは初期のエイズの場合のように、これを「病気の考古学」の便利な手段として用いるのが最も有用だと考えている。「長年の間あるいは不注意に保存されていた固定組織や試料からはウイルスを検出しにくいことが多いが、PCRを用いれば、今まで検出できなかった試料も検査できるし、数千年もたってミイラ化した人間からも検出できるようになるかもしれない」とモースは述べている。

まさにその通りのことがあのイギリスの水夫の試料で行われた。彼の組織は三十一年間の保存後に甦った。八か月間にわたってPCRが主要な役割をもつ実験を行った結果、一九九〇年六月にジョージ・ウィリアムズらは答を出すことができた。彼らは水夫の腎臓、骨髄、脾臓、口腔内皮の組織培養に成功した。結果を確認するため、水夫と同じ年に自動車事故で死んだ若い男性の保存組織も培養した。事故死した若者の培養組織にはHIVの遺伝子配列はまったく検出されなかったが、水夫の組織にはすべて含まれていた。

ヨーロッパでごく早い時期にみられたエイズのもう一つの例は、これも水夫、こんどはノルウェー人水夫のものだった。彼の場合には少なくとも二人に、自分の妻と幼い娘に病気をうつしていた。一九六〇年代のなかばに水夫だった彼は、ヨーロッパやアフリカをあちらこちら旅行した。一九六六年二十歳のときに、リンパ腺の腫れ、筋肉痛、風邪をひきやすい、皮膚に黒ずんだ斑が見られる等の症状を訴えて医師を訪れている。病気は四年後に再発した。このころ彼はすでに結婚していて、三人の女の子の父親になっていた。一九七六年四月、彼は肺と脳の障害で死亡した。一番下の子は、二歳のころからたびたびひどい感染症を繰り返していたが、彼の死の四ヵ月後に当時流行っていたはしかに罹って死亡した。さらにその年の十二月には、彼の妻が急性白血病と脳炎で死亡した。上の二人の子供たちはまったく健康だった。[17]

ノルウェー人水夫の死は謎に包まれており、また残された家族を見舞った不運は人々を当惑させたので、医師たちはいつの日か謎が解けることを願いながら、水夫と妻子の血液を冷凍保存した。一九八八年にその血液試料を分析する機会がとうとう訪れた。三人ともＨＩＶ抗体を持つことが明らかになった。

合衆国でエイズ症例が最初に確認されたのは一九六八年のことだった。患者はセントルイスに住む十五歳の黒人少年ロバート・Ｒだった。一九六八年にロバートは、性器と脚がひどく腫れあがって、セントルイス市立病院に入院した。その徴候だけを見れば、象皮病のように思われたが、それは普通熱帯地方にみられる病気だった。ロバートは合衆国の外へ出たことはなかったし、その短い生涯のうちセントルイスから出たことすらなかった。この珍しい病気に困惑した医師たちは、彼のリンパ液、血液、前立腺の分泌液のサンプルを採って調べた。すべてのサンプルから性行為によって感染するクラミジア・トラコマティス（トラコーマ病原体）が分離された。ふつうこの感染症には抗生物質がよくきくが、ロバートは回復しなかった。彼は、病院の中で、どのような治療にも免疫反応を示さずに衰弱していった。そして一九六九年五月十五日に死亡した。彼はセックスに関しては、ある少女と一回だけの出会いがあったことを認めていたが、検視結果は別のことを物語っていた。彼の体には、カポジ肉腫の典型である肛門内部の病変をはじめ、同性愛性交との関連が高い肛門の外傷がみられた。[18]

ロバートの担当医マーリス・ウィットと同僚のメモリー・エルヴィン＝ルイスは、将来彼の死の謎が解けるかもしれないと考えて、血液とリンパ液の試料を冷凍保存した。彼らは正しかった。若者の死後十八年たってトゥレーン大学の微生物学者ロバート・ギャリーが血液とリンパ液の瓶を解凍した。すべての試料からＨＩＶ－１抗原、そして同様にＨＩＶ－１抗体も検出された。

初期のエイズがイギリス、ノルウェー、合衆国などで突発的に起こったことには、どんな意味があったのだろうか。どこからやってきたのだろうか。なぜ流行しなかったのだろう。このように散発的に起きた初期の症例と現在のエイズの世界的流行の始まりには十年の隔たりがあるが、その間ウイルスはどうしていたのだろうか。ミルコ・グルメクによると、一つの可能性としてエイズが必ずしもアフリカで起こったものではなくて、アメリカやヨーロッパの現象と結論づけることができるという。「エイズの要因は、長い間西欧世界にあった。ライフスタイルの変容によって野火のように流行した病気の起源がアフリカにあると考える必要などない」[☆19]と彼は記述している。この見地によると、エイズは世界各地で時々燃え上がる小さな花火のようにして始まり、いままでエイズのじゃまをしていた伝染病がつぎつぎ抑圧されていったのを始め、一九七〇年代に起きた社会的変化が起因して、小規模な花火が世界規模の大火災になった。

こうして国際的に燃え上がったエイズも、初めは古き良きセックスによって始まった。アフリカ、ヨーロッパ、アメリカにおける売春、アフリカの一夫多妻制（未亡人と前夫の親戚との婚姻も含む）、アメリカやヨーロッパの都市における不特定を相手にする同性愛者のセックスなどのすべてが、この新しくて致死性の高い性病を急速に広める要因となった。しかしエイズにはまた別の側面もあった。エイズは血液を介して伝染し、また現代医学は血液を広める巧妙な方法を開発したので、ウイルスの正体が解明されるまでは純粋な医療手段によってエイズになることもあった。

流行の初期には献血された血液のＨＩＶ抗体を調べる方法がなかったので、緊急に汚染血液を輸血されて感染することが多かった。[20]一九七八年にハイチで輸血をうけたクロード・シャルドンもそうした最初のケースだったが、一九八三年までにはアメリカの血液供給に支障をきたすほどの問題になった。アメリカにおける一九八三年から一九八六年のエイズ件数のうち推定一・五〜二・五パーセント、女性エイズ患者の一〇パーセントが、緊急輸血の血液の汚染で感染したことがわかっている。グルメクの言うように、「慈悲の行為、現代医学の勝利が、死の脅威をもたらした。」

また医療の革新によって、献血を集めて生物製品を作り出し、より効力がある血液成分、そして図らずもエイズ・ウイルスをも輸血する方法が開発された。そのなかでも最も顕著な影響が現われたのは、この二十年間で血友病患者の命綱となった血液製剤だった。血友病の少年や男性（女性はほとんど血友病にならない）の血液には、出血を止めるのに必要な凝固成分が含まれていない。だが欠如しているその血液凝固成分を通常一〜四週間に一回注射すれば、問題はない。しなければ、ちょっとした怪我でも出血多量で死にいたることもある。第Ⅷ因子（まれには第Ⅸ因子のこともある）と呼ばれるこの成分は、献血された血液から血液凝固因子を精製、濃縮したものである。第Ⅷ因子の一つのロットは、平均二万人分の血液からつくられている。そのため血友病患者は、だれもが一生のうちに、文字通り何百万人もの献血者の血液にさらされることになる。一九八五年に血液銀行がＨＩＶ抗体のスクリーニングを始めるまで、血友病患者は、たびたび受ける第Ⅷ因子の注射によって、天文学的なリスクを負っていた。米国内二万人の血友病患者のうち、半数が一九八五年までにエイズ・ウイルスに感染した。重症の血友病の場合には、さらに頻繁に第Ⅷ因子を受ける必要があるので、その割合はもっと高くなるかもしれない。[21]

現代医学は、臓器移植によってHIVの通り道をもう一つ作り出してしまった。そして皮肉なことに、高度な技術を用いた手術によって命拾いした人から、命を奪いとる結果になった。生命を維持するための臓器と共に致死的なウイルスが移植されるという近代医学の武勇伝の残念な副作用が、疾病防御センターの疫学者たちによって記録に残された。これはごく珍しい例ではあるが、たった一人の臓器提供者から少なくとも四人が感染したこともある。感染者はさらに増える恐れもある。この件に関係していたのは、ヴァージニア州リッチモンドのウィリアム・ノーウッドという青年だった。一九八五年に彼は働いていたガソリンスタンドで強盗に撃ち殺された。殺された当時二十二歳だったノーウッドは、臓器のドナー登録をしていたので、彼の遺体からは五十四体の移植組織がとられ、それは少なくとも五十人の患者に移植された。ノーウッドの組織を処置した業者は、HIV抗体の検査を二回行って、結果はどちらも陰性だったといっている。ノーウッドが実はHIV感染者で、抗体ができる前に死亡したということがわかったのは、六年も後のことだった。この移植手術の結果、一九九一年の半ばまでに、移植を受けた患者のうち三人がエイズで死亡、一人がHIV陽性を示している。[22]

エイズがどこから来てどこへ行くかという問題は、一九九二年にアムステルダムで開かれた第八回国際エイズ会議で再燃した。ホテルの廊下やセミナー室で交わされた非公式なコメントに刺激されて、科学者たちは世界各地に数十人いるとみられるHIV-1あるいはHIV-2感染の徴候がまったくないにもかかわらずエイズと思われる人々の症例報告を集めた。こうした患者はHIV抗体をもたず、きわめて感度の高いPCRテストでもHIVを検出できない。そして科学者のうちの一人が免疫不全の患者について行った発表は、急にスケジュールに加えられたものだった。彼の患者は六十歳のPCPの女性と、見掛けは健康な三十六歳の娘だった。どちらの血液にもHIVはなかったが、どちらも、それまで人間の病気にはみたことのない新しいレトロウイルスに感染していた。

緊急事態に素早い対応をとれないと常々非難されていたCDCの役人は、オランダから戻った一流のウイルス学者をただちに集めて会議を開いた。何が起こっているか誰にもはっきりしたことはわからないというのが、この会議のコンセンサスだった。このエイズに似た病気は、今までにも時々起こっていたものが、近頃の監視が厳しくなって発見されたのだろうか。新しいレトロウイルスが原因となって病気を引き起こしたのだろうか、あるいは単なる偶然だったのだろうか。こうした数々の問題は、一つの新しい要因が引き起こしているのだろうか。そしてその要因は、献血された血液の安全性を脅かしていないだろうか。

他に何もなかったとしても、三十件ほどの症例からある一つの点がうきぼりにされた。ウイルス、それも特にHIVのようなものには静止し続けているものなどないという点だ。つまり、ウイルスに関しては、調べやすいことなど何もないのだ。「血液試料を調べると『ウイルスの足跡』を見つけることがあるかもしれないが、そうしたことはある程度の時間を研究室ですごしたことのある人には、すでに経験済みのことなのだ。つまり、何かみつけたと思っても、何でもなかったり、研究とはまったく無関係なことが多い」と国立アレルギー・感染症研究所長のアンソニー・フォーシは述べている。[☆23]

診療所や研究室にHIVが存在すること自体が、色々な面において問題を引き起こすこともある。まず初めに、抗ウイルス剤（アザイドサイミジン〔アジドチミジン〕）で初期の治療を受けたＨＩＶ感染者が、五年十年と長生きできるようになったことを考えてみよう。免疫の損なわれた人が長生きすればするほど、彼らの肉体に宿っている多くのウイルスが再発して「日和見感染」を起こす可能性も増してくる。これはそのエイズ患者だけの問題でなく、より広い社会問題でもある。[☆24]

患者が免疫抑制剤を服用していると、幼小時に感染して潜伏していたウイルスの再発が起こるのと同じことが、ウイルス病で免疫不全になった人、つまりエイズの人にもいえる。免疫不全という新しい環境の中で、潜伏していたウイルスが成長し変化して、正常な免疫機能をもつ人間に感染するものになることも考えられる。かつては感染が子供に限られていた害のないウイルスが、新しい危険をもたらすこともあるだろう。

これに似た過程が研究室の中で起こる可能性もある。培養容器や実験動物という特殊な環境のなかでウイルスが突然変異を起こしたり増殖する場合だ。このシナリオは、合衆国で最も有名なエイズ学者のひとり、ロバート・ギャロが考えた。一九八八年頃から、いくつかの研究所は実験用マウスのＨＩＶ感染に成功しているが、これによってウイルスが危険な突然変異を起こすおそれがあると彼は心配している。人間の免疫系細胞を受け入れられるように遺伝的に手を加えたある系統のマウスでは、すでにそうした突然変異が起きている。マウスが生まれつき持っている普通のレトロウイルスとＨＩＶ－１を、人間の細胞と共に培養すると、ウイルス間に確かに相互作用がみられることをギャロたちは報告している。[☆25] ＨＩＶ－１はより急速に増殖して、通常感染する免疫系細胞ばかりではなく、気道上皮細胞にも感染するようになった。今のところ組換えは培養細胞に限られているが、ほとんどのウイルス学者は、ＨＩＶ－１感染したマウスでも同様のことが起こり得ると考えている。これは、マウスという新しい環境を与えられたＨＩＶ－１が、さらにすばやく、空気中を通しても拡散する方向に進化する可能性があることを意味している。研究室内の動物は通常もっとも厳しい条件下に封じ込められているが、こうしたことが研究室内で起こらなくとも安全策が心配されるのは当然のことだ。対策がいつも万全でないのはもちろんのことであり、安全面における技術に過失が生じたり、感染動物に嚙まれたり引っ掻かれたりする事故が起きることもあるだろう。この問題は、安全策の問題を越えて、科学全体の問題となっている。マウスで研究しているＨＩＶ－１がそれほど容易にマウスのレトロウイルスと組換えを起こすのなら、研究者たちはいったい何を調べようとしているのだろうか。ＨＩＶ－１が人間に出現する様子の研究だとしたらとんでもないことだ。「これから先、マウスの研究結果の解釈は、今までほど容易にはできなくなる」[☆26]とギャロは述べている。

ＨＩＶがどこから来たかということだけでなく、その仕組みやそれを防ぐ方法などの理解を、十年いや五年早めるのも無理なことだった。エイズが国際的に有名になった時期は科学史における注目すべき節目、すなわち分子生物学が本領を発揮するようになった時期、あるいは免疫学がようやく遺伝子レベルで理解されるようになった時期と一致していた。レトロウイルスの分類などは、最も破壊的なレトロウイルスであるエイズが登場するわずか数年前まで、その仮説すらなかったのだ。ウイルス学における近年の発展はエイズ研究が注目されるようになったことに負う部分が大きい。ＨＩＶの研究が進むほど、ウイルスや免疫学一般において多くのことが知られるようになった。同様に、エイズが出現した理由が解明されていくにしたがって、他のウイルスがどこから出現して、これから先にどんなものが出現するか、分析できるようになるだろう。しかし、これからの予測の前に一息入れて、ウイルス学の基礎原理を少し勉強しておく必要がある。その理解がなければ、出現ウイルスの脅威や将来を正しく理解することができないからである。

第3章　ウイルス学入門

ウイルスは奇妙この上ない存在なので、たとえを挙げるのにも事欠かない。「細胞の海賊」、「超微小ハイジャッカー」などと言われて脚光をあびたり、「タンパク質に包まれた悪い知らせ」と片付けられてしまうこともある。こうしたたとえは、細胞の機能を妨害して、本来細胞が作るべきものの代わりにウイルスを作らせてしまうウイルスの本質を表わそうとしている。

こうしたたとえは多彩ではあるが、時としてウイルスを正しく理解しようとしている我々を混乱させることもある。何と言おうともウイルスは人間のようにゴールをめざして蛮勇をふるう海賊などではなく、ただの微生物にすぎないのだ。ウイルスは細胞内に入ると遺伝子をコピーする細胞機械のスイッチを入れるが、それも自分の遺伝的青写真の指示に従っているに過ぎない。そこには悪意や企てなど何もない。

ウイルスを勉強する手っとり早い序論として、実に魅力的なたとえが一つある。そのたとえは控え目なものだが、ウイルスが機能する方法ばかりでなく、その起源や、悩まされている宿主たち、つまり我々との関係も表わしている。ロサンゼルスのサイエンス・ライター、ピーター・ラデツキーは、ウイルスのイメージを「小さくて言うことを聞かない、そして手に負えない自分の分身、ちょうど家を飛び出しておきながら何かにつけては家に帰りたがるティーンエージャーのようなもの」と言っている。彼はそのたとえをもう一歩踏み込んだものにしている。思春期の子供のようなウイルスが「家に戻ると、時には長居しすぎたり、大荒れしたり、あるいはただいるだけで我々の気分をなごませてくれることもある。そして良きにつけ悪しきにつけ、愛情あふれる親のように我々はいつも彼らに戸口の鍵を渡しておくのだ。」

ウイルスはいろいろな面において、狂暴になったティーンエージャーに似ている。彼らは私たちの体内で「大荒れしたり」、潜伏モードに切り替わって「長居しすぎたり」、体内に「いるだけで」害ではなく実は力になることもある。もしもウイルスが太古の昔に人間の遺伝子の一部だったという有名な説を認めるとすれば、自分自身の子孫と言うこともできるのだ。[☆1]

しかし伝統的な解釈によればウイルスは「生きている」と言うことすらできないのだ。ほとんどすべての生命体とは異なり、ウイルスはDNA、RNAのいずれかの遺伝物質しかもたない。両方を同時に持つことはない。その上ウイルスはひとりで生きることができない。宿主細胞の外に出ると、ウイルスは紙切れほどの活力も持たない。宿主なしには増殖も代謝も、いかなる生命活動も営むことができない。

ある一つの型に属するウイルスはどれをとっても同じ大きさと形をしている。この点でもウイルスは他のすべての生物と異なっている。カシの木からゾウにいたるすべての生物は、最初は小さくて、次第に生長して行く。ほとんどのウイルスは結晶という幾何学的な配列をとる。こうした点においてもウイルスは細胞というよりも化学物質そのものということができる。[☆2]

ウイルスは他のいかなる病原体とも異なっている。プリオンという奇妙なものを除くと、他の病原体はほとんどすべて単細胞生物で細胞膜と遺伝物質を持ち、この点が大きく異なるのだが、細胞核という構造をもつ。この核は原生生物から人間まで地球上のすべての生物において、細胞内遺伝物質を包み込む細胞内の部屋である。細菌類は例外で、原始的すぎて核を持たない。細菌の遺伝物質は濃縮された形では存在せず、遺伝子は、半液体状の物質で細胞内の大きな部分を占める細胞質の中に浮かんでいる。遺伝子は細菌が二分して増える時には、ある特定の並び方になる。

ウイルスは細胞ではない。核も膜も細胞質も持たない。ウイルスは一層あるいはそれ以上のタンパク質に包まれた遺伝物質にすぎない。時折、タンパク質層がさらに糖類や脂質の層で包まれているものもある。ウイルスはこうしたタンパク質の層に守られて環境の中をうろついている。そして動物あるいは植物宿主の中に入り込む機会をねらっている。（植物ウイルスが、動物に感染することはない。動物ウイルスが植物に感染しないのと同じである。）ウイルスはホコリの粒子、クシャミの飛沫、動物の毛などについている。土の中やテーブルの上で待機したり、ベクター（媒介者）である昆虫の腸の中を移動することもある。完全にひからびてしまうまで、宿主の外でどれくらい待てるかは種類によるが、待つことがウイルスの宿命とも言える。死んでいるとは言えないが、機能的に生きているとも言えない。活性化されるのを待ちうける待機状態にあるのだ。

ウイルスは宿主細胞内に入るとたちまち活性化される。こうなれば、いかにも生きている。しかもそれは荒々しい生命なのだ。細胞の増殖機能を横取りして、本来ならば細胞自身の遺伝子をコピーするはずのメカニズムでウイルスは自己の増殖を行う。こうした妨害を受けた細胞は、本来の機能を失うばかりか、侵入者の増殖に手をかしてしまう。こうした側面を持つおかげでウイルスの「ずるがしこさ」が強調されるのである。

ウイルスと他の病原体の違いで最もはっきりしているのは、そのサイズである。平均的な細菌の大きさは約一ミクロン（一ミリメートルの千分の一）であるのに対して、ウイルスは最も大きいものでも四分の一ミクロン、多くのものは十七ミリミクロン（ミクロンの百万分の十七）ほどにすぎない。アデノウイルスのような平均的な大きさのものは、一滴の血液になんと五十億個が入り込める。[☆3]

このように極めて小さいものであったため、電子顕微鏡が発明された一九三七年までウイルスは見ることができなかった。既知の細菌のどれよりも小さくて、見ることのできない感染要因が存在することを最初に表明したのはオランダのデルフト工科大学のマルティヌス・バイエリンクだった。一八九八年にバイエリンクは、既知の病原体をまったく含んでいない液体を用いて、あるタバコの株から別株へ、葉に斑紋の出る病気をうつした。彼は感染したタバコの葉をすりつぶして、細菌をまったく通さないほど目の詰んだ磁器のフィルターで漉した。この液体中に含まれる何かで、しかもフィルターを通過できるほど小さい物が、タバコ・モザイク病を起こすことができた。バイエリンクはこの液体を「液性伝染生物」と名づけた。

一八九八年には伝染性の物質が目に見えないことなどは言うまでもなく、伝染性のものがあるという考えすら異説と紙一重のところだったので、彼の発表は論争を呼んだ。偉大な微生物学者ルイ・パスツールが「病原体説」を発表してまだ三十年もたっていなかったし、世紀の変わり目になっても、目に見えるものでも病気が微生物によって起きることに納得していない科学者がいたのだ。しかしバイエリンクは自分の発見に確信を持っていた。そして数年の内に、この「液性伝染生物」の中には「フィルターを通り抜けるウイルス」という目で見ることのできない微生物がいると主張するようになった。ウイルスはラテン語で病毒の意味を持つ。☆4

今までの光学顕微鏡よりもさらに四百倍も小さい細胞構成物質や他の物体を検出できる電子顕微鏡が導入されると、ウイルスを遂に見ることができるようになった。そしてその魅力的な構造が人々の関心を集めるようになった。ウイルスのあるものは、サッカー・ボールのように小さな多角形がたくさん集まった二十面体だった。また、完全な球形や円錘形のものもあった。インフルエンザ・ウイルスのようなものは、クリスマスに飾るオレンジにクローヴを差し込んだポマンダーのように、表面すべてに突起物がついている。コロナウイルスのように、柔らかな感じの突起物が輝く太陽の光輪のように取り囲んでいるものもある。バクテリオファージという細菌に感染するウイルスは、初めて電子顕微鏡でみられたウイルスのひとつで、後脚で立った昆虫と月面着陸船の合いの子のような形で、脚と尾をもっていた。微生物研究所で電子顕微鏡が一般的になった一九五〇年代から、ウイルス学者はウイルスの驚異的な形をできるだけ多く写そうとして膨大な時間を費やしていた。ウイルスは、彼らがお馴染みになっていた細菌その他の単細胞生物に比べてはるかに印象的な形をしていた。ウイルス病の奇妙な特性が、こうして奇怪で無生物的な形に写し出されているようにも思われた。

万華鏡のようなウイルスのさまざまな形は、ウイルスと他の生命形態を区別する重要な点をもう一つあらわしている。それはライフサイクルの違いである。病原体となる他のほとんどの微生物は、独自で生活し増殖することができる。感染要因の一種である寄生動物ですら、ある程度は自分で生きていくことができる。人間にとって最も危険な寄生虫であるマラリア病原虫は、宿主を離れても食べて増殖することができる。蚊の腸や人間の赤血球に寄生しなければならないのは増殖するときだけである。

それに比べてウイルスは完全な寄生体であり、自分一人では何もできない。食べることも成長することも増殖することも呼吸することも、実際には動くことさえできない。大気中にでると、こうした特性が強弱両極端の特性として現われる。それは自分に合った宿主が来るまで長い間待ち続ける強さと、待ちながら死んでしまうこともある弱さである。たとえば天然痘ウイルスは石のように無敵で、何十年あるいは何百年も仮死状態で「生き」続けられる。[☆5] それに対してエイズ・ウイルスはシャボン玉のようにはかない。潜んでいた血液細胞の外に出ると、空気中では数分の内に干上がって消えてしまう。

弱いものであれ強いものであれ、すべてのウイルスはいくつかの基本的なステップを経てライフサイクルを完結する。宿主細胞に侵入して、体を保護するタンパク質の外殻をぬぎすてて細胞内に遺伝子を放出する。次に細胞の遺伝子コピー装置を利用してたくさんウイルスを作り出す。そして新しいタンパク質の外殻を身につけて、次の細胞に感染するために宿主細胞からとび出していく。

ウイルスが細胞に侵入するには、次の二つの方法のいずれかをとる。強引に細胞膜を突き抜け、その刺激で膜に化学変化が生じて開口部ができる場合と、ウイルスの膜が細胞膜と融合して膜が裏返しになりながら中に滑り込む場合である。後者の経過の中間的な段階は細胞内取り込みと呼ばれ、細胞がウイルスを膜でさっと包み込んで細胞内に取り込み、膜はまた元通りに閉じる。ウイルスの取り込みはほとんど偶然に起きる。細胞内取り込みの真のターゲットは、細胞外にあって細胞の機能維持に必要な分子だからである。この包み込み過程に便乗できるように、ウイルスは細胞が必要とする分子のように自分をみせかける方法をあみだした。[☆6] たとえば普通の風邪の原因となるリノウイルスの外膜の一部には、細胞にとって有益な分子と同じ部分がある。私たちの細胞がウイルスに「戸口の鍵」を渡しておくという本章初めのたとえは、こうしてカムフラージュされたウイルスの取り込みによって実践されているのだ。

ウイルスが細胞内に入るとタンパク質の外殻は溶けてしまう。これはウイルス自身が持つ酵素の働きによる場合と、パルボウイルスなどの最も単純なウイルスのように細胞内に既存する酵素の働きによる場合がある。ウイルスを保護していたタンパク質の外殻がなくなると、細胞はウイルスの遺伝子にじかにさらされるようになる。ウイルス遺伝子は、ウイルス遺伝子を製造するよう細胞に指令を出す。さらにこうしてできた遺伝子の指示に従ってウイルスのタンパク質を作らせる。最終的には新しいウイルスを組み立ててそれを血流に放出させる。ポリオウイルスのように特に悪性な感染症をもたらすものの中には、ウイルスがさらに一歩進んだ指令を出すこともある。細胞に自殺タンパク質、つまり細胞自身の生存に必要なタンパク質の製造を積極的に止める酵素群をつくらせるのだ。[☆7]

ウイルスが細胞内に入って、細胞の機能を破壊して病気の原因となる方法を一般化することはできるが、ウイルスでおもしろいのは、一般性ではなくてその特殊性にある。それぞれのウイルスの形、ライフサイクル、引き起こす病気などがそれぞれ特殊であり、こうした違いに基づいてウイルス学者はウイルスの分類を行っている。その中でもウイルスが遺伝情報をDNAの形で持つかRNAの形で持つかという分類方法は、出現ウイルスの研究にとって特に啓発的である。

DNA（デオキシリボ核酸）はもちろんすべての生命形の遺伝的青写真である。細菌からオランウータン、ユリの花から人間に至るすべての生物は、全機能の指示をDNAに仰いでいる。そしてすべての生物は、正しい種類のDNAを増やすためにRNA（リボ核酸）というDNAの変種の助けを借りている。ウイルスはそのどちらか一方しか持たないことから、DNAウイルスとRNAウイルスの二種類に分類することができる。ヴァリオラ（天然痘ウイルス）やヘルペスウイルス（性器ヘルペス、サイトメガロウイルス、エプスタイン＝バー・ウイルスを含む）は大形で安定している。ここで安定というのは、遺伝物質が代を重ねても変化しないことを指す。DNAウイルスの遺伝子をコピーする際にエラーや突然変異が生じることもあるが、そうしたことは比較的稀である。それに対してRNAウイルスは、遺伝的増幅の組織化された過程の一部分を省略してしまうことができるので、DNAウイルスの百倍も突然変異が残りやすい――特に、生じたエラーを直す修復過程がない。RNAウイルスは複製のプロセスに重要な「編集」の段階を持たないので、コピーするときに生じたエラーを取り除けないのだ。

RNAウイルスは突然変異を起こす率が高いため、DNAウイルスに比べて柔軟性がある。よく知られているRNAウイルスであるインフルエンザの例をとりあげよう。インフルエンザ・ウイルスをみると、どの群に属するものにも突然変異体が数多くみられる。ほとんどのものは、優勢な系統に力が及ばないため、自然選択によって排除されてしまう。これも数世紀にわたる進化適応の一例である。しかし、もしも環境が変化したら、古い系統の強みが無くなってしまうことも考えられる。突然変異体のなかから新しい環境の中で勢力を伸ばすものが出てくることもある。こうした遺伝的柔軟性によってインフルエンザ・ウイルスは新環境を利用して新しい地域へ移動して、種の境界線を越えて「出現」ウイルスになるのだ。出現ウイルスの中には他にも多くのRNAウイルスが含まれている。ハンターン・ウイルス、ボルナ・ウイルス、アルボウイルス（昆虫が媒介するデング熱、黄熱病、各種脳炎のウイルス）、アレナウイルス（齧歯類が媒介するラッサ・ウイルスのようなもの）などである。

RNAウイルスの中でも重要なものがレトロウイルスである。このウイルスは自分の増殖を細胞に行わせるためにちょっとした手品をつかう。十年前まで科学者はレトロウイルスが獣医学の研究対象にしかすぎないと考えていた。人間に感染するレトロウイルスなどないと考えていたのである。しかしエイズの原因であるレトロウイルスHIVの出現によって事態は大きく変わった。（実際にはHIVは人間のレトロウイルスとして二番目に発見された。）今のところ、人間のレトロウイルスとして五種類のものが知られている。これらは初期感染から何十年もたってからひどい徴候を現わすものが多い。ひとつはエイズ、もうひとつはT細胞リンパ腫、そしてごく最近知られるようになったものは慢性疲労症候群という不思議な症状を起こすといわれている。


すべての生き物の細胞は、要約すると二つの仕事のうちのどちらかを行わなければならない。成長・増殖のためDNAの増殖を行うか、細胞を機能させるためタンパク質の製造を行うかのいずれかである。最大限の大きさにまで成長した細胞の主な仕事はタンパク質の合成であり、これによって細胞に独自の特性が備わってくる。腎臓の細胞と目の細胞は、それぞれが作るタンパク質によって違いが生じる。葉の細胞と花弁の細胞の違いも同様にして生じる。

ある生物体の細胞内には、どれをとっても同じDNAが同じ配列で含まれている。人間を構成するすべての細胞は、どれもあらゆる種類のタンパク質を作ることができるはずだが、ひとつのタイプの細胞は、ある決まったタンパク質しかつくらない。その細胞では、決まったタンパク質の合成を指示するスイッチだけが入っているのだ。たとえば腎臓細胞では腎臓の酵素、特殊な膜、濾過システム等を構成するタンパク質の合成を指示するDNAの部位だけがスイッチ・オンされた状態で、その他のスイッチはすべて「切」の状態になっている。目の細胞の場合も同様で、目の機能に必要なタンパク質の合成に関係する部位のスイッチだけが入っているのだ。

タンパク質合成の過程をウイルスが破壊する方法を理解するには、まずウイルス感染していない細胞におけるDNAのコピーとタンパク質合成の方法を理解しておかなければならない。一本のDNA鎖を写しとって二本にする過程は複製と言われる。一本のDNAから一本のRNAを作るのは転写である。転写は、こうしてできたRNAを鋳型にしてタンパク質を合成するために行われる。タンパク質を組み立てて最終的に特定の酵素や他のタンパク質を作るこの過程（翻訳）が、遺伝子の出現である。[☆8]

DNAの構成単位はヌクレオチドと呼ばれ、たった四種類しかない。地球上のあらゆる形の生命が同じ四種類のヌクレオチドを持っている。この四種類をもとにして、二十種類あるアミノ酸のどれかが指定される。ヌクレオチドが三個一組になって一個のアミノ酸を指定する。細胞は二十種類のアミノ酸を長くつなげ、それを折りたたんで、生物の全機能を司るタンパク質をつくる。私たちが人間であってイカではないのは、細胞の作るタンパク質のおかげなのだ。

分子生物学の速記法に従うと、DNAを構成するヌクレオチドはA、T、C、Gの文字で表わされる。[☆9]これらのヌクレオチドは、DNA分子に沿って、ちょうどネックレスのビーズのように連なっている。DNAは中央に割れ目のあるらせん階段のような構造をしている。それぞれの段の半分にはヌクレオチドが一個、もう半分には相補的なヌクレオチドが一個あり、互いにジグソー・パズルのようにぴったり合わさっている。段の片側にAがある時にはTが必ず反対側に来る。逆の場合も同じである。また、片方にCがあれば、もう片方はいつもGになる。

細胞が分裂期に入ると段が二分する。分裂によって、半分の階段が二本できるわけである。片方はヌクレオチドの連なった「正」の鎖、もう一本は同じ順序で相補的なヌクレオチドの連なった「負」の鎖である。二本の鎖は生物学的な鏡像をなしている。正の鎖のある一部の遺伝子がA—T—A—G—A—Cだとすると、負の鎖は必ずT—A—T—C—T—Gとなる。

こうしてできた負の鎖が次に正の鎖を作る鋳型になり、新しい正の鎖が細胞のタンパク質合成の指令を下す。負の鎖のヌクレオチド配列によって自身がつくるすべての正鎖の配列が決定される。すべての新しい鎖は、負の鎖と反対の（正確には相補的な）ヌクレオチド配列を持つ。こうして新しくできた正の鎖は、元の正のDNA鎖とまったく同じものになる。

DNA複製の場合には、こうして一本のDNA分子がコピーされて二本になる。タンパク質の合成も同じようにして始まるが、この場合の目標は、単に正の鎖をコピーすることではなく、新しいタンパク質を合成するための指令書となるRNAの正の鎖を作ることにある。

RNAは化学的に見るとDNAのいとこのようなもので、二つの点を除けばDNAとまったく同じである。その二点とは、らせん階段の手摺に異なる化合物（糖）を持つこと、そして四文字のヌクレオチドのうちTの代わりにUを持つことである。従って前にも使ったT—A—T—C—T—Gという負のDNA鎖がRNAを作ると、それに対応するヌクレオチド配列はA—U—A—G—A—Cとなる。この新しいRN

Aはメッセンジャー RNA（mRNA）と呼ばれ、最初の正のDNA鎖とほとんど同じようにみえる。二番目にあるTの代わりにUが入っている点だけが唯一の違いである。☆10

このmRNAは次にタンパク質の合成にとりかかる。mRNAは細胞質の中を進んで、タンパク質合成を行う細胞内構造であるリボソームへと向かう。リボソームはmRNA鎖上のヌクレオチドを三個ずつ読み取って、どのアミノ酸が必要か判断する。そして次に別種のRNAで、生物学的運び人の働きをする転移RNA（tRNA）に正しいアミノ酸を持って来させる。たとえば例に用いているmRNAの最初の三個のヌクレオチドA—U—Aはイソロイシンを表わすので、tRNAは細胞質の中に浮かんでいる多種のアミノ酸の中からイソロイシンを捜し出す。そしてリボソーム上の正しい位置までアミノ酸を運ぶと、二回目のイソロイシンを捜しにいく。さて、次にG—A—Cで表わされるのはアスパラギン酸である。このようにtRNAが重労働を受け持ち、リボソームが組み立て、mRNAが取り入れるべきアミノ酸を指示してタンパク質の鎖が作られていく。

生物学のアルファベットはA、T、C、GそしてUにすぎない。そこから翻訳されたアミノ酸は単語のようなものと考えられる。そして単語は生物学の文章にあたるタンパク質をつくりだす。アミノ酸は必ずヌクレオチドの三文字で指定される。タンパク質は数百から数千の単語（アミノ酸）で構成されている。遺伝子には文章（タンパク質）を完成するのに必要なだけのDNAヌクレオチドが含まれている。従って一

図2　DNAの二重らせんは自分自身を鋳型として複製する。らせんの二本の鎖はほどけ、それぞれ単一となる。ほどけたDNAの場所に、細胞質に浮遊しているヌクレオチドが運ばれてきて、相補的ヌクレオチドと結合する。その結果として、もとの一本の二重らせんと同じものが二本できる。

図2　ＤＮＡの複製

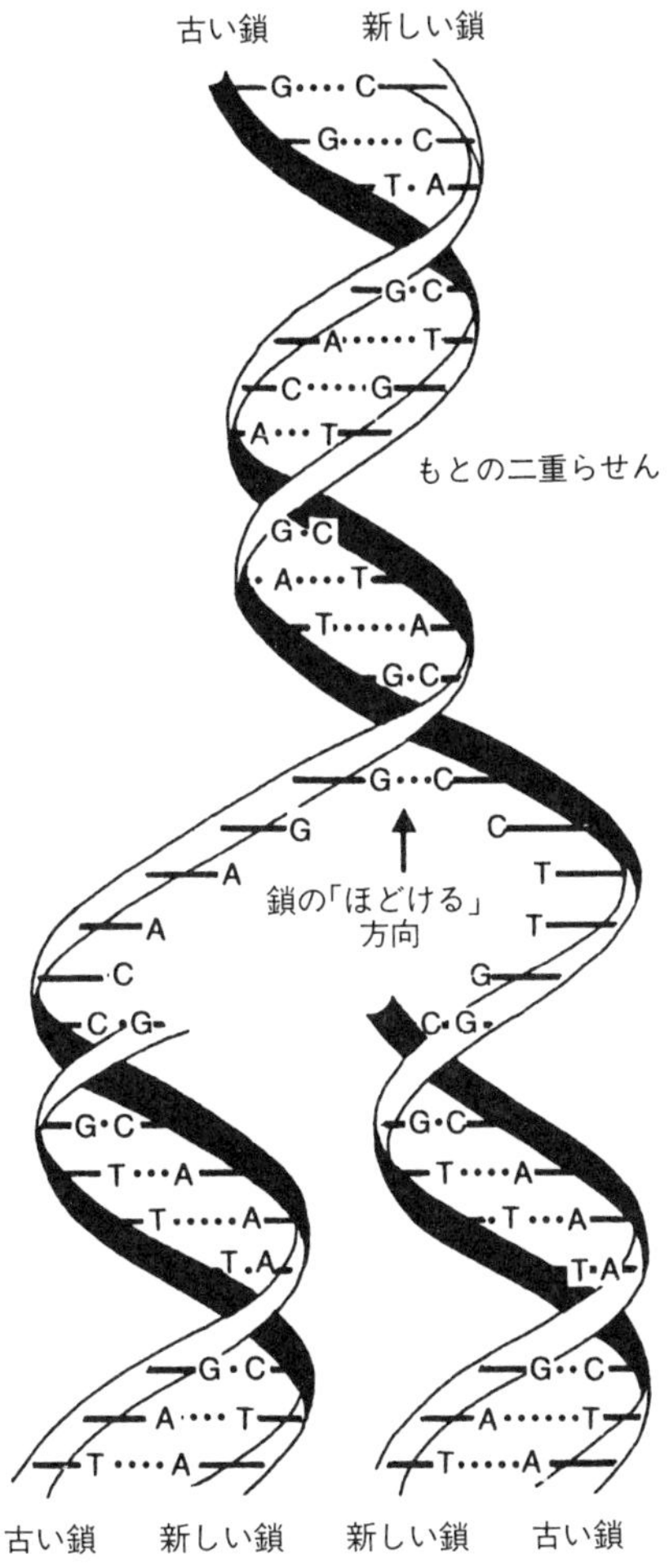
古い鎖
新しい鎖
もとの二重らせん
鎖の「ほどける」方向
古い鎖
新しい鎖
新しい鎖
古い鎖

つの遺伝子は数千から数万のヌクレオチドで構成されていることになる。

ここでもヌクレオチドが文字、アミノ酸が単語、タンパク質が文章だというたとえが登場している。DNAの暗号がいかにうまく言語のたとえにあてはまるかを考えると、薄気味悪いほどであるが、考えてみれば暗号自体も人間が作り出したものなのである。DNAの青写真、複製、出現方法などは、すべて人間の発明なのだ。言語によるたとえはDNAの機能をたいへんうまく説明しているが、これは科学者が言語学に似た方法で遺伝学の最も進んだ考えを究めているからである。

遺伝暗号が最初に解読された一九五〇年代は、言語学がようやく独り立ちを始めた時代だった。「それは確かに私たちの考え方に影響を与えた」と生命言語学と呼ばれる分野のリーダーである米国立がん研究所のアンドルゼイ・コノプカは述べている。「大部分の生物学者の頭はゲノムをコミュニケーション・システムとして考えていけるだけの準備ができていた。」[☆11]

科学者は、自分が基本的な真理を伝える人間になりたいと思っている。彼らは世界の仕組みを発見して、それを私たちに教えてくれる。しかしDNAの物語を説明するのに人間の言語を用いると、科学的「発見」の真の姿がさらにはっきりしてくる。科学者も他の人々と同様に、自分が発見したメカニズムに自分の世界観を押し付けようとする。かりに私たちが書いたり話したりする言語とは別のコミュニケーションの手段をもつ高等生物だったら、目の動きや鳥のさえずりのような表現方法を用いて、DNAの働きを音楽的あるいは動的な表現方法で理解していたかもしれない。遺伝子の働きには、本質的には、言語学的なところなどなにもない。それは言語を用いる人々が、説明を容易にするために選んだ約束事にすぎないのだ。

どのような生物学的過程であれ、それを言語で説明するのはきわめて人工的なことである。そして逆説的ではあるが、最もわかりやすいように思われる説明が、過程をわかりにくくしていることもある。DNAの構造は二分されたらせん階段のようなものだと言われているが、複製中のDNAが実際なにをしているか思い浮かべるうえで何の助けになるのだろうか。リボソームは工場で、tRNAは細胞の運び人のようなものだと言われているが、生きた細胞の中で実際なにを意味しているのだろうか。階段が二つに割れる、工場が稼動している、運び人がヌクレオチドを取りに行く。こうしたことが、体内のすべての細胞の中でいつも行われているのだ。このように想像を絶するスケールを持つ事実は、とてもたとえなどでは言い表わせない。

DNAがRNAを作り、RNAがタンパク質を作る。これが、この短い分子生物学講座の概要である。生命活動が一方向にしか進まないという細胞活動の青写真は、長い間唯一無二の考えとされていた。一九六〇年代には、すべての細胞活動がDNAからRNA、そしてタンパク質へ進むという考えが確立していたため、DNA構造の共同発見者であるフランシス・クリックはそれを分子生物学の「セントラル・ドグマ」と呼んだ。しかしウイルスがその「セントラル・ドグマ」に揺さぶりをかけた。多くのウイルスが従来とは違って、RNAからDNAという逆の方向に遺伝情報を流すらしいことがわかったのだ。[☆12]

RNAウイルスの存在自体がセントラル・ドグマに反するように思われた。DNAをまったく持たない生物が存在するというのにDNAが必ずRNAを作るなどといえるのだろうか。しかしもう少しよく考えてみると、RNAウイルスは必ずしもセントラル・ドグマに反するのではなく、ただ近道をしているにすぎない。スタートがDNAではなくて、ウイルスRNAから直接mRNAを作るのだ。

ウイルスの持つRNAの鎖が正か負か、言い換えるとウイルスが細胞に持ち込む遺伝情報が細胞のmRNAのようなものか、あるいはそれと相補的なものかによって、RNAウイルスをさらに分類することができる。正のRNA鎖を持つRNAウイルスにはポリオウイルス、黄熱病ウイルス、デング熱ウイルス、異国風のトガウイルスなどがあり、細胞内に侵入するとmRNAであるかのように機能してタンパク質合成を指示する。負の鎖を持つRNAウイルスにはインフルエンザ、狂犬病、はしか、ある種のアルボウイルスなどがある。こちらは宿主細胞にウイルスタンパク質をつくらせるために、相補的なRNA鎖をつくらなければならない。RNAウイルスの中にはレオウイルスのように二重鎖のものもいくつかあるが、こうしたRNAは別々に別れて、正の鎖がmRNAの代わりに用いられるのだ。どのケースをみても、ウイルスRNAは直接ウイルス・タンパク質を作っている。そこにはDNAの入る余地などないのだ。[☆13]

しかしここに一つ例外がある。それもセントラル・ドグマと真っ向から対立するようなものである。ある種のRNAウイルスは正の一本鎖の形で遺伝情報をもっている。しかし宿主細胞内に入るとウイルスは二重鎖のDNAを作り、そのDNAは核に入って宿主のDNAに入り込んでしまう。そして他のウイルス同様に細胞の正常な出現過程に便乗して新しいウイルス遺伝子をつくらせる。他のウイルスと異なるのは、この種のウイルスは自分の遺伝子を細胞のDNAとつないで、すっかり中に入り込んでしまう点である。ウイルスの遺伝子は二重鎖DNAの形をとっているため、核に入り込んでしまうとウイルスの遺伝子というよりも細胞自身の遺伝子の一部のようにみえる。このようにしてウイルスは細胞のタンパク質合成ばかりか増殖機能をも破壊してしまう。細胞が分裂して新しい世代を作るときにウイルス遺伝子も子孫へ伝えられる。

このような二重鎖DNAをもつウイルスも最初は一本鎖のRNAからスタートした。ウイルスRNAからウイルスDNA。これはまったく逆の方向で、このウイルスがラテン語の「逆に」を意味する言葉からレトロウイルスと呼ばれるのにはこのようなわけがあるのだ。

レトロウイルスの存在は一九六〇年代にウィスコンシン大学の若いウイルス学者、ハワード・テミンが最初に推論している。彼はラウス肉腫ウイルスというRNAウイルスの活性が、DNA活性を押さえる薬品で阻害されることを発見した。この薬品がRNAウイルスに影響を与えるということは、ウイルスの生活環のどこかでDNAが作られているからに他ならないと彼は考えた。テミンはこの説を発表したが、クリックのセントラル・ドグマに反するものであったため、先輩たちによってすばやく却下されてしまった。一九六〇年代にこの問題が取り上げられることがあっても、それはこの説を「テミニズム」と馬鹿にするために利用されるだけだった。[☆14]

一九七〇年になると事態は変わった。テミンとマサチューセッツ工科大学のデヴィッド・ボルティモアが、この逆の活動がどのようにして起こるか実証したのだ。テミンとボルティモアは、それぞれ別に研究を行っていたが、ある種のRNAウイルスが、RNAからDNAを転写するのに必要な酵素を細胞内に持ち込むことを証明した。それ以来、レトロウイルスが存在する可能性を探るときには、手掛かりとしてこの酵素を捜すようになった。レトロウイルスの残す足跡は、病原体をさぐる研究者にとって便利なもので、特に一九八〇年代の初めにエイズ病原ウイルスを解明したときに役立った。ウイルスに感染した血液中にこの逆転写酵素があれば、その細胞の遺伝子にレトロウイルスが潜んでいる確かな証拠になった。

レトロウイルスの場合には「潜んでいる」という言葉がキーワードになる。このウイルスはウイルスR

NAやタンパク質の痕跡を残さずに細胞の核のなかに取り込まれてしまうので、細胞の活動にまぎれこんで姿を消してしまう。ふつう免疫系は侵入者をみつけて追い出そうとして細胞をパトロールしているが、かくれているレトロウイルスをみつけることはできない。完全に取り込まれてしまっているレトロウイルスにあっては、体内の統制を完璧に保つことでは定評のある免疫系もまったくお手上げで、どこかおかしいと感じている素振りもみられない。

免疫系の防御方法をみると、レトロウイルスに対するものと他のウイルスに対するものには際立った違いがある。健康な免疫系が典型的なウイルスに出会うと、二つの段階をすばやく踏んで応戦する。まず最初に「非特異的」な免疫反応が起きる。これは警察が道路で一斉検問を行ってすべての車を調べるようなもので、外部から入ったすべての侵入物に対して無差別に働く。「特異的」な免疫反応は特定の侵入物に対応するようになっている。警察がミネソタ州のナンバー・プレートを付けた車を捜すようなものである。非特異的反応はただちにスイッチが入るため最初に働くのだ。私たちは毎日多くの微生物にさらされているが、免疫系が頑張っているので、ほとんどのものは感染できるほど細胞に近寄れない。免疫細胞の一つにマクロファージ（これは文字通り、大きな捕食者を意味する）がある。この細胞は血液に入り込んできた微生物をみな包み込んで食べてしまう。別のタイプの免疫系細胞であるナチュラル・キラー細胞は、浮遊している病原体を殺すだけではなく、微生物の侵入した細胞をすべて捜し出して、感染した細胞全体を破壊する。☆15

こうした非特異的活動は感染後数時間あるいは遅くとも数日以内に始まる。一方、特異的免疫反応が軌道にのるまでには、もう少し時間がかかる。免疫系の兵士であるT細胞やB細胞を操り、特定の侵入者と闘う特定の兵士を派遣するまでには、かなり時間がかかるのだ。T細胞やB細胞はリンパ球として知られているが、レセプターにぴったり合うようなウイルスが体内に侵入してきて表面に結合するまで、こうした細胞は活性化すらされない。

T細胞には四つのタイプがあり、それぞれの働きに応じた名前がつけられている。臨床学的な順序、つまり防御の第一線で働く順にいうと、インデューサーT細胞、キラーT細胞、ヘルパーT細胞、そしてサプレッサーT細胞である。インデューサーT細胞の働きはマクロファージやナチュラル・キラー細胞と同じように非特異的である。この細胞は血液中を巡回して異物が侵入した徴候を捜す。感染が起こりつつあると、この細胞は、他のT細胞に攻撃の開始を合図するインターロイキンという特殊な科学物質を放出する。[☆16]

キラーT細胞が活性化されると、T細胞の働きはかなり特異性を帯びてくる。個々のキラーT細胞はたった一つのウイルス（あるいは他の病原体）と結合するようにプログラムされている。このプログラムは胸にあって胎児期および幼年期の免疫活動をつかさどる胸腺によって作られる。胸腺は小児期に次第にしぼんで、チェシャ猫〔姿は消えてもその「にやにや笑い」は残った〕よろしく消えうせていく。胸腺は思春期頃までには完全になくなってしまう。命の短い腺ではあるが、その働きのおかげで、人間は生まれたときから少なくとも百万種の侵入者と戦えるだけの種類のT細胞を持っている。人間が初めての抗原（特定の免疫系細胞の特定のレセプターに合う、ウイルスのような侵入者）に出会うと、その抗原と結合するように形作られているT細胞が本領を発揮する。抗原の存在によって、対応するT細胞の増殖が促進されて、数日のうちに多細胞のコロニーが形成される。私たちが生まれながらにして持っているリンパ球は未発達で活性化されていない形のままで、こうした抗原の刺激を待っているのである。運命の出会いを待つ独身者のように、リンパ球は自分の宿命ともいえるたった一つの抗原が来るのを待っている。

キラーT細胞は名前の示す通りの働きをする。つまり標的とするウイルスに感染した細胞を殺すのである。この細胞は驚くほど明瞭な方法で感染した細胞を捜し出す。どの細胞もタンパク質合成の一環として、自分で作ったタンパク質の小部分を細胞の表面に呈示している。正常なタンパク質を作っている限り問題はなく、嗅ぎ回っているT細胞は細胞表面のタンパク質を「自己」のものとして認識できる。しかし細胞が感染してウイルスのタンパク質を作っているときには、SOS信号のようにその一部分を表面に出して、細胞内で異常が起きていることをT細胞に知らせる。一方、すべてのキラーT細胞はその表面にある特定のウイルスとだけ結合するタンパク質を持つ。SOS信号とT細胞が一致するときには、両者が結合して細胞は破壊される。

免疫反応はヘルパーT細胞の後押しを受ける。この細胞は血液やリンパ細胞を感染箇所へと差し向ける。すると細胞表面上のウイルスタンパク質に正しいキラーT細胞が到達して結合する可能性が高くなる。また、より多くのマクロファージが浮遊しているウイルスを飲み込むために集まってくる。残念なことに、こうした力の応酬によって炎症も起きる。ときには感染によって細胞が死ぬことよりも、この炎症のほうが問題になることもある。[☆17]

ウイルスとT細胞の戦いが終わると、最後のタイプのT細胞であるサプレッサー細胞が活動を始める。

この細胞は免疫反応を不活性化する科学物質を分泌する。不活性化は、理論的には宿主自身が免疫反応にやられてしまう前に、余裕をもって行われることになっている。サプレッサー細胞は、感染の合間に監視活動を行っているリンパ球を規制する重要な働きも持っている。またキラー細胞の決定に力をかして、どの細胞が「自己」でどれが「非自己」であるかを見分けて、体が自己の細胞に免疫攻撃をしかけないようにしている。この規制がきかなくなると、自己免疫病が起きることがある。[☆18]

Tリンパ球の防御反応をまとめて細胞媒介反応〔細胞性免疫〕という。B細胞という別種類のリンパ球は、やや異なる方法で侵入者と戦う。B細胞はウイルスの感染症ではそれほど重要ではないが、細菌との戦いではかなり重要な役割をはたすことが知られている。免疫学の一般的な考え方によると、感染症のコントロールで最初の役割を果たすのがこのB細胞といわれている。この細胞は抗体の生産を行う。こうしたはたらきを抗体媒介反応〔液性免疫〕という。

抗体は特殊な構造をもつタンパク質にほかならない。個々のウイルスの外殻には独自の形態で特異的なヌクレオチド配列を持つ部分があり、その部分はたった一種類の抗体とだけ相補性をもつ。感染が起きて、正しいB細胞が正しい抗体を作ると、抗原と抗体はレゴ・ブロックをはめ合わせるようにして結合する。こうして形成された抗原と抗体の複合体は、侵入者としての機能を失ってしまう。自由に浮遊しているウイルスに比べて、複合体はマクロファージに捕らえられやすいため、健康な細胞に取り付いて侵入するのはむずかしくなる。それに加えて、こうした奇妙な形をした分子が血液中にあることが信号となって、集合的に補体とよばれる免疫系の科学物質が炎症を起こしてウイルスと感染細胞の両者を破壊する。[☆19]

抗体媒介免疫と細胞媒介免疫は普通効果的ではあるが、その働きは完璧ではない。こうした特殊な免疫反応の主な欠点は、どちらも始まるまでに数日かかるところにある。その数日間が長すぎるような場合もある。細胞内に入ったウイルスはリンパ球よりもずっと速く複製される。感染後三十分で宿主細胞にウイルスのコピーを百個作らせてしまうウイルスもある。従って、ふつうこのレースでは免疫系が敗者となる。[☆20]しかしウイルスが致死的なものでなければ、ゆっくりした反応で一回目のウイルス感染を乗り切ることができる。それから後は同じウイルスに襲われた場合には、いつもそれに対するT細胞のコロニーと特異的な抗体群が待ち構えていて速やかに反応する。これが免疫学的記憶である。

最初からウイルス感染を寄せ付けないためには、体をだまして貴重な免疫細胞のコロニーを作らせてしまうのが最良の方法である。これがワクチン接種である。ワクチンのなかには、殺したり機能を損なうように変形させたウイルス（弱毒化したもの）も含まれる。それがT細胞の増殖と抗体の生産を開始させる。ワクチンに含まれるウイルスは機能できないので病気を引き起こすことはないが、そのウイルスには免疫系が確認できるすべての標識を持つので、十分に免疫学的記憶を作り出すことができる。後に本物の危険なウイルスに出会ったときには、最初から抗体ができているので、感染症にやられることもない。

ウイルスが複製作りをする方法がわかった。体が細胞からウイルスを追い出そうとする方法もわかった。ただ、まだ気になることが一つある。しかもそれがウイルスの核心をつく問題なのだ。ウイルスはどうやって病気を引き起こすのだろうか。

一言ですませるならば、それは事故なのだ。ウイルスは自己増殖の道を勝手に進んでいるにすぎない。

細胞を殺してしまうこともあるが、ふつう破壊が主な目標ではない。目的は自己の永続にある。ウイルスは細胞を利用して数をふやし、細胞を離れて別の細胞に感染するようにプログラムされている。細胞内の材料を利用しつくして、細胞が利用できるものが残らないこともある。新しいウイルスを血流にのせるためには細胞を切り開いて出ていくこともある。その結果細胞が死ぬことは、道路を舗装するスチームローラーが道端に生えている草を押しつぶすのと同じこと、つまり目的達成に伴う当然の結果なのだ。

もしこの完全な寄生生物が進化的に完成されていたら、宿主にまったく害を及ぼさずに複製する方法を持つようになっているだろう。病気で衰弱している動物は、他の動物に感染をうつすことはできないが、ウイルスが最も必要としているのが伝達手段なのだ。宿主動物の死は、ウイルスにとって完全な袋小路となる。ウイルスの側からみた場合、次の宿主Bに感染した後に、もとの宿主Aが死ぬ程度の毒性にコントロールできればよいのだ。そうすれば最初の宿主に何が起ころうとも、別の場所に移り住んでしまえば、ウイルスは生きていける。

狂犬病ウイルスの毒性が脳を破壊して動物宿主を死に至らしめる特殊なパターンをみてみよう。このウイルスの病原性、つまり病気を起こす過程はきわめて論理的である。狂犬病ウイルスは、そのきわめて効率的な伝達方法のおかげで、地球上のどのウイルスよりも宿主にできる動物の種類が多く、同じウイルスがコウモリ、ネコ、イヌ、リス、キツネ、オオカミ、スカンクそして人間にまで感染する。[☆21] あいにく狂犬病ウイルスが自己を伝達する最も効率的な方法は、同時にまた伝達にかかわった動物を殺してしまうことが多い。（ただし狂犬病ウイルスの重要な貯蔵所であるコウモリは感染しても死なない。）

「ウイルスは動物の脳のある部分に入り、それによって脳は『汝、噛むべし』と命令する。ウイルスは唾液にも入り、動物が噛んだときに唾液と共に次の動物の筋肉に注射される」とハーヴァード大学の微生物学部長であるバーナード・フィールズは述べている。[☆22] こうして第二の動物に入った狂犬病ウイルスは、筋肉と神経がつながる神経筋接合部に強引に入り込んで神経に入る。そして同じサイクルが繰り返される。ウイルスが脳の「噛む」部分に入り、同時に唾液腺にも入り、噛むように強制する。噛み傷から三番目の宿主に感染する。「ウイルスが宿主Aから宿主Bに移るには、致死的であるか、脳に達するほどのものでなければならない。もしも噛まなければ、ウイルスは死んでしまう」とフィールズは述べている。

ウイルスが病気を引き起こす方法は、そのウイルスの持つ向性、つまりある特定の宿主に向かう運動によって決まる。一般にその関係は単純で、たとえばA型肝炎ウイルスは肝臓に向性〔選好性〕を持つ。このウイルスによって多数の肝細胞が殺されると、暗色の尿、不快感、吐き気、黄胆が起きる。リノウイルスは鼻と喉の上皮に向性をもつ。そこで細胞を殺して、一般的な風邪の辛い症状を起こす。

気分が悪くなっても、その原因がウイルスでないこともある。体がウイルスと戦おうとする努力が、病気にすることもある。細胞媒介免疫には熱、痛み、腫れ、血液中への毒素の放出など、かなり破壊的な副作用が伴う。多くのウイルス感染では、免疫反応を阻止すれば何の被害も起こらないことが動物実験でわかっている。たとえばあるタイプのウイルスが実験用マウスに感染すると、普通の状態では、神経系に侵入して重症の脳膜炎を起こして急速に死をもたらす。しかしこのウイルスであるリンパ球性脈絡髄膜炎、略してＬＣＭに感染したマウスに免疫系を完全に抑制する薬剤を投与して、命を救うことができた。Ｔ細胞も、炎症も、何の反応も起こらなかった。免疫系を抑制すればＬＣＭは病気を起こさないのだ。[☆23]

ウイルスの悪いことばかり読むうちに、そもそもウイルスというものが最初どうやって現われたか、当然不思議に思うだろう。進化とは、最適者が生き残って、新しい改良型モデルへと進んで行くものではなかったのではないか。しかし、今こうして進化をきわめている私たち人間は、先祖の時代には考えられなかったような悪事を働く、原始的で微小な病原体に悩まされ続けている。植物群から動物群、微生物から人間にいたるすべての生き物を苦しめる他なにもしないようなウイルスなど、なぜ存在するのか疑問を感じることもあるだろう。

「私たちがここにいるのと同じように、ウイルスもただここにいるだけなのかもしれない。すべてのものが目的をもたねばならない理由などない」[☆24]と逆転写酵素の共同発見者であるデヴィッド・ボルティモアは述べている。しかしこうして詮索をあきらめてしまう人は例外である。ほとんどのウイルス学者は、自分の研究材料の起源や天地万物の中では果たす役割に思いをはせて楽しんでいる。ウイルスの真の目的が何であるか、生物学者に聞いてみるとよい。学生時代に学生寮で夜を徹して討論を闘わせたときのように、たくさんの説が飛び交うことは確かである。実験につきものの待ち時間に、役にもたたないことに熱中したり、あらゆるものの起源を探ったり、答の出ない問題を熟考する。こうしたことに最も長けているのが科学者なのだ。

最近になって信憑性があると言われるようになった説がある。これはオックスフォードの行動生物学者（動物行動学者）で、進化について評判になった本を何冊か書いているリチャード・ドーキンスが提唱した説である。彼は「反逆したヒトDNA」がウイルスだと言っている。[☆25]元は私たちの一部分であったものが

「従来の精子と卵というありふれた方法ではなく、空気中を直接飛び回って、体から体へと移動する。もしもこれが本当ならば、私たちはウイルスのコロニーのようなものではないか！」

人間の反逆遺伝子はどうやって分離したのだろう。ドーキンスは、その詳細を分子生物学に詳しい者にまかせている。そしてカルテク（カリフォルニア工科大学）の分子生物学者、ジェームズ・ストラウスが、これに関していくつかの案を出している。RNAウイルスはもとはメッセンジャーRNAで、そのメッセンジャーが遺伝子出現の際に染色体から細胞質へと出ていくときに標的を通り過ぎてしまったのではないかと彼は述べている。またDNAウイルスは、染色体上のある部分から離れて、別の場所に移って再び染色体内に入り込む傾向をもつトランスポゾンという「飛び移る遺伝子」から生じたのかもしれない。そしてレトロウイルスはレトロトランスポゾン、つまりトランスポゾンのレトロウイルス版として生じた可能性があると言っている。☆26 これは逆転写酵素の暗号を持つDNAの「飛び移る遺伝子」で、そのDNAはレトロウイルスのDNA期にきわめてよく似ている。

ウイルスの起源を探る場合、それ以外のすべての生物の存在理由から考えていく方法もある。ドーキンスは、最適の個体ではなくて最適の遺伝子が生き残るのが進化だと考えている。ほとんどの生物学者は生物の自己永続の手段がDNAだと考えているが、ドーキンスはそのまったく逆が真実だと考えている。つまりDNAの自己永続の手段が生物だという。それならばこうした「自分勝手な遺伝子」は、なぜ集まって生物体などになったのだろうか。それに対して彼は、より高等な組織形態をとるほうが遺伝子の増殖にとって有利だったからだろうと答えているに過ぎない。

ウイルスの起源や目的を推論するとき、走馬燈のような幻想の世界に踏み込んでしまう科学者もいる。

そのようなものの一つに真実とは言えないが、とても魅惑的な説がある。英国の天文学者フレッド・ホイルは星間塵の起源に関する説で世界的に有名になった。当時は急進的とも言われたこの説も、やがて一般的に受け入れられるようになり、一九七二年にはナイトの爵位を受けている。しかし一九七〇年代の終わり頃から大胆にも生物学の分野に進出して、生物それも特にウイルスは元をたどれば宇宙から降ってきたもので、今も降り続けていると言い切っている。[☆27]

その証拠としてホイルは世界各地で時を同じくして起きる伝染病をあげている。たとえば一九四八年に流行したインフルエンザの場合には、他の人々との接触のまったくなかったサルディニア島の羊飼いにも感染した。「私は、たった一つの矛盾点でも説を覆すことができると考えるように教育された。サルディニア島の一例は、インフルエンザが人から人へ伝達されるという一般論に反論するのに十分である。なぜならば、長い間一人暮らしをしていた孤独な羊飼いが、同じ時期に病気をうつされるはずはないからだ。こうした事実を説明するには、インフルエンザが空からサルディニア島に降ったと考えるしかない。」

確かに奇抜で特殊な考えかもしれないが、ホイルの非正統的な説には主流派の考えと共有点がある。それは進化で重要な役割を果たすのは、ウイルスの存在、そしてある宿主から遺伝子を拾って別の宿主に渡すウイルスの働きだということである。ウイルスは大気中を落下して大小さまざまな生き物に着陸して、無差別に遺伝子を渡すとホイルは記述している。渡された遺伝子を取り込む動植物も取り込まないものもあるが、こうしたウイルスの種蒔きによって、さまざまな生物が同じ形質を現わすようになるという。さもなければ、どうして花と、そこに蜜を吸いに来る蝶が同じ黄色をしているのだろうと、彼は問いかけている。普通いわれているような、ランダムでゆっくりした進化のプロセスから、これほどぴったりした組合わせが生じるのは難しいと思われる。ホイルの頭の中では、黄色にする遺伝子を持つウイルスが花と蝶に落ちて、新たに黄色という適応特性を得た花と蝶は、互いに助け合いながら生き残る術を身につけたのである。

宇宙の部分を除けば、ホイルの説は、現在科学界で広まりつつあるウイルスの目的に関する興味深い説と基本的には同じ考えになる。その説について、医師でありエッセイストでもあるルイス・トマスがうまく言い表わしている。何もなければ安定していて不変で、環境の変化に適応できない生物の遺伝配列に活をいれるために遺伝子が存在するというのだ。これが本書の中心的な考えになっている「揺れうごく《ダンシング・》生の《マト》基体《リクス》」のイメージで、ウイルスは「生物から生物へ、植物から昆虫、そして哺乳類から私へ、そして再び元の場所へと目まぐるしく飛び回るハチのようなもので、こうしてたくさんの生き物に遺伝情報を渡して歩く」というトマスの考えを表わしている。[☆28] このようにして飛び回り続けることは、遺伝子プールを多様で流動的なものにしておく最も効率的な方法であり、「新しい突然変異DNAを広く行きわたらせる手段になる」と彼は述べている。独特で詩的な言い回しで、トマスはウイルスが進化を推進するという説を支配的にした。ジルバを踊って種間を行き来しながら、ウイルスはミックスしつつある遺伝子に手を貸して、適応に有利な遺伝的柔軟性を与えているのだろう。より大型の生物の遺伝的組換えをふやすことを通して、ウイルスはこうした生物が、進化的にみてのことだが、よりウイルスらしく振舞うことに手をかしている。

最適者が生き残ることが進化の推進力となっているが、これは一つの生物種内に、他の個体に比べて遺伝的により適した個体が存在しなければ起こり得ない。こうした個体は、ゲノムに変異をもたらすランダムなできごとによってヴァリエーションが生じる。それは、遺伝子が偶然損傷を受けた場合、環境的要因から生じた遺伝的突然変異、遺伝子が染色体のある領域から別の領域へ飛び移って遺伝子配列が変わった場合などである。こうした変化は、その生物を衰弱させるようなものが実際には多く、その個体の子孫は急速に死滅してしまう。逆に、生き残る上でなんらかの利点がある場合、たとえば年間平均降雨量が減少してきている環境では、少量の水で生きていける突然変異個体の子孫が生き残り、増殖して、その種に変化が生じて、進化がわずかに前進することも考えられる。

最近、遺伝的な配列の変化がいかにして起きるかという問題が分子生物学者の関心をとらえている。ウイルスが関係しているという者もいる。ヒト・ゲノムの地図を継ぎ合わせる仕事をしていると、時々ウイルスのゲノムと同じ遺伝子配列に行き当たるのがその証拠だという。すべての生物において、一組の完全なヌクレオチド対をその生物のゲノムと言い、その大きさは平均的なウイルスでは数千、人間では約三十億になる。人間とウイルスに共通した配列は、今までに研究されてきたすべての人間細胞にみられるが、そうした配列の存在と、それを持つ個体がウイルス感染症の徴候を現わすことには関係がないように思われる。こうしたウイルス・ゲノムは、人間が生まれたときから持っているにすぎないようなのだ。

米国立アレルギー・感染症研究所で分子生物学の主任を務めるマルコム・マーティンは、正常な普通のヒト・ゲノムに時折ウイルスの遺伝子が現われるのは、それが配列を変えるように指示する人間染色体の信号だからかもしれないと考えている。アルファベット一文字が一つの遺伝子を表わし、人間のゲノムはそのアルファベット二十六文字全部がそろったものだとする。ゲノムの最初と最後を指示する信号としてAが五個連続したものを設定する。マーチンの説明によると、人間のゲノムは五個のA、二十六文字、五個のA、つまり「AAAAABCDEF・・・」と始まり「・・・WXYZAAAAA」と終わる。

「連続したAはレトロウイルスのゲノムを表わすことにする。連続したAの箇所に出会うたびに遺伝子は交差することができる」と彼は述べている。つまりウイルスのゲノムは染色体のスクエア・ダンスの音頭取り役のようなもので、時々遺伝学的なド・シ・ドの掛け声を発する。染色体が切断されるのはウイルス配列の部分で、この部分がダンスしている遺伝子にパートナーを変える時だと知らせることになる。

ヒトのゲノム上にちらばっているウイルスのゲノムは、すべてレトロウイルスに由来するものである。レトロウイルスは逆方向へ複製を行うので宿主の精子や卵といった生殖細胞の中に入り込んで、ひとつの世代から次の世代へと直接的な伝達ができる。いわゆる内在レトロウイルスと呼ばれるものはこうして生じてくる。そしてこの遺伝子は基本的には正常なヒト遺伝子と同じように見え、同じ働きをする。人が生まれつき持つレトロウイルスのほとんどのものは無害で古くからあるものだ。人間のレトロウイルスDNAの中には、現在および大昔のチンパンジーと同一のものもある。「私たちのゲノムに今日みられるレトロウイルスは、おそらく何百万年も前に外から感染したものが生殖細胞系に入ったのだろう。もしかしたら、今日のエイズのような大流行で感染したものかもしれない」とマーティンは述べている。

外来のレトロウイルスが宿主を実際に助ける場合もあるだろう。他のウイルスによる感染症に耐性を与えることがあるかもしれない。「家で飼っている猫がヒヒの外来ウイルスにさらされた場合を考えてみよう。もしもその猫が、先祖の代でそれに近い猫白血病ウイルスに感染していて生殖細胞系列にそのウイルスを持つようになっていれば、何の影響も出ないが、もっていなければ病気になる」とカリフォルニア大学サンフランシスコ校のラッセル・ドゥリトルは書いている。[☆29]

外来レトロウイルスには細胞自身の通常の機能を手伝う働きもある。エイズをフルタイムの研究課題にする前にマーティンは人間の胎盤の中に、ある特定のウイルス・ゲノムがあり、それが子宮と胎盤の内部の上皮細胞を融合させる働きをもつ可能性があることを発見していた。[30] 何百万年も前にウイルスが人間に感染したときには生育中の胎児に害をもたらしたかもしれない。今日でも、痕跡となったそのウイルスが部分的に作動して、生体の正常な機能に決定的な意味を持つタンパク質を作っているかもしれない。これが本当ならば、ウイルスはゲノムを付け加えることによって、単に進化を速くするという以上の働きもしていることになる。生物自身の機能そのものに、実際に寄与しているのかもしれないのだ。

ウイルスが伝染病や災難をもたらす媒体だという考えは人々の頭に浸透しているが、たった一個の小さなウイルスが人生を悲劇の舞台に突き落とす、このエイズの時代にあっては、無理のないことである。ウイルスという言葉の持つ意味自体も、単なる生物学的な意味合いを越えて、私たちの言語の中で活きるようになった。ウェブスターの『ニュー・ワールド辞典』はウイルスについて「心や性質を害したり毒するもの、凶悪で有害な作用」と説明している。最近では新しくコンピュータ・ウイルスという言葉が語彙に加えられている。コンピュータ・ウイルスは、永続するにせの電気信号で、悪戯好きのハッカーがわざとソフトに挿入した仕掛け爆弾のようなものである。生物学のウイルスとまったく同じように、コンピュータ・ウイルスも伝染する。感染したプログラムと交信したコンピュータは、すべて感染してしまう。そしてこれも生物学のウイルスと同じように、コンピュータ・ウイルスはプログラムの中心部にまで入り込んで、発見されて追い出されるまで、永続的にプログラムの一部分になってしまう。[31]

ウイルスという言葉に出会った時にほとんどの子供が思いつくのは、この最新の意味、つまり人工的なプログラムに生じた機械的な欠陥のことかもしれない。しかしコンピュータ・ウイルスがポピュラーになるのと時を同じくして、生物学的ウイルスに関する私たちの知識も深まり、この奇妙な生物を生物圏の中心に位置づけるようになってきた。そしてその位置づけがひいてはウイルスを生命の核心部分に位置づけるようになるかもしれない。

第2部　あらたな脅威

第4章　狂った牛、死んだイルカ、そして人間へのリスク

一九八九年の感謝祭を目前にした頃だった。アトランタ州疾病制御センターの〔CDC〕関係者たちは、最大の、大物がついに現われたと考えていた。つい数週間前にフィリピンから送られてきた研究用のサルの一群が、ヴァージニア州で次々と死んでいったのだ。死因は、それまでに知られている中でも最も恐ろしいウイルスの一つ、エボラ・ウイルスのようだった。サルが次々死んでいくということは、次には人間がやられる可能性も高かった。[☆1]

十一月十三日までに、ヴァージニア州レストンにあるヘーゼルトン研究資材社の施設内で五匹のカニクイザルが死んだ。二十七日までにヘーゼルトンのプラントの別室で飼育されていたサルが感染して七匹が死んだ。流行を押さえて感染の危険にさらされている人間を守るために、施設内のサル五百匹すべてが殺された。

ウイルスの中でもエボラは比較的新顔で、しかも致命的なものである。このウイルスは一九七六年に

スーダンとザイールに出現した時に初めて確認された。スーダンでは七月から十一月に流行して、感染者二百八十名中百五十名が死亡した。五〇パーセントを上回る死亡率は、黄熱病に匹敵するほど致命的なものである。ザイールの場合には、エボラはさらに猛威を奮った。九月から十一月の間に三百十八名が感染して何と八八パーセントが死んだ。二回目の小流行は一九七九年にスーダンで起こり、このときの死亡率は六六パーセントだった（感染者三十三名中二十二名死亡）。[2]このような経過があったために、ヘーゼルトンでは、サルを殺してからきっかり一週間目に病気のサルを扱っていた者にウイルス感染の徴候が現われたときには、直ちに彼をフェアファックス病院の隔離病棟に収容した。

結果的には、彼は普通の流感にかかっていたに過ぎなかった。

恐れられていた合衆国内のエボラ流行は、実際には起こらなかった。関係者のとった処置が間に合ったのかもしれないし、サルに感染したアジアのウイルスがアフリカで流行したものほど強い毒性をもっていなかったのかもしれない。結局フィリピンの三業者から合計七体の積荷で送られてきたサルが感染していたが、実際にサルを扱った五、六名、あるいはアジアからの道中で感染の危険にさらされた百五十名近くの人々は、誰一人として病気にならなかった。ニューヨークのジョン・F・ケネディー国際空港で合衆国に入る動物の検疫を行っている女性は、クリスマスの週末に、エボラ・ウイルスの抗体が血液から検出されたと告げられた。しかし彼女はまったくの健康体のようにみえた。その抗体は、おそらく二年前にエボラ・ウイルスにさらされた時にできたのだろうと、彼女はCDCの調査員に言った。[3]

後から見ると、エボラのサルに対する反応は過剰反応のように考えられるかもしれない。しかしこうした例を通して、人間がいかにウイルスの気紛れな交通の犠牲になりやすい存在であるかが浮き彫りにされてくる。致死的なウイルスがいとも簡単に合衆国に入り込み、免疫系が出会ったことのない危険に何百万人ものアメリカ人がさらされたことによって、微生物と人間の間のバランスがきわめてもろいものであることが明らかにされた——エイズ・ウイルスの存在があるのに、それだけでは足りない、これでもかというように。

サルの問題から気にかかる問題がいくつか浮上した。フィリピンのサルは、そもそもどうして病気になったのだろうか。フィリピンのカニクイザルは、ふつうエボラ・ウイルスあるいは関連するフィロウイルス属に属する他のウイルスの宿主にはならない。フィロウイルスはむしろアフリカのサル、中でもアカゲザルやミドリザルによくみられるので、これは驚くべきことであった。フィリピンの感染源を確定するためにCDCの疫学者たちはマニラからレストンに至るサルの輸送経路を何ヵ月もかけて念入りにたどった。最初のうちは、フィリピンのサルと同じ飛行機に積まれていたアフリカのサルから感染したと考えられていた。しかしこの考えは間違っていた。「フィリピンのサルは、感染の有無に関わらず、他のサルと一緒になったことはなかった。サルは輸送中ではなく、フィリピンで感染した」とCDCのスーザン・フィシャー＝ホックは述べている。ここには二つの重大な問題が未解決のまま残されている。それは、この不思議な新顔のウイルスがフィリピンでどのような動きをみせているのかということ、そしてそれがいつ、なぜ、どのようにして恐ろしいアフリカ種の先祖から分かれて変わってきたかということである。

サルの話は、恐ろしいウイルスが種の間、この場合にはアフリカのサルからアジアのサルの間を移動して、さらにアメリカの科学者へと移動する可能性を表わした恰好の例である。近い関係にある生物種が異常接近したために境界線を越えた移動が起ることは、ウイルス出現の重要な要因となっている。こうした異常接近は、一般に次のいずれかの状態が原因となる。

- 自然の力。干ばつや地震の被害をのがれるために、動物が新しい地域へ移動する場合。
- 人間の力。森林の伐採、大気汚染、ダムの建設などによってすみかを失った動物が移動する場合。
- 科学の力。エボラのサルのように、すでに感染している動物や培養細胞を研究室に持ち込む場合。

種間の移動はふつう動物の間で起こるが、時々そこに人間が関わってくることもある。前出のように、エイズはもともとアフリカのサルの風土病だったのが、何かのきっかけで種の境界を越して人間に感染するようになったという有名な説がある。もしも免疫不全ウイルスが実際に種の線を越えたとしても、それは昔からあるウイルスの交通パターンに従って移動したにすぎないのだ。これから先のウイルスもおそらくそうするだろう。とすると、ウイルスの交通パターンにみられる共通テーマをはっきりさせて、種間を移動するウイルス交通のシンフォニーに伴奏をつけられるようになるのが目下の目標と言える。メロディー、つまりウイルスが二種間を移動するときの特徴をつかめるようになれば、正しい音を加えたり、究極的には次にどの音が来るかわかるようになるだろう。

種間のウイルス交通が起きる方法や時期を一般化するには、個々の例をたくさん集める必要がある。スティーヴン・モースは、今まさにその個別例を集める仕事にとりかかっている。子供のころにヘビや爬虫類を調べることに没頭していたように、今ではウイルスの話を集めるのが彼の新しい趣味になっている。ロックフェラー大学の彼の部屋は、本棚、コンピュータ、完璧に整理されたファイル・キャビネットがちょうど収まるだけの広さで、縦長の窓からは川沿いの建物がみえる。その部屋で彼は動物にみられた奇病の記事を求めて、難しい獣医学や生物学の刊行物をあたっている。平日はまだ、ヘルペスウイルスの研究にほとんどの時間をあてている。彼は、この研究で科学者としての評判を確立するのに必要な政府の助成金を受けているし、また仕事をクビにならないためにも致しかたない。しかし、この小さな部屋で手紙を書いたりスピーチを構成したり本の編集をしたりする時間は、近頃とみに増えてきている。彼は自分の空き時間を「顕微鏡でなくてワープロで科学している」と、多少卑下して述べている。モースがよく引用するフランシス・クリックの「一つの良い実例は、山ほどの理論上の論争に匹敵する」という言葉が彼の原動力になっている。スティーヴン・モースがいまやっているのは、まさにその良い実例を捜し歩くことだ。

「我々が出現ウイルスだと言っているもののほとんどが、本来人間のウイルスなどではない。そのウイルスと我々人間との関係は偶然生じたもので、私たちが本来の宿主に接近しすぎただけの理由で宿主になったのかもしれない。」人間にひどい悪事をはたらくウイルスの多くのものは「脊椎動物を含めた本来の宿主の中では、ほとんど害をもたらさない」と彼は述べている。[☆4] こうしたウイルスは、適応していない動物に感染したときにだけ病気を起こす。こうした観点からみると、致死率が高いということは、宿主の生存が自己の存続にもつながるウイルスにとって、まだよく適合していないことにすぎない。

多くのウイルスの病原性は、このように宿主が変わることが、確かに原因になっている。アザラシ、イルカ類を全滅させるモルビリウイルスは、おそらく何の悪事も働かずに、海に住む他の哺乳類動物の中に住んでいるのだろう。今日地球上のすべてのイヌを脅かしているパルボウイルスは最初はネコのウイルスで、ネコにはそれほど破壊的なものではなかったのかもしれない。キヌザルの肝炎ウイルスの場合にも、慢性的に感染していてもまったく健康なアフリカのウイルスに、ブラジルの未感染のサル集団がもう少しでさらされるところだった。同様に、サルのヘルペスウイルスBは、サルには慢性的に存在するが、わずか数週間で人間の脳を破壊してしまう。狂牛ウイルスは、ヒツジからウシ、レイヨウ、ネコへと飛び移り、さまざまな毒性を現わした。ミクソーマ・ウイルスはブラジルのウサギには害を及ぼさなかったが、少なくともしばらくの間オーストラリアのウサギにとっては脅威だった。

これから種間を渡るウイルス交通の例をみていこうと思うが、それは単に話の展開が面白いからではなく(大変面白いのは確かだが)、特徴を調べて個々の例を理解することが、ウイルスが種の境界線を越える方法を解明する青写真の作製に必要な一歩になるからである。動物界のケースを念入りに調べていくうちに、ウイルスが時として驚異的なスピードで変化して人間を脅かす過程を解明するのに必要な共通テーマをみつけられるかもしれない。

一九九〇年秋、何百頭ものイルカの死体と瀕死のイルカが地中海沿岸に打ち上げられた。「外見には何の異常もみられず、美しかった。しかし、悪性の流感にかかった人間のように震えていて、すぐに死んでしまった」とフランス南海岸トゥーロンの医師ジャン＝ミシェル・ボンパールは述べている。[☆5]

流感という表現はぴったりだった。なぜならばまさに悪性の流感にかかった人間のように、イルカもウイルスの感染症にやられていたのだ。このウイルスはイルカには新しいもので、おそらく地中海の汚染で免疫系が弱ったため流行したものと思われる。一九九〇年にはスペインで合計七百頭が打ち上げられ、イルカのウイルスは翌年の夏までに東方のイタリア南部の沿岸まで広がった。イタリアの科学者は、一九九一年の七月と八月に確認されたイルカの死体百五十体は、突然死のほんの一端を見ているにすぎないと述べている。数が確認された死体一体につき百体が、人知れず遠洋で死んでいったとも考えられている。環境保護の専門家は、この感染症がさらに東方へ進んで、地中海で最後のモンク・アザラシのコロニーが生息するギリシャのほうへ広がることを恐れていた。モンク・アザラシは総数約二百頭で、絶滅の危機に瀕していた。☆6

イルカの死は、不気味なほど何かに似ていた。実はこの流行の二年前に、海洋生物学者たちが北海のゴマフ・アザラシで同じような伝染病を目撃していたのだ。一万八千頭以上のアザラシが一九八八年に死んで、春と夏にかけてイングランド東部、アイルランド、スコットランド、オランダ、ドイツの海岸に打ち上げられた。流行が始まったその年の四月に、英国サリーのピルブライトにある動物ウイルス研究所の研究者は、最初に死んだ数頭の死因を徹底的に調べた。アザラシの組織には口蹄病のウイルスとして知られていたピコルナウイルスに似たものがみられた。（ピコルナウイルスは、「小さい」を意味するピコと、そのウイルスの遺伝物質であるRNAを合成した語である。）これは恐るべきことだった。口蹄病は家畜にとって致命的な病気で、伝染性もきわめて高いため、その研究は人里離れた土地にある厳重な封じ込め施設をもった研究所でのみ行われていた。その中の一つがピルブライトにあったため、そこで働く研究者が招集されたのだ。

結局のところ口蹄病は別物だった。最初に調査した数頭には確かにそのウイルスが検出されたが、この時の大まかな調査ではヘルペスウイルスも分離されており、本当のところ何が関係しているのか、かいもく見当がつかなかった。この頃になると英国でも有数のウイルス学者たちがこのケースに取り組みはじめ、口蹄病は別にしても、もはや引き返せない状態になっていた。ピルブライトのウイルス学者、ブライアン・マーイは死んだアザラシあるいは死にかけているものの血液を採って、その中の既知のウイルス抗体を調べるためにＥＬＩＳＡと呼ばれる分析方法を用いた。ＥＬＩＳＡとは酵素結合抗体吸着検定法の頭字語である。陽性反応は一つだけ、モルビリウイルスという型のウイルスに対するものだった。

モルビリウイルスは種類によって感染する相手も異なる。イヌのジステンパー・ウイルスはイヌに感染する。牛疫ウイルスはウシに、小反芻動物疫病ウイルスはヤギやヒツジ、麻疹ウイルスは人間に感染する。そして今、検出されたことのなかったアザラシにこのモルビリウイルスが感染したようだった。

人間の麻疹ウイルスは地球上で最も伝染性の高いウイルスである。感受性のある数千人の集団の中で、ウイルスは目の回るような速さで暴れ回る。なお、ここで言う「感受性がある」というのは、ワクチン接種、あるいは過去にその病気にかかることによって免疫を得ていない状態を意味している。もしもこのように免疫的に無垢の地域にはしかの患者が一人入り込んだら、六週間以内に事実上百パーセントの人々にうつってしまう。これは、グリーンランドで一九五一年に実際に起きたことがある。☆7

ケンブリッジの海獣研究組織と共同研究を行っていたピルブライト・チームは、アザラシの死因を解明するために、疫学調査の最もスタンダードな方法を用いた。彼らは採血用の器具を携えて東イングランドに行き、試料をピルブライトにある厳重な封じ込め施設をもつ研究所へ持ち帰った。そこで組織培養法で血液試料の培養を行い、電子顕微鏡で観察し、抗体一式を用いて抗体中和試験を行った。

ＥＬＩＳＡやこれと似たウイルス中和試験が、この種の研究の中核をなしている。捜しているウイルスがどのようなものか見当がつかないときには、こうしたテストで候補をしぼることができる。いずれの方法も、抗体が抗原としっかり結合する性質、つまり交叉反応を利用している。ＥＬＩＳＡの場合、血清試料中のウイルスが未知のものであるとき、まず、ある特定酵素を結合した既知のウイルスと混合する。次にこの酵素を活性化すると、化学反応を起こして、ある決まった色を呈する。この色を標準色のチャートと照らし合わせる。色は濃いほど未知のウイルス抗原と結合した抗体の量が多いことを示す。そしてそれは、その試料がどのウイルスの仲間で、その関係がどれだけ近いものか知る手掛かりになる。交叉反応が強いほど、ウイルスの外殻に抗体と結合できる部位が多い。つまり、抗体を用いたウイルスと新顔ウイルスが近い関係にあることになる。中和試験の場合にも同様にして既知の抗体を未知の抗原と混合するが、この場合には結合の程度が異なる方法で呈示される。培養容器中の培地の表面が、何もなければ不透明であるのに対して、交叉反応が起これば透明なスポットが表われるのだ。この透明なスポットはプラークと呼ばれ、抗原＝抗体複合体の目安となる。ＥＬＩＳＡテストで色の濃さを測定するように、プラークの数を数えることによって、既知の抗体を持つウイルスと未知のウイルスがどれだけ近い関係にあるか調べることができる。

ウイルス学の黄金時代であった一九五〇年代以来、多少の修正は加えられているが、ウイルスの発見にはこうした方法が用いられてきている。当時ニューヨークのロックフェラー財団は、三大陸にある六ヵ所の野外研究所を援助していた。科学者たちは、あちこちで「新しい」ウイルスを発見した。たった十年間に、昆虫媒介ウイルスのリストは三十四種（一九五一年）から二百四種（一九五九年）まで増加した。その理由は、あたりまえのことであるが、いままでずっと自然界にあったウイルスを識別、分類する手段ができたからである。新しい伝染病や新種の病原体が現われたわけではなく、多数のウイルス学者が野外に出て、動物を捕獲して、研究所に持ち帰って分析を行ったからにすぎなかった。

ゴマフ・アザラシの血液をＥＬＩＳＡにかけてモルビリウイルスを調べたところ、約半数のものがイヌ・ジステンパーと牛疫の二系統と交叉反応を起こした。「このことはアザラシのウイルスがイヌ・ジステンパー、牛疫のウイルスと共通するある種の外殻タンパク質を持つことを示唆している」とマーイは述べている。☆8 残りの半分は別のモルビリウイルスである小型反芻動物疫病ウイルスと交叉反応を示した。こうした結果から枠が狭められてきた。アザラシのウイルスが少なくともこうしたウイルスと関連を持つことはわかったが、そのいずれとも一致しないこともはっきりした。すでに知られているウイルスがアザラシに死をもたらしているのならば、アザラシのすべての検体が試料のいずれかの抗原と反応したはずである。交叉反応は強く現われたが、百パーセントではなかった。この結果は、アザラシ・ウイルスがモルビリウイルスの一種で、しかもいままでにない型のものであることを示していた。次の目標はこの新しいモルビリウイルスを同定することだった。「遺伝的配列を検討した結果、我々はどうやら五番目のモルビリウイルスを発見したらしい。それをアザラシ疫病ウイルス又はアザラシ・ジステンパー・ウイルスと呼ぶことにした」とマーイは述べている。現在ではアトランタの疾病対策センターで研究を行っているマーイは、このウイルスが一九九〇年に地中海のイルカに感染したものと同じだと考えている。

新しいモルビリウイルスがなぜその時期に出現したのか、誰にもはっきりしたことは言えない。おそらくウイルスは長い間他の海獣に宿っていて、一九八〇年代の終わり頃に何かの理由でゴマフ・アザラシと最初の接触を持ったものと思われる。これも重要な意味を持つと思うが、マーイらがハイイロ・アザラシという別種のアザラシを調べたところ、血液中に高レベルのモルビリウイルス抗体がみられたが、このアザラシに病気の徴候はみられなかった。あるいは、このハイイロ・アザラシが自然界におけるアザラシ・ジステンパーの宿主で、害を被ることなしにウイルスを貯蔵しているのかもしれない。別の説によると、ウイルスはグリーンランドのタテゴト・アザラシに端を発しているという。このアザラシは一九八八年に、今までになく南方まで移動していた。またタテゴト・アザラシにも病気の徴候はないが、血液中に高レベルの抗体をもっていた。[9]

この頃になると、ヨーロッパやアジアの北部でもモルビリウイルス感染症の小流行がみられるようになった。一九八七年にシベリアのバイカル湖ではアザラシが謎の死を遂げている。一九八七〜八八年の冬にはグリーンランド北西部で、そり犬が類を見ないほどひどい伝染性イヌ・ジステンパーにやられた。「海獣には特徴がまだ解明されていないウイルスが数種類あり、それは既知の動物ウイルスと近い関係にあるものが多いらしい。従って海獣の集団は、かなり重要なウイルス貯蔵所になっていると思われる」とマーイは言う。

アザラシの二年後に始まった地中海のイルカの死はどうなのだろうか。ありふれたウイルスが殺し屋に変わるには、この地域でも何かが変わったはずだ。その中の一つは水だった。事件の数年前から地中海や北海の水温は上昇していた。水温が上がると、モルビリをはじめ他のウイルスも広がりはじめる。さらにこの海域に多くみられる汚染物質、とりわけPCB（ポリ塩化ビフェニル）は、アザラシやイルカの免疫系を損なう働きを持つ。エイズになった人間のように免疫系を損なわれた海獣は、健全な免疫系ならば何の問題にもならないような微生物に感染して、致命的な被害を受けてしまう。

ごく最近では、ある海洋動物にみられた流感のような病気が注目を集めている。この場合には、病気になった動物だけではなく、その地域の生態系のバランスにもたらされる影響にも関心がよせられている。この新たな脅威も、元をたどればウイルスの交通に行き着くのである。

一九九一年春、カリブ海にすむウニが突然死にはじめた。どれだけ死んだか正確な数はわからないが、専門家によると、最もよくみかける棘の黒いウニの場合には、プエルトリコとフロリダ州南岸沖で肉眼ですぐみつけられるほどだったのが、まったくいなくなってしまったという。「海洋動物の絶滅例としては、かつてないほど大規模なものが起こっているのかもしれない」とマサチューセッツ州ウッズホールの海洋生物研究所で海洋動物の健康を研究するロバート・バリスは述べている。このウニの伝染病には他のウイルス病と似た徴候がみられた。ウニは動きが不活発になり、針は垂れ下がってやがて抜け落ちてしまう。そして食べなくなり、動かなくなり、衰弱していく。バリスはフロリダからケープコッドの研究所に速達で送られてくるウニを何十個も解剖した。普通は鮮やかな色をしているウニの内臓が、感染しているものでは茶色く崩れていたという。☆10

カリブ海からウニがいなくなると、食物連鎖に大きな影響が生じて、毎年多くの観光客を集めている素晴らしいサンゴ礁の存続も危くなってくる。ウニはサンゴに生える海草を食べてサンゴ礁のバランスを保っている。海草がはびこるのを監視するウニがいなくなると、サンゴが包み込まれて窒息してしまうおそれがある。

この病気はどのようにして始まったのだろうか。パナマ運河経由で太平洋からカリブ海に航海する船の船体内の水に含まれるウイルスが原因かもしれないとバリスは考えている。船体の水は船の周りの海水を取り込んだもので、航海中の船のバラストのような役割を持つ。太平洋から来た船がカリブ海に水を空けると、今までこの環境にいなかった微生物が入ってくる。理論的に言えば太平洋のウイルスが、このウイルスに対して免疫をまったく持たない感受性のきわめて高い生物集団と出会って感染するわけである。これはヨーロッパの探検家が持ち込んだ天然痘ウイルスが、アメリカン・インディアンと最初に出会った時と同じことである。


グラスゴー大学の研究室に次々と運び込まれる犬の死体をみてスコットランドの獣医は心をいためていた。伝染病の第一波でやられた子犬に関して、獣医師アイリーン・マッキャンドリッシュは次のように報告している。「太っていてみるからに健康そうな子犬が心不全で突然ばったり倒れて死んでしまう。[☆11]」一九七八年十月のことだった。彼女は犬の死因を探るために解剖してみた。どの犬もつい今しがたまでじゃれまわっていたのが、突然震えて死んでしまったのだった。解剖した犬の心臓組織にはどれも、パルボウイルスに似た粒子がみられた。当時パルボはミンク、アライグマ、ネコだけに感染すると思われていた。

奇妙なことに同じ頃スコットランドでも別の伝染病が犬に広まっていた。ここでは老犬がきわめて悪性の病気にやられていた。その病気は、悪臭を伴った大量の下痢、胆汁の混じった泡状の嘔吐、そして急速に進行する脱水症状を引き起こした。そして地域全体に猛威を奮い、かなりの割合の犬が感染して、その約一〇パーセントが死んだ。死ぬのは最初の徴候が表われてから七二時間以内で、かなり急激なものだった。さらに不思議なことに、今までになかった二組の症状、子犬の心不全（心筋炎）と老犬のひどい下痢（腸炎）というのと同じ組合わせが、少なくとも三つの大陸で別々に現われた。アメリカ合衆国とオーストラリアでは、一九七八年八月に最初の異常が報告されている。カナダ、ヨーロッパ、英国では十月に報告が始まっている。（謎の病気で死んだ犬の血清を冷凍したものを、初期エイズの確認を行ったときのようにして再検査したところ、犬のパルボウイルスの最も早い例は、一九七四年にギリシャで起きたものらしいことがわかっている。）流行が起きた各地で同じパルボウイルスが検出された。[12]

パルボウイルスは既知のウイルスの中でも最も小さくて単純なものの一つで、四〜五種類のタンパク質の合成を指示するだけの短いDNA鎖で構成されている。タンパク質のうち三種類はウイルスの外殻を形成するのに必要なものなので、残されている機能は、ごくわずかなものにすぎない。そこでパルボウイルスは、新しいウイルスを作るため、いや正確にはそれを作らせるために、細胞内の材料をかきあつめなければならない。大きなウイルスは、自分で用いる酵素のうちいくらかのものを自分で持ち込んだり作ったりできるものが多いが、パルボウイルスは活発に分裂を行っている細胞内でのみ増殖できる。分裂しない細胞にはウイルスの複製、転写、遺伝子出現に必要な酵素が十分に含まれていないからである。[13]

分裂中の細胞を好む傾向が、一九七八年のアイリーン・マッキャンドリッシュの疑問に答を出している。パルボウイルスがなぜ幼犬で心筋炎を起こし、老犬で下痢を起こすのか、彼女は不思議に思っていた。心臓血管系と胃腸系にはどのような共通点があるのだろうか。一九七九年九月のイギリス獣医学会の年会で、彼女はある説を発表した。それは、犬の一生のどの段階で感染しようともパルボウイルスは細胞分裂が活発に行われる組織内でのみ増殖するという説だった。子犬の場合、生後一週間は、成長を続けている心臓に分裂細胞が多く見られる。従って生後一週間以内に感染した場合には心筋炎が生じる。数週間で心臓が完全な大きさまで成長すると、次に最も分裂がさかんなのは、常に新しい細胞と入れ代わっている腸管の上皮細胞だった。この時点で感染すると腸炎が起きた。生後一週～五週間は移行期で、両方の徴候が少しずつ現われる、つまり主として腸炎がみられ、わずかに心筋炎が伴うとマッキャンドリッシュは考えた。この時期になると、パルボウイルスがダメージをもたらすほどの分裂細胞が心臓にはない、つまり心臓に到達するのが遅すぎるからわずかな徴候しか現わさないというのが彼女の考えだった。

パルボウイルスはきわめて小さいので研究に適している。パルボという名称もラテン語の「小さい」という語に由来している。パルボは五千ヌクレオチドほどの長さで、天然痘ウイルスのような大きいものの三十分の一にすぎないため、比較的配列を決めやすい。配列を決めるというのは分子生物学で用いる言葉で、ゲノムの一番目、二番目、三番目、……五千番目にどのヌクレオチドがあるか、その順番を決めることを意味している。今では、小さなパルボウイルスは隅から隅まで知り尽くされているので、他のより複雑なウイルスでは到底できないような操作を加えて構成を変えることまでできるようになった。望むならば、自然界で猫のパルボウイルスが犬に感染するものに変わった過程を再現できる。

コーネル大学では獣医と分子生物学者のチームが、まさにその通りの研究を行っている。コリン・パリッシュらは、まず最初にイヌ、ネコ二つの型のパルボウイルスのDNAクローン、つまりコロニーを作った。ネコのものは汎白血球減少ウイルス、イヌのものはイヌ・パルボウイルス2型と呼ばれるものを用いた。次に、この二種類のゲノムを混合してさまざまな雑種を作り出した。これは、頭の部分と体の部分をいろいろ入れ替えて遊ぶ子供のカード・ゲームのようなものだった。五千ヌクレオチドのネコ・ウイルスで始めたとする。そしてその一部分をイヌ・ウイルスの同じ部分で置き換えてみて、どのような置き換えでネコ・ウイルスがイヌ・ウイルスの性質を示すようになるかを調べたのだ。これはビーズつなぎの遊びで説明するとわかりやすい。赤いビーズが五千個つながっているところに全部が黄色いビーズからできた鎖を持ってきて、一部分を入れ替えてしまうようなものなのだ。そうした入れ替えによって、たとえば赤い鎖の中の三〇五番から七〇四番の四百個が黄色に置き換わったり、三、二二九番から三、三一二番までの八十四個が黄色に起き換わったものができる。こうして作った赤黄雑種が持つ特性を調べると、どこに黄色を挿入すれば変化が生じるか見当がつくようになり、ひいてはゲノムのどの部分がウイルスのどの機能を司っているかわかるようになる。

こうしてパリッシュらはさまざまな組換え体を作り出して、それを病気の犬から分離してヌクレオチド配列のわかっているイヌ・パルボウイルスと比較した。組換え体の一つに彼らの捜しているものがあった。元のネコ・ウイルスの配列にほんの少しイヌ・パルボウイルスのゲノムが加わったもの、言い換えると、赤ビーズにほんの少し黄色が入ってできた新しいウイルスが、培養条件下で自然界で犬に感染しているウイルスと似た働きを持つことがわかったのだ。重要な意味を持つ部分はわずか七百三十ヌクレオチドの長さで、ネコ・ウイルス・ゲノム全体からみると一五パーセント以下にすぎなかった。にもかかわらず、試験管内でも生体内でも（実験下でも生きた動物においても）、ネコ／イヌ雑種ウイルスは、ほとんどイヌ・パルボウイルスのような性質をもっていた。まず、犬の細胞でよく生長した。また、純粋なネコ・ウイルスにはできないことだったが、生きた犬の体内でもよく生長した。
実験的なビーズの鎖によって、パリッシュは、元はネコ汎白血球減少ウイルスだった鎖をイヌ・パルボウイルスと機能的に似たものに作り換えることができた。これはイヌ・パルボウイルスの出現を詳しく知る上で重要であるばかりか、パルボウイルス、ひいては他のウイルスの宿主特異性を一般化する手掛りとなるものだった。この研究によって「ウイルスの宿主域特異性の大部分は、キャプシド［外殻］タンパク質遺伝子内の短い領域に記されている」ことがわかったとパリッシュは述べている。[☆14]
パリッシュの研究所はイヌ・パルボウイルスの研究で国内の評判を得た。彼らは猫と犬のパルボウイルスの抗原、つまりウイルスの外殻上にあるタンパク質の収集も行うようになった。合衆国中の獣医が糞の試料をよこして、各地でのイヌ感染が確かにパルボウイルスであるか確認を求めた。研究所で用いた抗体はモノクローナル抗体と呼ばれる特定の型のもので、一つの（モノ）抗体からクローンを作ったものだった。送られてきた試料に確かにパルボウイルスが含まれていれば、予想通りモノクローナル抗体と反応した。「我々のモノクローナル抗体を用いて現場から寄せられたウイルスを調べていくうちに、驚くべきことが起こった。一九八〇年以降に収集された試料は、それ以前のものと異なる抗原を持つように思われたのだ」とパリッシュは回想している。彼がそのウイルスのモノクローナル抗体を作って元のイヌ・パルボウイルスと比べたところ、ヌクレオチド配列と外殻の抗原にわずかな違いが認められた。この事実は、八十年代の初め頃にイヌ・パルボウイルスに新系統が出現したことを示唆していた。
パリッシュはオーストラリア、ベルギー、デンマーク、フランス、日本、合衆国など世界各地の研究者に協力を求めてウイルスの足どりを再調査しようとした。各国の研究者は自分の研究室で保存していたウイルスの試料にパリッシュのモノクローナル抗体を用いて、パリッシュがイヌ・パルボウイルス2aと呼んでいた二番目のタイプがいつ出現したか調べた。その結果、一九七九年以前にはまったくみられなかったイヌ・パルボウイルス2aが、一九八〇年代半ばには世界各地で元のイヌ・パルボウイルス2型に、ほとんど取って代わっていたことがわかった。さらに驚くべきことには、パリッシュがイヌ・パルボウイルス2bと呼ぶ第三の型が一九八四年頃に出現していた。少なくとも合衆国の例では、一九九〇年までに、この2b型のイヌ・パルボウイルスが2型あるいは2a型よりも、はるかによくみられる型になっていた。

「CPV－2aにこれほどまでに有利に働いた選択力は、いったい何だったのだろう」とパリッシュは不思議に思っている。また、なぜ2bが2aに取って代わったのだろうか。これに対して、そもそもイヌ・パルボウイルス2がどうやって出現したかという疑問と同様に、はっきりした答はまだわかっていない。一九八〇年代初期には、活性を持つネコ・ウイルス・ワクチンから出た突然変異体からイヌ・パルボウイルスが生じたという説明が一般的だった。この説によると、培養中の複製段階で宿主特異性に関与する部分に小さなエラーが生じたという。この突然変異体がもしも自然状態下で猫から猫へと伝達されていたら完全に死滅していただろうが、猫の組織細胞で満たされた培養容器の中、そしてガラスのピペットを持つ人間の手で別の容器に移しかえられるような条件下でウイルスは生き残ることができた。ほんのわずかな遺伝的変化によって犬に感染するようになったウイルスは、こうして猫のワクチンと共に世界中で用いられるようになった。

パリッシュもこの説の提唱者の一人だったが、後に彼はそれを取り消している。そしてそれが歴史的に取り上げられることさえ嫌がっている。「この説は、それが正しいかどうか時間をかけて調べることをしなかった人々が広めたと思う。いつの間にかその考えは『事実』となり、さらにドグマになってしまった。この時点で誤りである事がわかっても、すでに現存する誤った『事実』に対する真の事実を広めるのはきわめて難しいことで、不可能とも言える」とパリッシュは述べている。この説がしっかりと根差してしまった理由は、説明が簡単だったことや、人間を獣医学活動の中心的存在とするものだったことのほかに、科学者や科学ジャーナリストの皮肉なセンスに訴えるものがあったからかもしれない。一九八〇年代半ば頃から、世界各地の犬をパルボウイルスから守るためにワクチン接種が行われるようになり、この流行病の初期に子犬を死に至らしめる心筋炎を事実上なくすことができた。もしも、本当に調製中のネコ・ワクチンに起きた突然変異からイヌ・パルボウイルスが生じたのならば、悪の根源となったウイルスと同じものにわずかな修正を施したワクチンで子犬を守るとは、いったいどういうことなのだろう。[☆15]

科学はむろんO・ヘンリーの物語などではないので、イヌ・パルボウイルスが一九七〇年代の終わりに出現した理由を説明するもっと有力な説が、いまでは他にもいくつかある。イヌのウイルスは、直接ネコからイヌにうつったか、あるいはまだ解明されていない媒介者によって伝達されたのかもしれないのだ。しかし、これはあまりにも日常的で退屈な筋書きである。ワクチン内の突然変異体の物語に匹敵するほどの華々しさがまったくないのだ。従って、パリッシュは幻滅を感じるだろうが、もっと良い説明が現われるまで、昔の説明が繰り返されることだろう。

ある動物種から別の種へウイルスを伝達したのがワクチンによるものでなかったとしても、もう一つ、人間が介入して種間に病原体の伝達が起きる可能性をもっと考えられる例がある。それは動物園である。世界各地から集めた動物が数エーカーの土地で飼育されると、ウイルスの行き来に申し分のない状態ができる。生息地固有のウイルスと共存していた動物が、別の地域から来てそのウイルスに免疫を持たない「隣人」にウイルスをうつす例も時折みられる。その結果動物園病が流行して何十頭もの動物が死んでしまうひどい話になることもある。しかし絶滅に瀕した動物を飼育繁殖して自然に戻す事業に取り組んでいる動物園の場合には、出現ウイルスが動物園の外に出て、必死に生きている野生動物を脅かすようになることもある。

ワシントンDCにある国立動物園では原生地への再導入活動に取り組んでいるが、それに関連して驚くような光景を目にすることがある。公開中の動物の間をぬう通路を少し外れた森の中を歩いていくと、数匹のゴールデン・ライオン・タマリンに出会うことがあるかもしれない。このサルは、体長約三十センチメートルほどで、ふさふさしたたてがみと美しい黄褐色の毛色からそのように名付けられている。このタマリンが、金属のてすりにそって跳ね回ったり木の後ろに隠れたり、人間の足下をすりぬけたりする。動物園の若いボランティアが、懸命になってサルの後に続く。ノートを手に、サルのすべての挙動を記録することに心を奪われていて、通りがかりの人々には「気を付けて!」という言葉しか出ない。こうした奇妙な行動は、ゴールデン・ライオン・タマリンを絶滅から救うために動物園が実行している対策の第一段階なのだ。いまサルが知っている唯一の棲み家は規則正しくエサが与えられ敵はすべて柵の向こう側にいる動物園の檻の中だが、最後はそこから出して、先祖の地に放すことが目標となっている。

ジャーナリストのダイアン・アッカーマンは、ゴールデン・ライオン・タマリンが「夕日とトウモロコシの毛の色をしたリス位の大きさの世界中で最も美しいサルで、その生息地は地球上にたった一ヵ所、消滅しつつあるブラジルの熱帯雨林にしかない」と言う。[☆16] この人間のような顔をした愛らしい生き物の総数は、全地球上で四百頭にまで減少してきている。現在、動物園がこの種の貴重な保存所となっている。そして世界各地の動物園が、リオデジャネイロの霊長類の科学者と共に、絶滅に瀕した動物を生まれ故郷の生息地に戻す共同研究に参加している。

動物園当局も、こうしたことにリスクが伴うことは知っている。捕獲、飼育されたサルは、うまく食糧を捜し出せないかもしれない。地表から何百フィートの高さにまで覆いかぶさっている森林の中で迷子になってしまうかもしれない。今までの家族単位の生活が失われて打撃をうけるかもしれない。（ゴールデン・ライオン・タマリンは、家族に対してかなり誠実で、一生添い遂げることが知られている。）再導入を基本的原則としたゴールデン・ライオン・タマリンの保護プログラムが一九八〇年代半ばに開始されてから、七十五匹のサルがアマゾンの雨林に戻された。しかしそのうちまだ生きているのは二十七匹にすぎない。約二ダースは病気にやられ、残りの二ダースは餓死したり食肉獣に殺されてしまったらしい。[☆17]

こうしたリスクはすべての保護プログラムに共通しており、関係当局も最初からそのことは承知していた。しかし一九九一年一月、彼らは今までよく考えてみなかったリスクに直面した。ブラジルの野生タマリンとの繁殖を願って、動物園で繁殖したサルを雨林に放していたわけだが、そのことによって危ない目にあうのは動物園のサルばかりではなかった。雨林に先住していた野生のタマリンにも危険が及ぶおそれがあったのだ。

一九八〇年代の初め頃から、なんらかのウイルスが合衆国で飼育されているサルの間に広がりはじめた。このウイルスはキヌザル肝炎ウイルス（CHV）と呼ばれるもので、その名称は、感染する動物の種類（サルのキヌザル科）とその代表的な徴候である肝炎に由来していた。一九九〇年だけでもアメリカ国内約十ヵ所の動物園で新世界のサルにCHVの流行がみられ、合計六十五匹のマーモセットとタマリンが死んだ。シカゴの市街地から車で三十分程離れたブルックフィールド動物園も、その年にサル・ウイルスの出現を経験した動物園の一つだった。

流行後間もない一九九〇年の夏、ブルックフィールド動物園は、冬期にブラジルで放すゴールデン・ライオン・タマリン六匹を準備のために国立動物園に送った。送られたのは、大人の雄と雌、そしてその子供四匹だった。ワシントンで通常の受入れ手続の一環として検査を受けたところ、フラッシュという名の雄ザルがCHV抗体を持つことがわかった。このサルはブルックフィールドで先の流行のなかで生き残ったものだったため、それ自体は特に驚くに値することではなかった。[☆18]

フラッシュは観察下におかれた。これは特別なことではなく、病気の有無にかかわらずブラジルに向かうゴールデン・ライオン・タマリンは、皆そうすることになっていたからである。再導入に関係しているこの他六ヵ所の動物園から送られてくるタマリンは、こうしてワシントンで数ヵ月かけて検疫を受けて、異常な感染症や遺伝的問題がないか調べられる。この内一五パーセントのものが何かの理由でブラジルまで行き着かない。検疫を通ったものは、国立動物園のスタッフと共にブラジルへ飛ぶ。こうして動物をじかに手渡す旅は、スタッフの恒例になっている。ブラジルに着いたタマリンは保護林で六ヵ月のあいだ飼育観察された後に、自然界に放されて野生のゴールデン・ライオン・タマリンと接触をもつようになる。

検疫期間中にフラッシュはまったく病気の徴候をみせなかった。家族のサルも同様だった。家族のものでフラッシュと同じ抗体を持つものは一匹もいなかった。動物園のスタッフは、一月に出国する他のサルと一緒にフラッシュを行かせても大丈夫だろうと判断した。しかし出発の数日前になって、彼らは考えを変えた。それはフラッシュがさらされたウイルスのさらに詳しい分析結果がわかったからだった。齧歯類が媒介するアレナウイルスに属するマウス・ウイルスであるLCMV（リンパ球性脈絡膜髄膜炎ウイルス）とキヌザル肝炎ウイルスが近い関係にあることがわかったのだ。

LCMVとの関連性は、かなり厄介なことだった。LCMVは糞尿と共に排泄され、ほこりに付着したものが吸い込まれることによって、マウスからマウスへ感染すると考えられている。しかし、時折、別の種がLCMVの行く手をさえぎって、ひどい病気にかかることもある。この事が明らかにされる以前、動物園では生まれたばかりのマウスを主な餌としてタマリンやマーモセットに与えていた。動物園のサルは感染したマウスを食べてウイルスと接触した可能性が高かった。こうして感染したサルの死亡率は五十パーセントだった。「ウイルスがどのグループに属するものかわかったので、次はこれが霊長類において永続性を持つかどうかが問題だった。感染したネズミからLCMVを検出することはできるが、感染症から回復した霊長類からLCMVを検出できるかどうか不明だったし、今も依然としてわかっていない」と国立動物園の病理学者、リチャード・J・モンターリは述べている。そのウイルスの属する科の性質からみても、フラッシュの組織内にリンパ球性脈絡膜肝炎のウイルスが残っている可能性はかなり高かった。動物園の関係者は、ブラジル雨林のデリケートな生態系にそれを持ち込んでしまうことをおそれていた。リンパ球性脈絡膜肝炎ウイルスを体内に持ったままフラッシュが送られていたら、どのようなことが起こっていただろうか。フラッシュがジャングルに放され、そこで死んだとする。死体を齧歯類や小型哺乳類が食べたとすると、動物園に源を発した出現ウイルスに、タマリンばかりか感受性を持つ他の動物もさらされて、雨林の中でウイルスの新たなサイクルが始まるかもしれない。種の保存と言いながら、動物園が実は野生動物に打撃を与える病気を持ち込むような悪事を働くことになりかねないのだ。[19]

こうしたことが動物を自然に戻すキャンペーンの大きなパラドックスであることは確かである。動物園当局は、再導入に何らかのリスク、それもまだ完全に解明されていないリスクが伴うことは承知していた。この特定のケースについてみると、リンパ球性脈絡膜肝炎ウイルスはまったくの新顔というわけではなかった。それは宿主であるネズミと共に、地球上のほとんどすべての大陸に存在すると思われるLCMVときわめて近い関係にあったからである。しかしフラッシュというサルにそれが存在した事実は、導入国に今までなかった新しい生物を持ち込むリスクを冒していることを関係者にはっきりと指摘していた。彼らはそれが計算済みのリスクであり、生物圏の遺伝的多様性を保つという目的を前にして、おかすだけの意味のあるものだと考えていた。国立動物園でタマリン計画を管理しているベンジャミン・ベックが好んで指摘するように、「ジャングルにタマリンを戻すことによって持ち込まれる病原体は、人間が同じ地域に常に持ち込んでいるものに比べてはるかに少ないと考えられる。[20]」珍しい例ではあるが、動物園のこうしたプログラムも、私たちが繰り返して耳にするウイルスの交通量を増大させるルートの一つなのである。

第一幕、第一場。ユタ州の不毛の地にバイオテック・アグロノミックスの本社があった。外目には普通の農業関係研究企業のようにみえた。これは一九八五年に製作されたサム・ウォーターストン主演の『警戒警報《ウォーニング・サイン》』〔邦題『バイオ・インフェルノ』〕のオープニング場面である。[☆21] 最初の十分間に企業の秘密が明らかにされる。バイオテックは極秘で生物兵器の開発に携わっていたのだ。遺伝子操作を加えたウイルスのガラス容器を研究者が踏むという不運な事故のおかげで、ユタ州全体に危険が及んでしまう。架空の事故によって逃げ出した突然変異ウイルスが、研究の思惑とは逆に、研究に従事していた多くの人々に襲い掛かった。このウイルスは操作を加える前にもかなり悪性のものだったが、遺伝子操作によって気体の形をとり、インフルエンザのように呼吸するたびに空気中を人間の気道から気道へと伝わっていく特性を獲得していた。「このウイルスは人を狂気に走らせる。兵士は同志を殺し、自分も死んでしまう」と、映画がクライマックスに近づいた頃にウイルス学者が説明している。

『警戒警報』の悪者は、細菌兵器研究所を取り仕切る優秀な科学者だった。彼は研究室の事故に早くからさらされ、自ら遺伝子操作で作り出したウイルスに襲われて、すっかり狂暴になってしまう。その人物の名前はネーサン・ニールソン、実在のペンシルヴァニア大学のウイルス学者、ニール・ネーサンソンをもじっている。これは偶然のことではなく、映画の創作段階でネーサンソンが果たしたちょっとした役割に謝意を表わしてつけられたものだった。彼は『警戒警報』との関わりを話したがらない。映画のおぼつかない出来から判断しても無理のないことだが、「微生物研究所の外へ出したくないような、本当に悪質なウイルス」のアイディアを、監督のハル・バーウッドに話したことは確かに彼も認めている。それ以上のことはノー・コメントである。「実にばかげたアイディアで、ちょっとした立ち話程度のものだった」と彼は述べている。[22]

『警戒警報』の評判は大当たりとは程遠かったが、こうした映画が製作されたこと自体、研究所が奇怪な操作を行う危険な場所だという考えが一般的だということを表わしている。操作にウイルスが関わっているときには、それがなおさらに有害なものであるような気がするのだ。狂った科学者の研究室から湧き出した奇妙なウイルスにはすべての人が恐れる要素が含まれている。

研究室内操作の行き過ぎに疑問を投げかけているのは、科学技術に反対するラッダイトだけではない。ウイルスの培養を行うこと自体が、元の系統よりもさらに危険性の高い新系統を作り出すことに通じるのではないかと心配する声が、高名なウイルス学者からも挙がっている。米国内でも有数のエイズ研究者である米国立がん研究所のロバート・ギャロがその人で、彼は、一九九〇年初期に、人間の免疫不全ウイルスを用いた実験を行うことによってウイルスの病原性が増す可能性を懸念していた。彼の心配は、ある新系統の実験用マウスの使用量が増大しつつあることに根差していた。そのマウスは、自分の免疫系を全く持たないところに人間の免疫系細胞を移植したものだった。生物学語では、このモデルはSCID‐huマウスと呼ばれていた。SCIDは「重症複合免疫不全」、そしてhuは人間（human）の細胞が継がれていることを示している。SCID‐huマウスは、人間の免疫系が機能する小さな生きたモデルなのだ。このマウスにHIVを接種したものが、他のマウス・レトロウイルスと異常接近することはないだろうか。その結果、レトロウイルスに本来起こりやすい遺伝子配列の変化が生じるのではないかとギャロは心配していた。彼はパオロ・ルッソをはじめとする米国立がん研究所の同僚たちとある実験を行った。それはマウスの内因性レトロウイルスであるネズミ白血病ウイルスをHIVと共に培養容器内の人間免疫細胞に加えて同時に感染させる実験だった。細胞培養の環境はSCID－huマウスの体内とは条件が大きく異なるのはむろんのことであるが、二種類のウイルスは、確かに遺伝物質を少しずつ交換した。新しく生じたHIV系統は他のHIV系統に比べて成長が速く、ふつうHIV感染には抵抗力を持っている呼吸管の上皮細胞に感染するようになった。呼吸道に感染することはウイルスが空気中を伝わるための必須条件の一つでもあり、厄介な問題だった。[☆23]

「内因性レトロウイルスと他のウイルス因子の相互作用によって表現型［ウイルスの表面］に変化が生じることがある。また、遺伝子型の組換えが起きて、変化が子孫を通じて永久的なものになることさえ考えられる」とルッソ、ギャロをはじめ共同研究者らは記述している。[☆24] こうして混ざり合う傾向を持ち、「さらに病原性の高い表現型あるいは遺伝子型をもつ変異型HIV－1が生じる可能性があるので」エイズ研究に用いる動物モデルは、いかなるものでも、発見の有効性ばかりでなく安全性の面にも十分注意して取り扱わなければいけないと彼らは書いている。

一方、心配などしていない人々もいた。コロンビア大学医学部の分子生物学者、スティーヴン・ゴフは、HIVがマウス・ウイルスの断片を拾ったからと言って、その結果、通常HIVを殺すことが知られている乾燥状態や洗剤のようなものに対する耐性が増すかどうか疑わしいと、『ニューヨーク・タイムズ』の記者に話している。またマサチューセッツ工科大学ホワイトヘッド生物医学研究所のマーク・ファインバーグは、「エイズ・ウイルスに結合したマウス・ウイルスのタンパク質によって、HIVが新しい細胞群に入り込めるようになるかもしれないが、それは一回限りのことだ。なぜならばタンパク質がエイズ・ウイルスを根本的に変えることはなく、複製されるときには元の形に戻るから」と述べている。[☆25]

動物を実験に用いるときには、いつでも内因性ウイルスに起因する危険がある。この傾向は人間に感染しやすい内因性ウイルスをもつサルやチンパンジーの場合に特に顕著である。こうした出来事には、故意あるいは不注意によって生じるウイルス・ゲノムの変化は関係していない。研究者が、感染した動物あるいはその動物の細胞に異常接近しただけで起きるのだ。この五十年間に、こうした危険性の高い不慮の事故による感染で、数十人の研究者が死亡している。そこには、生物学者ならばだれでも評判を知っているようなウイルスが二種類ある。それは、ポリオ・ワクチンを製造するためにアフリカのミドリザルを扱っていたドイツの研究所で流行を起こしたマールブルク・ウイルス、そしてヘルペスBとして知られているサルヘルペスウイルスBである。

最も新しいヘルペスBの流行では、フロリダ州ペンサコーラの米国海軍宇宙医学研究所の四人が関係して、うち二人が死亡した。[☆26] 最初の被害者は、八年間動物を扱ってきていた三十一歳の調教師で、彼はサルに噛まれてしまった。サルを扱うときにはいつも厚い皮の手袋をすることが義務づけられていたが、彼は手袋をしないことがしばしばあった。後に調査に訪れた疾病制御センターの調査員は、一九八七年三月四日に彼が手袋をしていたかどうか、確定することはできなかった。しかし、下痢そして両眼に重症の結膜炎を患ったサルが、その男性の左指を噛んだのがその日だったことだけははっきりしていた。三月九日には左腕が感覚を失った。三月二十二日には、無気力、高熱、悪寒、めまい、筋肉痛と症状は悪化していった。麻痺が体の左側全体にひろがり、ついに物が二重に見えるようになった三月二十八日に、彼は病院に入院した。人工呼吸器がつけられ、はじめに静脈からアシクロビル（強力な抗ウイルス剤）、後に実験的な抗ウイルス剤DHPGが投与された。しかし彼は昏睡状態に陥り、意識を取り戻すことはなかった。

その男性が入院した日に、彼の同僚で、ペンサコーラで生物技術者の職にある三十七歳の男性も同様な症状で入院した。調査員は先例を参考にして、その技術者が調教師を嚙んだのと同じサルに嚙まれるか引っ掻かれるかしたのだろうという結論をだした。しかしこれは推論にすぎなかった。政府の疫学者たちが確認できたのは、その技術者が三月十日に、左腕に刺したような傷を負ったこと、その数週間前から病気のアカゲザルを頻繁に扱っていたこと、そして研究施設で働いていた十三年間には保護用手袋をはめなかったこともあるといったことにすぎなかった。男性の左腕にはヘルペスのような病変部が生じ、三月二十六日に皮膚科の診察を受けた結果、帯状疱疹の診断が下され、アシクロビルの局所クリームが処方された。しかし彼は処方薬を用いないで、処方箋なしに薬局で買えるヒドロコルチゾン・クリームを数週間にわたって彼の妻にぬらせていた。しかし、その後間もなく症状が悪化してきた。左腕は麻痺して、胸の痛みや高熱が生じ、呼吸や嚥下が困難になり、意識の混乱、無気力、複視などの徴候が現われた。入院後間もない三月二十八日には呼吸が止まり、呼吸器がつけられた。初めに静脈からアシクロビル、後にDHPGが投与され、一ヵ月に及ぶ集中治療が施されたが、彼は死んだ。

技術者の妻は、彼が病院で衰弱している頃に具合が悪くなった。ヒドロコルチゾン・クリームを夫の腕にぬっているうちに、彼女の指にウイルスが感染したのだ。指輪の下の部分にはかゆみの強い湿疹ができたので、血のでるほど掻きむしってしまった。四月一日に皮膚科の医師はアシクロビルの経口投与を処方した。四月七日、湿疹の皮膚の培養結果から驚くべき事実が明らかになった。彼女は、自分の夫や調教師の男性と同じようにサルのウイルスであるヘルペスBに感染していたのだった。

サルのヘルペスBは、人間でいえば単純疱疹に相当する。人間のものは、時どき風邪や高熱に伴う口辺疱疹として姿を現わす他は、ほとんど何の徴候も示さずに潜んでいる。ヘルペスBも他のヘルペスウイルス同様に、自然界における宿主にうまく適応しているので、普通サルに徴候が現われることはない。そしてこのウイルスは、皮膚や神経細胞の中にひっそりと住み着き、そこで増殖する。これはウイルスの側から言えば、理想的とも言える状況なのだ。しかしこのヘルペスBも、種の境界線を越えると毒性がきわめて高くなる。人間に入ると、わずか数日間で脳を破壊してしまうことができる。他ならぬポリオ・ワクチンの開発者、アルバート・セービンがヘルペスBを同定してからの五十年来、この病気は獣医師、動物研究者、研究技術者らに最も恐れられている職業病の一つであることは間違いない。幸いなことにうつりにくい病気なので、一九三〇年以来、人間への感染で徴候の出た例は医学誌に二十三件しか報告されていない。しかしウイルスの毒性はきわめて高く、二十三例中十八名（八〇パーセント近く）が死んでいる。[☆27]

このようなわけで、感染した技術者の妻にヘルペスBの診断がくだされた時に、医師たちが迅速な行動をとったことはいうまでもなかった。ウイルスが人から人へ感染した例としては、彼女のケースが最初のものだった。他の場合はすべて、感染したサルに噛まれるか引っ掻かれるかでうつったものだった。二十九歳だったその妻は、四月七日に入院してアシクロビルの静脈投与を受けた。その頃になると、目にもウイルスが感染した。これはコンタクトレンズの取り扱いを通して感染したものと思われた。彼女の場合には、辛うじて間に合った。投薬と共に彼女の状態は良くなった。湿疹も治り、目の感染から問題が生じることもなかった。医師は彼女の口と目から液体試料を三〜四日ごとに採って、ヘルペスBがまだいるかどうか調べた。彼女の夫が死亡した四月二十八日頃までには、液体サンプルに感染はまったく認められなくなった。

ペンサコーラの流行には、関係している人物がもう一人いるが、彼のケースは技術者の妻の場合よりもさらに厄介なものと言えた。この人は研究室の監督者で、五十三歳の男性だった。彼は規則を破ったことのない人間だった。サルを捕らえるときには必ず手術用手袋の上から皮の手袋をはめ、サルを扱っている間は手術用手袋を必ずはめていた。彼が三月十一日に扱ったアカゲザルは健康状態も良く、彼は何の異常も報告していない。つまり、噛まれたり引っ掻かれたり体液にふれたりすることはまったくなかったということである。しかし、三月二十七日、右手中指の数ヵ所にかゆみが生じ、三月三十日には表面がかさかさになった。同僚たちに何が起こったか知っていたため、彼は素早く行動した。そしてどうにか感染を食い止めるのに間に合った。彼の感染症はヘルペスBによるものと確認され、四月十日にはアシクロビルの静脈投与が始まった。五月八日には、直腸の培養結果を除けばウイルスはまったく認められないと宣告された。この人のケースでは感染経路が不明だったので心配が残る。まず、サルは健康でウイルス感染を心配する理由はなかった。また、サルの扱い方にもヘルペスBのように血液が媒介するものが伝達される可能性などまったくなかった。彼がサルに噛まれたり、血液のやりとりをするようなことは一切なかった。サルを扱う際に、噛まれたり引っ掻かれたりしないように麻酔をかけることが勧められているが、それを守らなかったという例外を除けば、彼は研究所の規則の条文に従って行動していた。

ペンサコーラで起きたヘルペスBの流行は、過去の流行と同じように数人の死者を出し、ひどい二次感染を起こすこともなく終わった。ヘルペスBは、自分が適応している宿主であるサルから離れると死滅してしまうようだ。最初に直接感染した数人にどれほど破壊的な影響を与えたかを考えると、これはまさに不幸中の幸いとしか言いようがない。

動物ウイルスが研究室に危険をもたらす可能性は、この他にもある。スティーヴン・モースを出現ウイルスの危険性に気づかせたあのハンタウイルスは、自然界でも危険なものだが、研究室内ではさらに危険度が高くなることがわかっている。メリーランド州フォート・デトリックにある合衆国陸軍感染症医学研究所の研究室でハンタウイルスを扱っているジェームズ・ルデュクによると、空気中を感染することがこのウイルスの最も危険な特性だという。感染の有無にかかわらず、野生のものも含めてたくさんの齧歯類を飼育している場合、清潔で封じ込めの厳重な研究室でもハンタウイルスの感染が容易に起きるそうだ。「研究室内でほんの短い時間をすごして、そこで息をしただけで感染した例もある」とルデュクは述べている。フォート・デトリックでは、ハンタウイルス研究室の空気の流れを厳重にコントロールして、こうした不用意な感染が起きないよう努力している。ルデュクの研究室には厳重にコントロールされた空調システムが備わり、気流を一方向に(外側へ向かって)流すケース内に齧歯類の檻を置くラックがある。齧歯類の動物やハンタウイルスの試料を扱うときには、部屋の空気とはエア・カーテンで仕切られたフードの下で必ず作業を行うきまりになっている。

ジョシュア・レダーバーグが考えていたように、こうした予防策は、ハンタウイルスばかりでなく、齧歯類を扱うすべての研究所でとられるべきなのだろう。「商業ベースで供給されたラットを用いていて、研究室でハンターンの研究などしていなくとも、研究室のラットの多くのものがハンターン・ウイルスを持っていることがわかっている」とルデュクは述べている。研究用に特別に飼育したラットの不用意な感染は相変わらずの問題で、特に日本、韓国、ヨーロッパ、そしておそらく中国で問題になっていると彼は述べている。どのような研究所でも糞尿はたまるし、多数のネズミが締め切った部屋で飼われることが多いので、空気を介して研究所の職員が感染する心配があるのだ。

毒性の高いウイルスを扱う研究所の職員は、誰でも危険に出逢う可能性がある。ウイルスがそれほど破壊的なものでなく、すべての封じ込め基準が守られていても、ペンサコーラの監督者の場合のように、思わぬことが待ち受けているかもしれない。研究所職員のリスクが気になるのはもちろんのことだが、地域住民のリスクはこれとまた別の問題である。科学者や研究所の技術者は、ある種の危険が伴うことを承知でこの職についている。そのリスクが、かえって彼らを引きつけている側面もある。「事故は起きるものだ。何かを体にかけてしまったとする。化学者だったら、それを洗い流してしまえばそれで済むだろう。しかしウイルス学者の場合には、大変な病気になったり、死んでしまうことになりかねない」とイェール大学アルボウイルス研究所の科学者、ロバート・テッシュは述べている。ほとんどのウイルス学者は、こうしたリスクがあるのを承知の上で、魅力的で有意義、そして胸をおどらせるような側面も持ちあわせた研究に取り組んでいる。

地域住民は、そのような道は選んでいない。科学者と地域リーダーは、たとえそれが新種ウイルスが研究所から逃げ出すという単なる可能性にすぎなくとも、社会一般を不安に陥れるようなことがあってはならないと考えている。もしもそのような事故が起きるようなことがあったら、地域社会は予測もつかない危険に直面することになるだろう。

こうした事故が突発的に起きたときには、二度と繰り返さないように敏速な処置がとられる。一九七八年に天然痘研究室の上階の部屋で撮影を行っていた医学写真家が、空調ダクトを通して天然痘に感染した。この時、国際科学界は人間の天然痘を起こすヴァリオラ・ウイルスの研究を禁止した。しかし継続中の研究がなくなっても、ある種の職業についている人々にとって、天然痘はわずかではあるが依然として危険な存在なのだ。仮に生物戦で天然痘が使用されるようなことがあれば、軍人がその危険に直面することになるだろう。予防接種が行われなくなった時代にすむ人々は、目下のところコロンブス時代のアメリカン・インディアンと同様に天然痘の免疫を全く持たないので、こうした生物戦に魅力を感じる悪人がいるかもしれない。この他に危険にさらされる可能性のあるのは、思いがけないかもしれないが、考古学者なのだ。生物戦よりもさらにかけはなれているように聞こえるかもしれないが、彼らは発掘したミイラや先史時代の器物を通して天然痘にさらされるかもしれない。一九八五年にロンドンの公衆衛生研究所のP・D・メアーズ博士は、考古学者は用心のため天然痘のワクチン接種をうけたほうがよいと、『ランセット』誌に投稿した。[☆28] ヴァリオラは驚くほど耐久性のあるウイルスで、涼しくて乾燥した状態では何年も生き続けると彼は記述している。彼は、一九五四年にライデンで起きた軽い徴候の天然痘、ヴァリオラ・マイナーの患者からかさぶたを採った二人のドイツ人医師の例をあげている。その医師たちは、かさぶたを封筒に入れて戸棚にしまった。それから毎年、彼らは封筒を取り出して、まだ感染力のあるヴァリオラがあるか調べては、封筒を閉じて戸棚にしまった。十三年たっても、彼らは活性のあるウイルスをみつけることができた。

普通の戸棚に比べたら、地下納骨堂の多くは、ヴァリオラが生き残るうえではるかに良い大気の状態を保っている。それゆえ永久凍結帯に眠る死者の発掘を行う考古学者にとって、天然痘は大問題になるとメアーズは記述している。「天然痘の免疫をほとんど持たない現在、特に涼しく乾燥した場所に埋葬された死体、それも天然痘にかかった可能性のあるものを発掘するような特殊な場合には、天然痘のワクチン接種を受けるべきだ」と彼は書いている。

そして英国のあの「狂い牛」はどうだったろうか。牛たちの奇妙な行動が、新ウイルスの出現がどのようになぜ起きたのかという研究の口火となっていた。これは、あるウイルスがある生物種との共存を学んで、それから他の動物が異常接近したときに、まったく思いがけず種間転移の火の手が燃えあがるという、完全な実例の一つである。そして狂牛病が伝播してきた道筋から、次の種間の飛躍は人間に向かってまっしぐら――いまのところ根拠は何もないが――となるかもしれない恐れも生じている。

狂牛病がどのように終結するか、英国の疫学者にもまだわからない。しかし、その始まりの説明はついたと彼らは考えている。それにはワックス価格の下落が関係していた。世界各国で行われていたように、英国でも羊の死体の残物から作ったタンパク質混合物を加えて家畜飼料の栄養価を高めていた。羊にはスクレーピーという脳の病気を持つものがあることは、前から知られていた。狂牛病と同様に、スクレーピーも脳にスポンジ状の穴をあけるスポンジ脳症の一種である。[☆29] 羊や牛の他には、ミンク、ヘラジカ、人間などがこの病気にかかることが知られている。人間の場合には、クールー病とクロイツフェルト＝ヤコプ病の二つの形をとる。

英国のワックス価格が高かった一九八〇年以前は、羊の死体を有機溶媒と混ぜて脂肪を抽出してワックスを作っていた。そして抽出後のカスからタンパク質を精製して家畜の飼料に用いていた。しかし獣脂の価格が下落すると溶媒は使用されなくなった。高温を伴う精製プロセスがあるにもかかわらず、溶媒を使用しなくなったためスポンジ脳症ウイルスが生き残って、動物の飼料に姿を現わしたのかもしれない。有機溶媒をまだ使用し続けているスコットランドでは、狂牛病は、まだ姿を現わしていない。

この問題は一九九〇年代へと持ち越された。今日までに一万八千頭の牛が屠殺焼却され、数えきれないほどの飼い猫が死に（キャット・フードにも羊の内臓類が含まれていることがある）、動物園でも羊の入った飼料を食べて何十頭もの動物が感染している。死んだ動物の中にはクーズー（ネジヅノレイヨウ）の親子がいた。子の方は餌を食べられるようになる前に感染したので、子のウイルスが子宮内にも感染することが初めてわかった。そしてこのことは、感染した牛ばかりでなく、その子孫もおそらく汚染されているだろうことを意味していた。英国の学校は昼食のメニューから牛肉を外し、フランスその他の輸入業者は英国からの肉輸入を中止した。

狂牛病が存続している様子からみても、この問題は英国ではしばらく続くものと思われる。当局が流行の原因を突き止めてそれを阻止する方法を講じているにもかかわらず、狂牛病は一九九〇年代半ばまで続くと考えられている。この病気が終結するころには、別の奇妙な動物ウイルス感染症の危機が見出しを飾っているかもしれない。

第5章　ウイルスは慢性病を起こすか

ウイルスと慢性病の関係を探るのに、農家の病原体などから学ぶことなど何もないと考えるかもしれない。しかし一九七〇年代に行ったニワトリのワクチン接種キャンペーンによって、人間がいかにニワトリに似ているか、いや、自然界にはいかに普遍なことが多いか気づかされる驚くべきことがわかった。問題になったのはニワトリのヘルペスウイルスによって起きるマレク病のワクチンだった。マレク病にかかったニワトリはリンパ系腫瘍、つまり免疫細胞が循環するリンパ系の致死的ながんになる。マレク病の伝染最盛期には、合衆国だけでも鶏肉産業に推定で年間一億から二億ドルにのぼる損失がもたらされた。しかし、七面鳥のウイルスから作ったワクチンによって伝染病が国外に広まるのを食い止めることができた。[☆1]

マレク病のことで注目に値するのは、ワクチンが導入された後に起こったことである。マレク病の接種を受けたニワトリはリンパ腫にならなかったばかりか、接種を受けなかったものに比べて、より大きく、肉付きや健康状態も良くなり、卵もよく生むようになった。今まで健康だったように見えたニワトリの多くは慢性的にマレク病に感染していたが、感染レベルが低かったので病気の徴候は外に出ていなかったのだ。しかしウイルスは微妙な影響をもたらして、ニワトリが完全な大きさや生産性を持つところまで成長するのを何かの方法で妨げていたのだ。

ウイルスの持続感染のせいで完全な能力発揮が妨げられる状態は、人間にもあてはまるかもしれない。正常を下回る身長、肥りすぎ、ぼんやりしている、愚鈍等の状態は潜伏感染で説明がつくのかもしれない。また、そのまったく反対の高身長、細身、機敏、聡明等の状態も説明できるかもしれない。私たちが最も人間的で個性的だとして価値を認めている特性が、潜伏したウイルスの仕業によるものだとしたら、何とも皮肉なことではないか。たいていの人は、この様な関係の可能性など認めたくないだろう。目に見えない微生物との偶然の出会いによって、我々の特性、長所や短所、個性そのものが決まるなど、誰が信じたいものか。どういうわけか、そうした形質は遺伝子に記されているという考えの方が受け入れやすいようである。遺伝子も同じように目で見ることはできないし、過去のウイルス感染によってウイルスの遺伝物質で汚染されている可能性もあるが、少なくとも自分の中にある何か、私たちの個人的な家系から伝わる何かから生じたものであり、外部からランダムに侵入してくるものではないからだろう。

こうしたことを認めるには不安を感じるかもしれないが、悪い時に悪いウイルスに遭遇してしまうと一生を通じて残る特性が形成されることは、科学者には前から知られている。ある少女は八歳のときにポリオ・ウイルスに遭遇して、その後、片方の足が他方に比べて小さい状態になり、一生歩くのが不自由になった。子宮内の胎児がウイルスにさらされると、生まれてから一生耳が聞こえないこともある。中年の男性が単純ヘルペスに感染した。感染は脳に達したが、彼は回復した。しかし、かつてはすばらしかった記憶力が完全に元の状態に戻ることはなかった。私たちは、急性感染症が一生のうちの特に感受性の高い時期に起きたり、それが特に悪性なウイルスによるものであれば、影響が一生残る場合があることは理解している。慢性的なウイルス感染も同様に一生残る影響をもたらすことを理解するには、考えをほんの少し進めるだけでいいのだ。

ウイルスは何年間も細胞内で生き続けることができるので、特種な共生関係、つまり宿主と寄生生物の両者が共に生き続けられる状態を保っていることが多い。ウイルスは細胞を殺すことなしに生き続け、細胞はウイルスを吐き出すことなしに耐える。こうした永続関係にあるウイルスは、免疫系から本質的に隠れた状態にある。ウイルスは細胞の一部ではないが、細胞と大した争いもなく平和におさまっている。ふつうウイルスの急性感染にみられるインターロイキン、抗原と闘うタンパク質であるサイトカインの増大、特異的な抗体の放出、ウイルス・タンパク質の一部が感染細胞の表面に姿を現わす等のサインは現われない。細胞がエイリアンを宿していることを示す唯一のサインは、細胞が十分に機能していないかもしれないということだけなのだ。その細胞の感染していない真の姿は、マレク病のワクチンのように、何か劇的な事が起きない限り現われてこないかもしれない。

慢性病の起源が感染症にあるという考えはまったく新しいアイディアのようにみえるかもしれないが、実のところ昔の古い考えの再評価なのだ。米国立衛生研究所のリチャード・クローズは次のように記述している。「今世紀の初めには、頭痛から関節炎にいたるあらゆる病気の原因が隠れた感染症にあるという通俗的な考えがあった。腐敗した残留物を体内から取り除くために大腸を切除するのが一時期はやっていた。感染しやすい場所をできる限りなくそうとして抜歯や扁桃腺の切除を行った。[☆2]」

では何が新しいのかといえば、感染症をつきとめて、的確に問題と結びつけられるようになったことである。新たに出現したかのようにみえたウイルスが、実は新しい宿主や場所に遭遇して出現するまで、ずっと人知れずそこに潜んでいたものだったのと同じ様に、慢性病を起こすものとして「出現」したかのようにみえるウイルスも、実は私たちがそれを検出して解明する方法を獲得しただけのことなのだ。いずれの場合においても、出現がはっきりするようになったのは、科学知識の進展のおかげである。野外あるいは研究室内で研究をしているウイルス学者がアザラシやイルカを殺すモルビリウイルスを分離してその特性を解明して、「謎の伝染病」と呼ばれていたものの分析結果を検討した上で、新しい海獣ウイルスが確かに出現したことが初めて確認されるのだ。同様に、慢性病の患者から採った組織片からウイルス粒子の痕跡あるいは少なくとも核酸を検出できれば、いかにしてウイルスが自己の生存に必要な生物に反逆を企てているか、また不思議な遺伝物質の小片の隠れた存在がどのようにして終生続く慢性的な影響をもたらすのか、理解できるようになる。

何十年もの間、ウイルス学者が病気とウイルスを関連づけたいときには抗体を捜しさえすればよかった。抗体はウイルス本体に比べると比較的みつけやすいからである。抗体はすでにウイルス感染があったことを示す足跡ではあるが、それは、かつて感染が起きたことを表わすにすぎない。何時ということはわからないのだ。一般的には、血液中の抗体の存在から、感染と損傷の時間関係や因果関係はわからない。しかし今では、ウイルスの影のような存在である抗体ではなく、ウイルスそのものの断片を検出できるようになり、感染の追跡に大きな進展がもたらされた。病気の人々の組織を調べて、活性があり感染力のあるウイルスを捜したり、休止状態にあるが条件さえ整えば活性化を待つウイルス遺伝子を捜し出すこともできる。抗原を検出してウイルスが過去に存在していた証拠を得るのではなくて、ウイルスが今ここに存在していてこの瞬間にも活発に増殖していると確信をもって言えるようになった。こうして、かつては考古学の発掘のようなものだったウイルス学の研究は、追いたて狩猟のようなリアル・タイムの冒険に姿を変えた。この新しく精密な方法によって、細胞に永久的に住み着くメカニズムも含めたウイルスの活動をさらに詳しく解明できるようになった。そして、きわめて微妙なダメージを一生にわたってもたらすウイルスの仕組みが初めて解明されようとしている。「こうしたウイルスの活動が、今まで感染要因など考えられていなかったある種の成長遅延、糖尿病、精神神経疾患、自己免疫病、心臓病など、多くの病気の根底にあるのかもしれない」とカリフォルニア州ラホヤにあるスクリップス病院の分子免疫学研究所長、マイケル・B・A・オールドストーンは書いている[☆3]。

持続感染には抗体がほとんど関与していないため、慢性病の感染症的な側面は、抗体を検出するシステムに頼り切っていた研究者の手から逃れていた。持続感染はウイルスが免疫系を完全に乗っ取って起きる場合が多いため、抗体が登場する場面がないのだ。幸いなことに、今では抗体のみ、あるいはウイルス粒子のみを捜すのではなくて、ウイルスのDNAやRNAも捜せるようになった。それには捜しているウイルスのDNAやRNAと相補的に結合できる核酸プローブを用いる。プローブ〔特異的に相手分子に結合する探索用分子〕には活性化されると顕微鏡下で発光する物質が結合しているため、求めるウイルスがあるかどうか容易に見分けることができる。細胞内にウイルスDNAがあれば、相補性を持つ鎖が磁石のようにそれを引きつけ、プローブのヌクレオチドも自分の相手を自動的に捜し出す。プローブは結合したDNAあるいはRNAとペアを組み、雑種二重らせんと呼ばれるものを作る。このテクニックは核酸ハイブリダイゼーション〔ハイブリッド形成〕と呼ばれる。

ハイブリッド化した核酸を捜し出せば手順は完了するのだが、それには細胞内でそのまま行う場合と、核酸を特殊な濾紙に移す場合がある。方法は、プローブに結合したマーカー〔放射性原子や蛍光物質などの標識〕のタイプによって決まる。たとえばマーカーが蛍光物質の場合には、研究者は顕微鏡下で光を放つ部分を捜す。マーカーが酵素である場合には、最初にその酵素を含む分子以外を破壊する溶液を加えると、破壊をまぬがれた分子を顕微鏡で識別できるようになる。またプローブにはまったくラベルをつけず、代わりに蛍光物質をつけたハイブリッド用の抗体を使うこともある。ハイブリッドが形成されてから、蛍光のしるしをつけた抗体を加える。するとこの抗体は捜索中のウイルス配列を持つヌクレオチド鎖にだけ結合する。顕微鏡下で光を発する部分があれば、そこにウイルスが存在することになる。

核酸プローブには重要な欠点が一つある。プローブが働くためには何を捜しているか、その対象がわかっていなければならないのだ。相補的なヌクレオチド鎖は、正しい順序に核酸がつながったものでなければいけない。たとえばウイルスにTがあるところにはA（RNAウイルスの場合にはU）、ウイルスのGに対してはCがなければならない。そのようなプローブを作るには、配列が完全にわかっているもの、あるいは少なくともそのウイルス自身を鋳型として用いたものでなければならない。捜しているウイルスがどのようなものかわからなかったらどうするのだろう。今までに配列が考えられていなかったような新しいウイルスを発見して同定することなどできるのだろうか。実際のところ、まったく新しいものを同定する唯一の方法は、それを宿主細胞から分離して電子顕微鏡で見る方法である。この方法は高価で、技術的にもかなり難しいので、特に慢性的にいつも存在しているウイルスを対象にするには不向きである。持続感染の場合、細胞は外目にはまったく正常なものが多いため、顕微鏡で細胞を見ているウイルス学者は、分離すべきウイルスを捜すとき、追及すべき対象を見定められない。

新しい研究テクニックの中には、この問題をどうにか迂回できるものがある。その中でもっとも有望なのがポリメラーゼ連鎖反応（PCR）である。これはエイズの流行に先行してみられた謎の死の原因をHIVと関連づけることのできた方法でもあった。一九八〇年代に発明されたPCRは、分子生物学の分野に今までに最も意味のある発展をもたらしたと広く考えられているが、この方法にも核酸ハイブリダイゼーションと同じ欠点がある。PCRも目標とするウイルスのおおまかな見当がついていなければならないのだ。しかしその感度は極めて高く、ウイルス粒子一個でも検出できるので、まったく予期せぬ発見に行き当たることもある。

PCRの基本的なしくみは核酸ハイブリダイゼーションと同じで、細胞内に相補的な鋳型を入れて、ウイルス核酸を結合させる方法である。しかしPCRの場合には、フリーな状態で動き回るヌクレオチドや酵素も細胞内に導入して、鋳型が次々と新しい核酸の鎖を作るように仕向けるので、最初は一個だったオリジナルの「雑種」が二個になり、二個のコピーが四個になり、四個が八個になる。サンプル中の遺伝物質はこうして倍々ゲームで急速に増加して、一時間に百億倍になってしまう。HIVのように、一千万個の細胞にたった一個の割合で感染するウイルスを捜すウイルス学者にとって、どのようなウイルス粒子でも増やしてしまうPCRの驚異的な働きは貴重な存在になっているが、この働きが最大の欠点にもなっている。PCRは研究対象のみならず、研究室内の汚染物質にも敏感に反応するのだ。もしも外部から異物の配列が混入すると、それもサンプルと一緒に増殖されてしまう。技術者の指先から落ちたたった一つの

粒子や汚れた試験管のおかげで一ヵ月かけた研究結果が台無しになることもある。☆4

ウイルスが慢性病を起こす仕組みを説明する説のなかでも最も興味をそそられるものがスクリップス研究所のマイケル・オールドストーンによって提唱されている。彼は細胞の「ぜいたくな機能」という考えに基づいて彼の説を展開している。オールドストーンの考えは次のようなものである。すべての細胞は、生きるための決まった仕事をもっている。細胞の基本的な仕事は、自己のDNAを増やすこと、自己本来の姿を保つためにある種のタンパク質を作ること（たとえば、細胞の手入れを行きとどかせるためのタンパク質）、細胞の代謝に必要な酵素を作ることなどである。しかし、どの細胞にも、細胞が生きていく上で不可欠というほどのものではないが、生物体全体が最適状態で機能するのに必要な、いうなればぜいたく品のようなものがある。たとえば人間の脳下垂体の個々の細胞は、十分に細胞の核酸、細胞のタンパク質、細胞の酵素を作り続けている限り、分泌する成長ホルモンの量が正常値を下回っても生きていられる。

図3　PCRは、試験管内の温度を上下させる温度サイクル方式で特別の反応を促進させて、短い長さのDNA部分を増幅する。最初、試験管内には未知試料のDNA二重らせん検体があり（A）、これを加熱して鎖をほどく（B）。次いで試料を冷やし、プライマー混合物を加える。プライマーとは、調べようとするDNA鎖の開始部分と相補的なヌクレオチド鎖である。プライマーは二本の単一鎖のそれぞれ開始点に結合する（C）。次いで温度をさらに下げ、反応混合物に酵素ポリメラーゼを加え、それとともに多量の単体のヌクレオチドも加える。ポリメラーゼはヌクレオチドを集めてDNA鎖上に運び、相補的な順序につなげる（D）。全体が鎖としてつながると、目的とする配列が二組できてくる（E）。温度を再び上昇させると、二組の新しい二重鎖はそれぞれほどけて（→B）、新しいコピーを再び作る（→C・D・E）。このようにして二倍ずつにコピーは殖えていく（2、4、8、16……）。数時間のうちに試験管内で、目的とする配列が約百億コピーも作られる。

図3　ポリメラーゼ連鎖反応(ＰＣＲ)

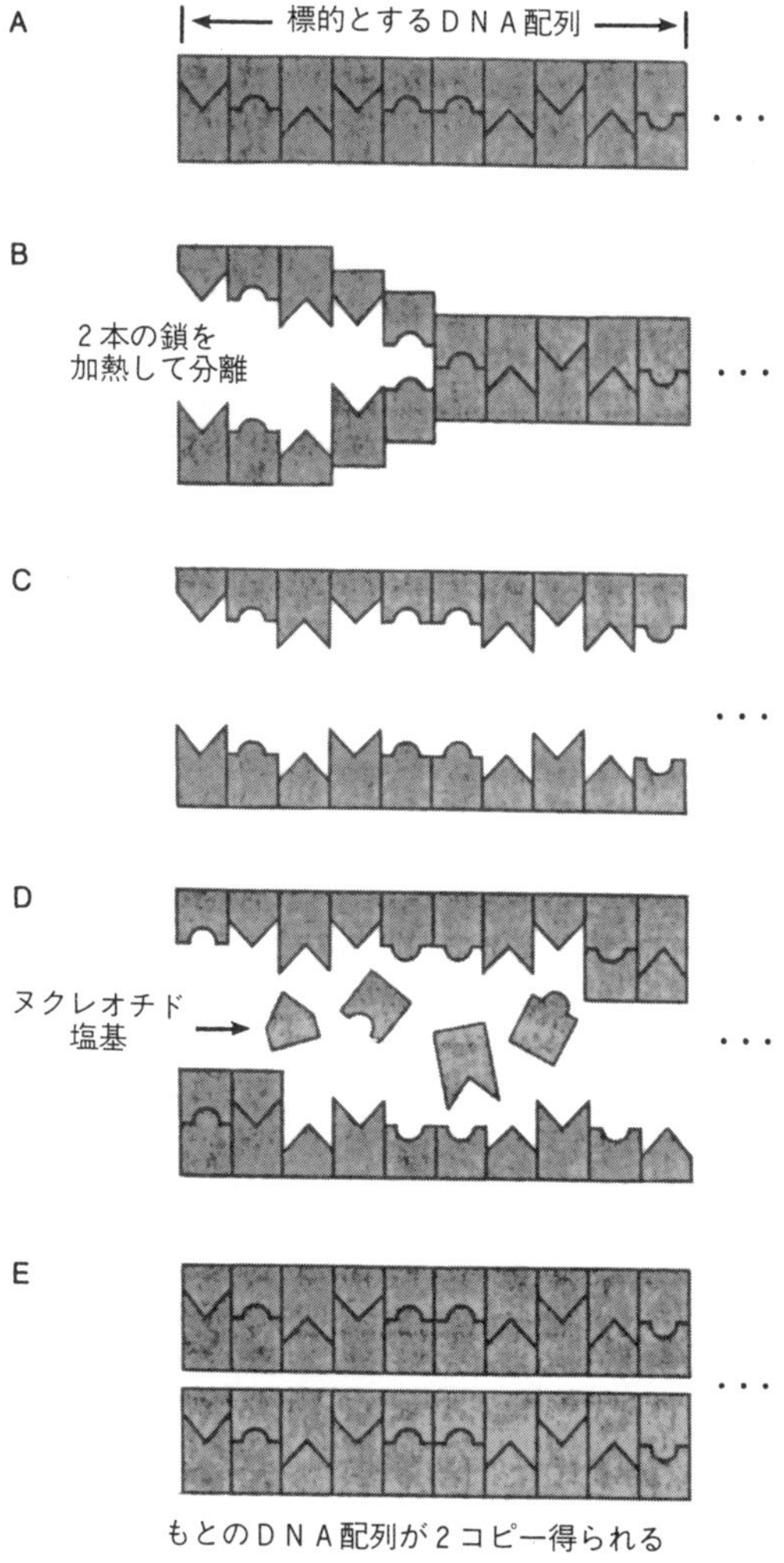

しかし脳下垂体細胞が生きていても、生物体全体の利益からみると、ほとんど機能を果たしていないことになる。成長ホルモンの合成をなまける脳下垂体細胞の数がさらに増えると、細胞は生きているが生物体は生きていけないような状態になることも考えられる。これと同様に、膵臓細胞はインシュリンの分泌量を減らしても生きていけるし、脳細胞もアセチルコリンの分泌量が減ってもどうにかやっていける。しかし、全体としての膵臓が生産するインシュリンが正常量を下回るとき、あるいは脳全体がアセチルコリンの生産量を減らすと、生物体が被害を受けるようになる。細胞の立場からみると、成長ホルモン、インシュリン、アセチルコリンの生産は、ぜいたくな働きになると言うのだ。一方、生物の立場から言えば、こうした重要な化学物質は、決してぜいたく品などではない。これがなければ、残されているのは死だけなのである。

細胞のぜいたく機能が損なわれているときにはウイルスをさがせ! しかしウイルスは気づかれずに体内に入り込んでしまうので、それは難しいこともある。免疫系がまだ完成されていない胎児期や新生児期のように一生のうちで最も感受性のある時期にウイルス感染が起きると、体の監視体制は働かない。ナ

図4

A　新生マウスにはLCMウイルスが感染しても免疫反応が生じない。脳、脾、肝、腎に永続感染が生ずる。これらのマウスでは一部の白血球も慢性感染の状態にある。

B　これらのLMC感染白血球から得たウイルスは、健康な成体マウスにおいても白血球機能を抑制するように変化しており、LCMの永続感染が確立する。

C　永続感染を受けたこれらのマウスは、やはりLCMに感染させられた他の健康マウスから得たキラーT細胞の注射によって治癒する。これらの他のマウスはウイルス特異的なキラーT細胞を作っており、これがLCMに感染した白血球に付着して、マウス体内からこれを一掃する。

図4　永続感染の成立

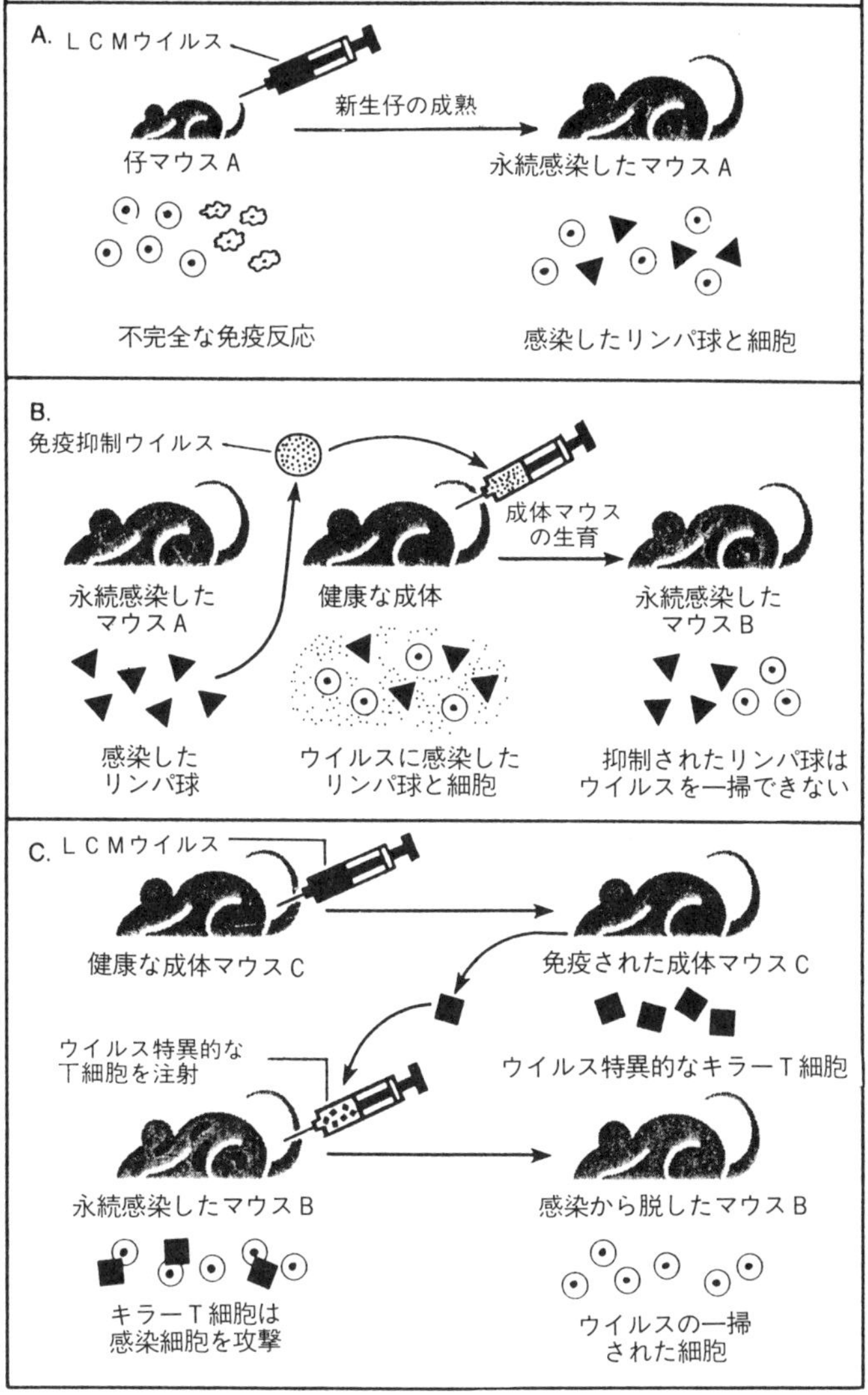
A.
LCMウイルス
新生仔の成熟
仔マウスA
永続感染したマウスA
不完全な免疫反応
感染したリンパ球と細胞
B.
免疫抑制ウイルス
成体マウスの生育
永続感染したマウスA
健康な成体
永続感染したマウスB
感染したリンパ球
ウイルスに感染したリンパ球と細胞
抑制されたリンパ球はウイルスを一掃できない
C.
LCMウイルス
健康な成体マウスC
免疫された成体マウスC
ウイルス特異的なキラーT細胞
ウイルス特異的なT細胞を注射
永続感染したマウスB
感染から脱したマウスB
キラーT細胞は感染細胞を攻撃
ウイルスの一掃された細胞

チュラル・キラー細胞は働かないし、抗体も作られない。T細胞もまったく作動しない。感染が進行中であることを示す唯一の手掛かりは、感染した細胞が従来の機能を十分に果たしていないことだけなのだ。オールドストーンらは、生まれる直前直後のマウスに感染して慢性的、持続的な感染症をもたらすLCMV（リンパ球性脈絡膜髄膜炎）を長年研究して、このような結論に達した。感染症はマウスの系統によってはっきりと異なる姿を現わした。ほとんどの系統では、LCMVは甲状腺に入って甲状腺ホルモンの生産を妨げた。別の系統では、脳に入って、脳の化学物質ソマトスタチンの欠乏症を起こした。また、LCMVが脳下垂体に入って成長ホルモンの生産を妨げると、異常に小柄でブドウ糖の代謝が異常なマウスが生じることもあった。[☆5]

オールドストーンが最初に研究したマウスは、脳の基部で体のほとんどのホルモンの分泌を司っている豆粒位の大きさの器官、すなわち脳下垂体に先天的なLCMV感染を持つ矮性マウスだった。「感染した（脳下垂体）細胞を顕微鏡で調べたところ、細胞には損傷や炎症は何も見られなかった」とオールドストーンは回想している。正常に見えるものが正常な機能を果たしていないことに彼は疑問を持った。どういうわけか、細胞自身の生存能力を変えることなくウイルスが「ホメオスタシスを崩して病気を引き起こした」のだ。

次に重要な問題点は、LCMVがどうやってすべての予防線を突破して、ある特定タイプのマウス細胞に入り込むのかということだった。オールドストーンは、LCMVのこの問題に答を出す過程で高血圧、アテローム性動脈硬化症、糖尿病、低身長、精神病などを含む人間の慢性病をウイルスが起こす仕組みを説明する一説を提唱した。[☆6] それによるとこうした問題の多くは、持続的なウイルス感染によって免疫細胞の働きが狂ったときにだけ可能になるという。彼はLCMVとマウスに考えを戻して、最初ウイルスは生まれたばかりで免疫系がまだ不完全なマウスにだけ持続感染するという結論に達した。生まれたばかりのマウスにLCMVを接種すれば、そのマウスは終生感染したままでいた。それだけではなかった。さらに興味深くそして心配でもあることに、持続感染している間にLCMVに何かが起きたのだ。免疫能をもつ動物から仕掛けられたすべての免疫反応に対してさえも、それを抑制してしまうLCMV突然変異体が生じたのだ。このLCMV突然変異体には、ふつうのものにはできなかったことができた。それは、ウイルス感染を防ぐことを目的としているリンパ球細胞そのものに住み着くことができた。免疫系が抑制された異常な環境のなかで、リンパ球に住み着いたLCMVの変種は盛んに増殖した。これは、夜中、「主」がいない間に冷蔵庫を襲撃してスリルを味わうのに似ていないでもない。

持続感染したリンパ球からLCMVを分離して、健康な成体マウスに接種したところ、ウイルスに生じた変化がはっきり現われた。新生児期に感染して増殖した突然変異体ウイルスは、元のLCMVとは異なり、健康なマウスのリンパ球にも侵入することができた。つまり、どのようなマウスにも持続感染できるようになったのだ。免疫欠乏マウスに持続感染をもたらしていたウイルスが、健康な免疫系を持つマウスに持続感染するようになったのだ。

同じことが人間のウイルスにも起こるだろうか。その可能性を考えると恐ろしいことだ。今この地球上で免疫系の機能を持たない人の数は膨れ上がってきている。エイズ患者は抗ウイルス剤で何年も生きられるようになった。臓器移植を受けて、新しい器官が拒絶されないように一生免疫抑制剤を服用する人もいる。免疫系の働きを抑えることによって自己に対する攻撃を止めようとして免疫抑制剤の投与を受けている自己免疫病の人々もいる。いずれのグループに属する人も、免疫を抑制されることによって、健康ならば簡単に抑えられる何でもない内因性ウイルスに感染して病気になる可能性が大きい。しかしオールドストーンの研究によって、こうしたウイルスが、免疫系の抑制されている人々のみならず、健康な人々に対する脅威にもなり得ることが心配されるようになった。健全な免疫系に侵入できる突然変異ウイルスが増殖できる環境、つまりLCMV感染した生後間もないマウスに匹敵するような環境が、免疫系の抑制によって作り出される可能性があるだろうか。あるとすれば、今のところは持続感染できないウイルスも免疫系に入り込めるようになるかもしれない。免疫系の抑制された人々の数がこのように増加していくうちに、ある時点で、慢性感染した人の機能を巧妙に、そして永久的に妨害する新しいヘルペスウイルスのようなものが出現して住み着くようになるかもしれない。

ここでウイルスのもう一つの特性を考えてみたい。この特性によってウイルスの慢性的な影響を説明することができる。ウイルスには住みごこちの良い細胞を捜し出して侵入する傾向がある。この特性は向性として知られている。持続ウイルスの多くのものはある一種類の細胞に姿を隠してしまう。その細胞が、免疫系の細胞から完全に姿を隠すのに適しているからである。向性はウイルスの外殻と侵入を受ける細胞のレセプターがぴったり合った結果生じる。普通、ウイルスが、標的細胞に侵入を許されるのは、細胞が取り込みを必要とする物質、たとえば重要な栄養素などにきわめてよく似ていることによる。LCMVはある系統のマウスでは脳下垂体、別の系統では甲状腺、膵臓、あるいは脳などに向性を持つことが知られている。人間ウイルスの多くのものにも、良く知られた向性がある。インフルエンザ・ウイルスは呼吸気道に向性をもち、狂犬病ウイルスは脳、肝炎ウイルスは肝臓に向性（選好性）をもつ。B型肝炎ウイルスがお気に入りの器官に軽い持続感染を起こすと、感染を受けた人は、一生慢性の肝臓病を患うことになる。コクサッキーウイルス（ウイルスが最初に分離されたニューヨーク州北部の地名にちなむ）は、ある人々では心臓に対して強い向性を示す。重症の心筋疾患（心筋炎）は、伝染性のきわめて高いこのウイルスの持続感染と関連づけられている。心筋炎は、乳幼児がインフルエンザに似た胃のウイルス感染症から回復した後によくみられ、心臓の肥大を伴う。心臓病にかかった子供のほとんどはやがて回復するが、進行性の鬱血性心不全になり、最後に心臓移植を必要とする者も少なくない。心筋疾患とコクサッキーウイルスの関係は、ロンドンとミュンヘンの研究者が七十例以上の心筋疾患を調べた結果、一九八〇年代の終わりに明らかにされた。調べたうち約半数のケースで、心筋にコクサッキーウイルスの配列がみられた。比較の対象として、心筋疾患以外の心臓病患者四十名を調べたが、コクサッキーウイルスRNAはまったく検出されなかった。[☆7]

ある特定の部分にきわめて強い向性を持ち、細胞を殺さずに持続感染する悪名高いウイルスがある。それはボルナ・ウイルスである。このウイルスは脳、それも怒りや驚き、欲望や幸福感、情熱、痛み、絶望感などの感情を司る辺縁系へと直行する。SF映画『警告警報』で、狂った科学者が細菌兵器として作り出した精神に影響を及ぼす奇怪なウイルスが、このボルナ・ウイルスだった。ボルナ・ウイルスがオフ・ステージでも怪しい名声を持っているのは、決して偶然のことではない。最も奇妙なウイルスの一つだというのが一般的な見解である。

馬や羊の奇妙な様子が目にとまるようになったのは、サクソンの都市ボルナに近い牧草地のことだった。時は一八一三年、英国で狂牛病が発見される一世紀半前のことだった。動物の動作がこわばり、多くのものが脳炎で死んだ。ボルナ病と呼ばれるこの病気の原因が解明されるまでには百五十年近くかかったが、その間研究者はウイルス学の古典的なテクニックを用いて、この病気がウイルスによるものであり、他の病原体によるものではないことを明らかにすることはできた。彼らはマルティヌス・バイエリンクが後にウイルスと呼ぶようになった感染要因の存在を推論するために今世紀の初めに開発した方法を用いた。まず、ボルナ病にかかった動物の脳試料をとり、組織をすりつぶし、当時知られていたどの病原体も通さないほど目の詰んだフィルターで濾過した。そして、フィルターを通過した液体を実験動物の脳に注射した。実験動物にはその後間もなく、自然感染した動物と同じような徴候が現われた。これによって、細菌その他の生物を除去した後にも、脳から抽出した液体には感染性をもつものが何か残されていたことが確認された。フィルターを通過できた唯一のものはウイルスだった。[☆8]

実験動物の脳に直接接種されたボルナ病液は、きわめて広範囲にわたる動物種に感染した。実験ではマウス、ラット、ハムスター、モルモット、ウサギ、ツパイ〔ネズミに似た形の原始的霊長類〕、鳥類、サルなどが病気になった。おもしろいことに動物種によって現われる徴候には少しずつ違いがみられた。その中には、ふつう感染症とは関係ないような、反社会的な行動も含まれていた。たとえばラットの場合には、接種直後にきわめて攻撃的になり、その数週間以内にきわめて不活発になる。約半数のものは、死ぬまでに正常体重の二〜二・五倍に膨れ上がるほど過食した。(病的肥満とウイルス感染症の関連がみられたのは、これが初めてのことではなかった。マウスにイヌ・ジステンパー・ウイルスを接種した後にも肥満することが知られていた。[9]）ボルナ・ウイルスに持続感染したラットは、みかけは正常でも、迷路を駆け抜けたりする学習能力の面においてはっきりと欠陥が現われた。

実験感染を受けた後にケージ内で集団飼育されたツパイの場合には、個別ケージで飼育されたものには現われないような社会性の異常がみられるようになった。ツパイは攻撃的になり、同じ行動を繰り返すようになった。また、雄同志で交尾しようとするなど、性的行動にも異常がみられるようになった。アカゲザルに感染した場合には、人間の躁鬱病に似た状態になった。まず躁の段階があり、サルは攻撃的そして異常に活発になり、運動失調を起こした（随意筋を自分の意思で動かせなくなった）。鬱の段階がそれに続く。サルは食物、飲み物を口にしなくなり、手足が麻痺して、ある研究者の言葉を借りれば「無感情」であるようにみえた。[10]

このようにボルナ・ウイルスは各動物種において奇妙な行動をもたらしていることから、研究者は当然のことながら、このウイルスが人間にも同じような影響をもつかどうか考えるようになった。可能性があるとすれば大変なことだ。もしかしたらウイルスが鬱病、強迫神経症、学習能力障害、過活動、食欲異常、あるいは動物にみられた他の行動で人間の病気に相当するものを起こしているかもしれない。一九八五年に合衆国と西ドイツの研究者が協同研究を行って、感情障害をもつ患者、中でも特に躁鬱病患者に、ボルナ・ウイルスの抗体をもつものがわずかな割合で含まれていることを発見した。[11] 血液検査を行った九百七十九名の患者の内フィラデルフィアで十二名、ヴュルツブルクとギーセンで四名、合計十六名から抗体が検出された。一・六パーセントをわずかに上回るこの割合は取るに足らないもののように見えるかもしれないが、対照区と比較すると有意な差が認められる。ドイツと合衆国の両国で正常な人間二百名の血液を調べたところ、ボルナ・ウイルスの抗体を持つものは一人もいなかった。

抗体が検出されただけでは、感染と発病の時間関係がなにも明らかにならないのはもちろんである。十六名の患者は幼少期にボルナ類似のウイルスにさらされたのかもしれないし、鬱病になるほんの数ヵ月前にさらされたのかもしれない。しかし、ボルナ抗体を持つ患者がごくわずかであったにもかかわらず、ウイルス学者はこの発見が両者の関連を示唆するという考えを持ち続けている。ともかくボルナ・ウイルスはそこいらにやたらに浮遊しているものではないし、健康な人からは一人も検出されなかったではないか。確かに他の動物においてもボルナはきわめてまれな病気で、ヨーロッパでは本当に時々見られるにすぎず、合衆国では自然に起きたことは一度もない。こうしたことから考えても、抗体が陽性だった十六名の患者が注目に値するのは確かなことだった。しかし興味をそそる問題でありながら、一九八五年の『サイエンス』誌にそっけなく記録が残されただけで、そのまま何年間も確認されずにいた。

ボルナ・ウイルスと別の恐ろしい精神病の関係が明らかになったのは、一九九一年のことだった。メリーランド州ボルティモアの研究者が精神分裂病とのはっきりした関係を確立したのだ。[☆12] ジョンズ・ホプキンズ大学の感染症の専門家キャスリン・カーボーンとメリーランド大学の精神科医ロイス・W（「ビル」）・ウォルドリップは、精神分裂症患者四十九名の血液を、細心の注意をはらって選んだ十八名の対照群と比較した。精神分裂症者の約十七パーセントに、捜し求めていたボルナ・ウイルス抗体がみられた。対照区でボルナ抗体を持つものは約三パーセントにすぎず、両者の間には有意差が認められた。研究対象とした全患者数からみればきわめて少数ではあったが、ボルナ・ウイルス抗体を持つ分裂病患者は、抗体を持たない患者に比べて重い症状を持つ傾向がみられた。こうした患者は男性で、貧しく、慢性の（急性でなく）精神分裂症である場合が多かった。しかしこの結果も、ウイルス本体ではなく抗体の検出に基づいていたため、得られた論は決定的なものではない。現在カーボーンとウォルドリップは、脳の生検に同意の得られた患者について、組織から生きたウイルスを分離しようとしている。

ボルナ・ウイルスには他と異なる点が二つある。脳細胞、それも特に辺縁系の細胞へ直進する点、そして脳細胞の核に入り込んで、何年間も住み着いてウイルスの生産を行う点である。感染した細胞の核内で増殖できるRNAウイルスは、他にはない。「ボルナ・ウイルスは、まったく新しい種類の感染要因であるようだ。このウイルスは、広範囲にわたるさまざまな神経および精神病を解明、治療していく上で手助けをしてくれるだろう」とW・イアン・リプキンは述べている。彼は神経学から分子生物学に転じて、スクリップス病院のオールドストーンの研究室で指導を受け、一九九〇年に同僚たちと共にボルナ病ウイルスを分離して最初に配列を明らかにした。ウイルスが精神病の手掛かりになるかもしれないことだけでも革命的なことなのに、ウイルスが治療を助けるとはどういうことなのだろう。これはさらに劇的とも言える考えだ。リプキンは、脳が最適な状態で機能するのに必要とする薬や化学物質をボルナ・ウイルスにつけて、誘導ミサイルのようにして用いたいと考えている。[☆13] 正しい化合物を脳の正しい位置に到達させることは、神経学者にとって長年の課題だった。ボルナ・ウイルスが解決の鍵を握っているのかもしれないのだ。

脳は従来から侵すことのできない場所とされ、血液脳関門とよばれるバリヤーで体の他の部分と区別されていた。このバリヤーは名前が示すほどの不透性をもつわけではなくて、血流に乗った神経毒が脳にたどりつくこともたびたびある。しかし、脳の機能を制御するある種の神経伝達物質の欠乏から起きる脳の病気を治療しようとしたときに、関門は妨げになった。どの神経伝達物質が悲しみや幸福感、空腹や満腹感、攻撃や忍耐の原因となるか、研究者にはわかっている。しかし血液脳関門のせいで、こうした知識を臨床的に用いることができなかった。リプキンは、ボルナ・ウイルスでそれが変えられることを願っている。彼は、遺伝子操作でボルナ・ウイルスから感染性をもたらす遺伝子を除き、脳細胞に入り込める元の特性を一つだけ残したウイルスの殻を作り出そうとしている。この殻を「ベクター」として、これにその個体の作ることができない伝達物質であるソマトスタチンなどの遺伝子を付けるわけである。遺伝子を追加されたベクターが辺縁系のニューロンに入り込み、新しいソマトスタチン遺伝子が脳に化学物質を合成させる。これは、脳をソマトスタチンで満たしてようやく最も効き目のある場所に到達させようとする現在の方法に比べたら、はるかに良い方法ではないだろうか。「全身のいたるところで神経伝達物質の生産量を増加させようとして、人ひとりに目がけて爆弾を落とすような〔大げさで標的を定めない〕ことをするかわりに、望むことは何でも外科的に〔狙いを定めて的確に〕できるようになるのだ」とリプキンは述べている。ボルナ・ウイルスをベクターとして用いれば、標的の命中率を大幅に上げることができる。

ボルナ・ウイルスのもう一つの特色は、核に侵入しても細胞にほとんど害を及ぼさない点にある。感染によって現われる徴候は、細胞の単なる損傷や破壊が原因となるものとはかなり異なっている。ウイルスの存在に対して体が仕掛ける免疫反応がいろいろな徴候を引き起こすのだ。細胞を直接殺してしまう細胞毒性ではなく、免疫系の働きが原因の免疫病理学的な症状が害をもたらすものの中でも、ボルナ・ウイルスの例は際立っている。ラットの成体に実験的にボルナ・ウイルスを感染させると、脳の異常〔脳炎〕そして行動に障害が現われる。しかし、ウイルスに対する耐性をつけて免疫反応が起きないようにしてからウイルスを感染させると、何も起きない。ボルナ・ウイルスがもたらすすべてのダメージは、体の防御反応によって起きる炎症からくるもので、ウイルス自体の働きが細胞に害をもたらしているのではない。[☆14]

すると持続感染のうちには、良性ともいえるウイルスが知らないうちに殺し屋に仕立て上げられてしまう方向に、免疫系の高速ギアが入り放しになったものもあるわけだ。現代ウイルス学の大きな謎と言われているいわゆる慢性疲労症候群の患者の場合にも、同じようなことが起きているのかもしれない。[☆15] 一九八四年に注目されるようになったこの新しい病気は、長い間ヤッピーの流感と馬鹿にされていた。患者は若く意欲的で成功をおさめている女性に多く、仕事のペースを落とす言い訳にでっち上げた症候群だと言われていた。強度の疲労感、筋肉痛、頭痛、鬱状態、物忘れ、集中力の欠如、日常生活の諸事を営めなくなる等、きわめて主観的な徴候のせいで、心因性の身体病というラベルがいつまでもはがされなかった。心髄まで疲れ切ってしまうことが主な症状であるような患者なのに、支援グループを設立したり、頻繁にファックスのやり取りをしたり、会見を行って政府に研究費の増額を要求したりというエネルギーがあることを疑問に思う声も、たびたび上げられた。

しかし慢性疲労症候群患者の特色を客観的に判断する資料が増えるにつれて、何か肉体的なことが起きているという患者の主張が支持されるようになってきた。残念なことにこの症候群も、他の多くの症状と同じように原因が複数あるものと思われる。従って一つの所見だけから、簡潔な血液検査や簡単な○×診断法をこしらえるようにはならないだろう。ある研究者は、慢性疲労症候群患者の免疫活性レベルが正常値を上回っていることを発見している。これは血清中のキラーT細胞によって測定することができる。今は何ともないが、過去に何かのウイルスにさらされた時に免疫防御のスイッチが入ったままになってしまったらしい。体は幻影を相手に、あらゆる力をつくしているのだ。これは、猫のフケやブタクサのように無害な物質に向かって、危険な侵入者を追い出すための化学物質が誤って反応するアレルギー患者の体の働きに少し似ているところもある。防御機構がたえず働いているので、患者は急性感染症との戦いに伴うあらゆる副作用を被ることになる。たとえば痛みや疲労といった副作用は、サイトカインによって増殖するキラーT細胞という細胞を殺す働きと直接結び付いているのだ。

慢性疲労症候群患者の場合には、免疫系のもう一つの重要な働き手であるキラー細胞にもさまざまな違いがみられる。その中には、一見矛盾しているようなものもある。患者のなかには、ナチュラル・キラー細胞が正常な場合よりもはるかに攻撃的に働いている者があるかと思うと、ほとんど働いていない者もいる。「免疫系を働き過ぎの人間のように考えてみるとよい。人間の場合と同じように、働き過ぎるとかえって効率が悪くなることもある」とボストンにあるブライアム女性病院の内科のチーフであるアンソニー・コマロフは述べている。[☆16]

こうした見当違いの活動は、慢性的なウイルス感染症の再発が原因になっているのかもしれない。人間ウイルスの多くのもの、なかでもヘルペスウイルスは、何年間も潜伏することができる。初期感染に対する免疫系の攻撃で撃退されたウイルスは、体内のある決まった細胞に住み着く。肝細胞、神経細胞、免疫細胞など、その対象はウイルスの種類によって異なる。1型および2型単純ヘルペスや水痘ウイルスなどは、脳と脊髄の外側にある神経細胞の集まり、すなわち神経節に退散する。エプスタイン＝バー・ウイルスは免疫系のB細胞に住んでいる。ヒト・ヘルペスウイルス6（HHV－6）とサイトメガロウイルスも免疫系の細胞、おそらくT細胞に向かう。（ここにあげたウイルスはどれもヘルペスウイルス属のもの。）潜伏したウイルスは、何年もの間おとなしくしている。ウイルスのDNAも細胞の細胞質内にあるが、細胞の機構を利用して増殖する様子はまったくみせない。しかし様子がみられないと言っても、それは、外部からの刺激で細胞の免疫環境に何かの変化が生じるまでのことである。そのとき潜伏していたウイルスは再活性化される。再発に伴う徴候は、最初に感染したときのものに比べてはるかに重症である場合が多い。

慢性疲労症候群の場合には、ウイルスを再活性化させるようなことが免疫系に起きたのだ。ウイルスを再発させることになった原因、そしてウイルスの正体は、今のところわかっていない。少なくともいくつかの例では、免疫系を抑制することが知られている感情的なストレスが要因になっている可能性があるとコマロフは考えている。しかし外部環境からの毒素あるいは別の感染症など、他の要因が免疫系を狂わせて、潜伏していたウイルスに感染性を取り戻させたのかもしれないという考えも、彼はとりあえず付け加えている。こうして活性化されたウイルスが増殖を始めると、免疫系は再びギアをシフトする。闘うべきウイルス感染が現われたのだ。しかし、新たに反撃しようとしたときに何かが狂ってしまう。闘う相手のウイルスがごまかしとカムフラージュの天才であることが、その主な原因となっている。この闘いは、第二次世界大戦の爆撃機とベトナムのゲリラの闘いのようなものだ。「根絶できない慢性感染を追い払うことなど免疫系にはできない。こうして長期戦が始まる。そして、どの長期戦にも共通することだが、消耗しきった部隊もでてくる」とコマロフは述べている。

研究部隊も疲れを感じ始めていた。いらいらさせられるような、きりのない研究に新風を吹き込もうと、一九九一年九月に疾病制御センターの慢性疲労症候群特別調査委員会が非公式な会議を開いた。[☆17] 会議では、この奇妙なゲリラ戦に関係していると思われるウイルスから最有力候補の三種類について討論が行われることになっていた。ひとつは、今までまったく病気を起こさないと考えられていたヒトのフォーミー・ウイルスと呼ばれるレトロウイルスだった。もう一つは一九九〇年に同定された新しいレトロウイルスで、がんを起こすレトロウイルスHTLV-II（ヒトT細胞指向性ウイルス）と似ているがそれとは別のウイルスだった。そして最後に、一九八六年に発見されたHHV-6というウイルスがあった。最初HHV-6は、幼少時に軽い発疹がでる病気、ばら疹を起こすだけだと考えられていたが、細菌性敗血症あるいは髄膜炎とされていた乳幼児の高熱病のうち一四パーセントのものの原因である可能性を示す証拠も得られている。英国で行われた研究では、ポリオウイルス、エコウイルス、コクサッキーウイルスの三タイプからなる大きなエンテロウイルス群のなかの一つが慢性疲労症候群を誘発している可能性が示された。このウイルスは伝達されやすく、広範囲にみられ、ヘルペスウイルスやレトロウイルスのように何年間も潜伏して感染しない状態を続ける傾向を持つからである。

それほど前のことではないが、ロンドンにあるがん研究所のウイルス学者ロビン・A・ワイスは、候補にあげられたこうしたウイルスの一つを「病気を捜し求めているウイルス」と呼んでいた。そのとき彼はヒトのフォーミー・ウイルスについて話していたのだが、他のウイルスにもそのままあてはまる言葉だった。ヒトのフォーミー・ウイルスは一九七〇年代の初めに検出されたが、それはサル、チンパンジー、ネコ、ウシ、ハムスターなどのフォーミー・ウイルスが発見されてから二十年以上後のことだった。[☆18] 今になってもフォーミー・ウイルスが何をするのか、本当のところはわかっていない。レトロウイルスであるため、研究中の細胞にこのウイルスが存在するときには、汚染物質として混入した場合と、宿主動物細胞が、病気にはならなかったが昔感染した場合が考えられる。実際のところ、時々人間に入り込むこのウイルスが、サルのフォーミー・ウイルスと違う種類で確かにヒトのウイルスだと言い切れる人は誰もいない。今までにこのウイルスが病気と関連づけられた例は、チェコスロヴァキアで一回だけみられている。ブラチスラヴァのウイルス学者たちが、ド・クェルヴァン悪急性甲状腺炎という一過性の甲状腺炎にかかった二十八名の患者の内八名からウイルスを分離していた。

フォーミー・ウイルスのように、HHV-6も病気を捜し求めているウイルスである。ここ数年の話ではあるが、このウイルスがばら疹より重大な健康上の問題をもたらす可能性があるという考えが一般的になってきている。これら二種類のウイルスのように、一九九〇年に慢性疲労症候群と関連づけられた新種のレトロウイルスにも、今まで判明した病気伝達のパターンがない。この新しいレトロウイルスの間接的な証拠を発見した研究者、フィラデルフィアにあるウィスター研究所のエレーヌ・ド・フリータスは、日本で開かれた神経病理学会の会合でその発見を報告した直後に、米国の慢性疲労症候群支援グループの主催した記者会見に出席した。結論に関して彼女は慎重で、慢性疲労症候群患者の少人数グループ中、大部分のものの血液にHTLV-IIのようにみえる遺伝子配列を発見したにすぎないという点を強調していた。(成人と子供を三十一名検査したところ、七七パーセントがHTLV-IIの配列を持っていた。)「このウイルス、あるいはウイルス遺伝子が［慢性疲労症候群を］起こすなどと私たちは一言も言っていない」と彼女は記者に話している。「私たちは、比較的稀なウイルスと比較的稀な病気の関連性について報告しているにすぎない。」彼女の協力者で、自分の患者の血清を提供したノースカロライナ州の医師ポール・

チェニーも、レトロウイルスと病気を一足飛びに結びつけないように気をつかっていた。彼は一九八四年にネヴァダ州で慢性疲労症候群の初期の流行に気づいたことで評判になった人物だった。「ウイルスを見つけたと言っても、十分な研究を行い、ある程度の確信を持って因果関係を公表するまでには長くかかることが多い」と記者会見で述べている。☆19

ウイルスと慢性疾患の因果関係を証明するのは、サイトメガロウイルスとアテローム性動脈硬化症の因果関係の証明に負けず劣らず難しい。アテローム性動脈硬化症は「動脈が硬くなる」病気で、血管の内部に栓をするように脂質が沈着する。最初は血管の内壁に添って脂質がすじ状に現われ、そこに何年もの間に免疫細胞、平滑筋細胞、脂肪、コレステロール、血液細胞、カルシウム、泡沫細胞〔脂肪に満ちた細胞で、標本では内容が失われて泡状に見える〕などさまざまな細胞が集まり、血流を妨げるほど大きな斑点になる。この過程が始まるきっかけは、次にあげる三つのいずれかであろうと考えられている。内皮細胞が破壊された場合、内皮細胞の代謝に変化が生じた場合、そして細胞にがんのような異常な成長が起きた場合である。いずれの場合にも、ウイルスがきっかけを与えている可能性がある。

御馴染みのこの病気がウイルスに起因する可能性は、養鶏に関連したマレク病ウイルスの研究で最初に明らかにされた。一九七八年にコーネル大学の研究者たちは無菌状態で百三十羽のニワトリを飼育して、半数のものの血管に直接マレク病ウイルスを接種した。そして接種したニワトリと無菌状態のものの半数ずつに低コレステロール飼料を与え、コレステロールを強化した飼料をそれぞれ残りの半数に与える実験を行った。無菌状態のニワトリは、飼料の内容にかかわらずどれも健康だった。しかしマレク病ウイルスに感染した四十二羽中七羽にはアテローム性動脈硬化症の斑点が認められた。その七羽のうち三羽は低コレステロール飼料、四羽は高コレステロール飼料を与えられていた。「ニワトリの血管は、アテローム性動脈硬化症の人間の血管とまったく同じようにみえた」とヒューストンにあるベイラー医科大学のウイルス医学者ジョセフ・L・メルニックは述べている。「ニワトリの斑点のスライドを人間のものと並べておいたら、病理学者にも区別がつかないだろう。[20]」

こうした結果が得られたことから、当然のことながら医師たちは、人間のアテローム動脈硬化症もウイルスによって起きるのではないかと疑いを持つようになった。彼らはマレク病ウイルスのようなものを人間で捜し始めた。マレク病ウイルスの属するヘルペスウイルス科のウイルスは宿主に対する特異性が極めて高いので、ヒトのヘルペスウイルスが動物に感染したり、その逆のことも、まず起こり得ない。（もちろん研究所の職員がサルのヘルペスウイルスであるヘルペスBに感染したときのように、職業的にいつもウイルスにさらされる場合には例外もある。種を越えてヘルペスが感染すると、ひどい結果になることが多い。）ヘルペスウイルスに共通しているのは、宿主の種にかかわらず、何の徴候も現わさずに何十年も永続できる点である。ウイルスの永続性は、潜伏期とそれに続く再活性化によってサイクルが決まる。そしてウイルスは再活性化された短い期間にのみ感染性をもつ。

七種類ある人間のヘルペスウイルスは、どれも動物のものと同じように、それぞれある特定の細胞に住み着き、そこに潜んでいる。そして宿主の免疫力の落ちたときに、時々パッと燃え上がる。1型単純ヘルペスは水疱発疹を起こす。病気やストレスにさらされたときに口や鼻のまわりに見苦しい「発熱性水疱」

として姿を現わす時以外は、神経細胞に潜んでいる。2型単純ヘルペスは性器に疱疹を生じ、神経細胞節に潜伏する。単純ヘルペスウイルス類は再活性化された時にのみ感染力をもつ。1型はキスからうつることもあり、2型は性交、あるいは出産時に母から子にうつることもある。[☆21]

これとは別のヘルペスウイルスである帯状疱疹ウイルスには二段階の感染パターンがある。最初にこのウイルスにさらされると水痘になる。これは幼少時にかかることが多い。その後ウイルスは神経細胞に退散すると、ほとんど一生の間そこに潜んでいる。五十〜六十年たって宿主の免疫系の監視がゆるんでくるとウイルスは新しい形、今度は帯状発疹として再発する機会が与えられる。この痛みを伴う疱疹は、帯状疱疹ウイルスが長年潜んでいた神経細胞から生じる。帯状疱疹に罹患してから約一週間は、伝染性がきわめて高いため、水痘にかかったことのない人が近くに寄り過ぎるとウイルスに感染するおそれがある。[☆22]この他のヘルペスウイルスには単核症や、まれにみられるがんの一種であるバーキット・リンパ腫を起こすエプスタイン＝バー・ウイルス、最も最近発見されたヒト・ヘルペス6とヒト・ヘルペス7[☆23]があり、また軽い流感のような徴候、胎児の先天的な欠陥、単核症の一種、そしてアテローム性動脈硬化症に関係する可能性を持つサイトメガロウイルスなどがある。

CMVとして御馴染みのサイトメガロウイルスは、マレク病ウイルスがニワトリに起こす徴候と最もよく似た徴候を人間にもたらすヒトのヘルペスウイルスである。最近行われたいくつかの研究によると、アテローマ性動脈硬化症患者の組織からサイトメガロウイルスが分離されたという。[☆24]また、心臓移植を受けた患者の場合には、活発に増殖するCMVが存在すると、新しい心臓の血管に動脈硬化が進行しやすくなる。通常では動脈が塞がるほどまでに進行するのには何十年もかかるところが、ものの数ヵ月で完全に塞がってしまう。スタンフォード大学医学部によると、心臓移植患者でCMV感染のある者は、無い者に比べて、移植後五年以内に死ぬ確率が二倍高いという。十年ではその割合が三倍になった。オランダのリンブルク大学の研究では、二組の年配男性、冠状動脈のバイパス手術を受けた四十四名のグループと、アテローマ性動脈硬化症とは関係ない病気で死んだ三十四名のグループの間で動脈サンプルの比較を行った。サンプル中の遺伝物質の量がごくわずかでもそれを増幅できるPCR技術を用いたところ、アテローム動脈硬化症患者の九〇パーセントからサイトメガロウイルスのDNAが検出された。それに対して死者を用いた対照群の値は五三パーセントにすぎず、両者の間には有意差が認められた。ベイラー医科大学でも同様なことがわかっている。

CMVがアテローム動脈硬化症を起こすという説を支えているのは「状況証拠にすぎない」とベイラー大学のメルニックは述べている。しかしこれは「追及するだけの価値が十分にあるものだ。」少なくとも、CMVワクチンで西欧の心臓血管病の重荷が軽減できるとメルニックに思わせるだけの価値はあるのだ。「実験的にではあるが、ニワトリではすでにそれを行っている。まずマレク病ウイルスをとり出して、ソーク・ポリオ・ワクチンで行うように化学物質で不活性化してから、それをニワトリに接種した。数週間後に活性のあるマレク病ウイルスを接種したが、このニワトリはアテローム動脈硬化症になることはなかった」と彼は述べている。いったんマレク病ウイルスのワクチンで保護されてしまうと、高コレステロール食を与えられたニワトリでも動脈に沈着斑が形成されることはなかった。

けれど人間はニワトリではないし、マレク病と違ってCMVは特に目立った急性疾患と関連をもたない。人間がこうむる肉体的、経済的苦痛といった面から見ても、それほど危険なウイルスのようにみえない。

幼少時、あるいは思春期にCMVにさらされた人々のほとんどは、自分が病気だったことにさえ気づいていない。合衆国内で三十五歳になる人の半数以上が何の被害も被ることなしにCMV抗体を持つようになっている。（重大な例外も一つある。それはCMVが胎児に感染した場合である。合衆国では、このウイルスが先天的な知能障害と学習障害をもたらす最大の原因であろうと考えられている。）CMVとアテローム動脈硬化症の間にはっきりした関係が確立されるまで、CMVワクチンの普及のために公的私的援助を受けることは、普通の風邪のワクチンの資金援助を得ようとするのと同じくらい難しい。

西欧社会における心臓病でアテローム動脈硬化症に次いで高い死因となっているのは高血圧症である。これもウイルス感染と関連のある慢性病のひとつである。「だれでも知っている慢性病の場合、その原因が感染症にあるかもしれないという説を受け入れさせることは難しい」と疫学者であるジェームズ・ルデュクは述べている。しかし彼は、合衆国における高血圧症の多くは慢性的なウイルス感染に起因すると考え、関係しているウイルスの見当もつけている。それは、齧歯類が媒介するアジアのウイルスで、ハンタウイルス科に属するものである。「ハンタウイルスは、新たな挑戦と同時に長年にわたる数々の問題の解明をもたらす、すばらしい出現ウイルスなのだ」と彼は書いている。このウイルスのおかげで、社会的重要性を持つ問題、なぜ貧しい人々、それも特に黒人に高血圧症や心臓発作や腎臓病が多いのかという問題に対する答が得られた。ルデュクは、住居に出入りするネズミの運んでくるウイルスに彼らが慢性感染していることも一因となっている可能性があると考えている。☆25

ルデュクの説は、韓国の生物学者で、ソウル市のネズミ（ラット）がある種のハンタウイルスを宿していることを一九八〇年に発見したホー・ワン・リーの研究に基礎をおいていた。都市のラットが、ソウルウイルスとして知られるようになったウイルスを持つというリーの発見は、多くの人々がそのウイルスにさらされていることを意味していた。しかもラットは、地球上すべての主要都市のごみごみした市街地に住んでいるのだ。一九八〇年代にはヨーロッパ、スカンジナヴィア、アフリカ、南アメリカの都市でラットの血液中のハンタウイルス抗体が調べられた。ルデュクらは合衆国内でのいくつかの港湾都市を選び、波止場にたむろしているネズミを捕らえて血液サンプルを採った。[☆26] 大多数のものは彼らが「ソウル類似」ウイルスと呼ぶハンタウイルス科に属するものだったが、韓国のものと同一ではなかった。アメリカでは老鼠になるまでに七〇パーセント以上のラットがソウル・ウイルス類似のものにさらされていた。ルデュクのチームが捜した所にはどこにもハンタウイルスがみられた。アジア、ヨーロッパ、南アメリカ、港湾都市、そして海からずっと離れた内陸の都市でもハンタウイルスは検出された。合衆国だけをみても、ボルティモア、ホノルル、ヒューストン、ニューオーリーンズ、ニューヨーク、フィラデルフィア、サンフランシスコ、そして内陸の都市であるオハイオ州コロンブスにもみられた。「私たちが観察していたウイルスは、近年になって導入されたものでも、最近になってアジアの野生ウイルスから新しい都市型ウイルスに変わったものでもなかった」とルデュクは述べている。「両者はまったく別のウイルスで、しかも都市型のウイルスが世界各地に定着するようになってから、かなり長い時間がたっている。」

ルデュクはアメリカ内陸部の都市で、路地やゴミ箱をあさる大変骨の折れる野外研究を行った。彼は特に自分の根拠地であるフォート・デトリックから車で小一時間のメリーランド州ボルティモアで採取を行うことが多かった。哺乳動物学者としてアフリカですごした時代に開発した技術を生かして、ルデュクたちはボルティモア市街のきらびやかな商店街ハーバープレースから歩いてわずかのところにあるきたならしい裏長屋の路地にネズミ捕りをしかけた。ネズミを捕らえると、注意深くかごの隅に追い詰めて、麻酔剤を注射した。「次に、それを人気の無いところへ持って行って仕事にかかった」とルデュクは回想している。「最初に体重を測って年齢の大まかな見当をつけた。一般的に年をとっているほど体重も重い。次に傷跡を捜してどれくらい闘いを経験しているか調べた。この場合にも年をとっているほど傷跡が多い。」それからネズミの尾に傷をつけて試験管に血液をとった。そして最後にネズミを殺して処分した。時には研究室に持ち帰る組織サンプルをとることもあった。大雑把な野外研究ではあったが、研究者たちはこうした手順をこなす間、注意を怠らなかった。研究対象のウイルスが高い伝染性を持つことを知っていたからである。彼らはあまり人目を引きたくなかったので「宇宙服」で身を固めるところまではしなかったが、マスクと手袋はつけていた。「私たちのせいでウイルスが外に出るようなことになっても、それが人のいないほうに吹き飛ばされるように、いつも風を背に受けて仕事をするようにしていた」とルデュクは述べている。[☆27]

こうして世界各国のネズミにハンタウイルスが発見されたわけだが、次の一歩は、人間にハンタウイルスが感染する証拠を捜すことだった。しかし人間の血清をあつめることに伴う困難に比べたらネズミを捜して採血するほうがよほど簡単なことだった。ルデュクはジェームズ・チャイルズとチームを組んだ。チャイルズは、陸軍の研究所に一年いた後にボルティモアのジョンズ・ホプキンス大学に移ってきた科学者だった。「病院の医師たちとの関係を十分に深めて、正確な患者集団にアクセスできるようになるまでに数年かかった」とルデュックは述べている。一九八九年までに彼らがジョンズ・ホプキンズの入院患者千百人の血液と尿をスクリーニングしたところ、十五人からハンタウイルス抗体が検出された。この十五名の血圧を、人種、性別、年齢、社会経済的背景が同じ人々の血圧と比べたところ、ウイルスにさらされた徴候のある人たちには高血圧と慢性腎疾患の傾向がみられた。またボルティモア透析センターの患者四百人の血液も調べたところ、八人が抗体を持っていた。この人数の割合は、病院の入院患者にみられた割合の二倍に近かった。

こうして、抗体を持って路地をうろついているネズミがボルティモアの住人の何人かを確かに感染させたことを示す証拠が初めて得られた。もし米国系統のハンタウイルスにもアジア系統のような傾向があれば、動物の糞尿と共に排出されて土に付着したり、乾燥して粒子になって風に運ばれることもあるかもしれない。またもう一つの可能性としては、野良猫を経由した感染ルートも考えられる。こちらの方が、ネズミよりも人間との接触が持ちやすいだろう。中国ではハンタウイルスに感染した猫が確認されているが、ネズミのように腸内でウイルスが繁殖した後に糞と共に排出されるかどうかは、今のところまだわかっていない。ルデュックはこの関係を調べたいと思っているが、現在ネコを使った実験は、政治的な過剰反応を引き起こすおそれがあると彼は考えている。チャイルズは学位論文研究の一環としてボルティモアのネコの血液サンプルを数十種集めたが、動物の生体実験に反対する動物福祉活動家の動きが近年闘争的になっているので、彼らの感情をそこねることを恐れてその血液を用いた実験は行っていない。今のところ、アメリカの家ネコがソウル類似ウイルスを宿しているかどうか、調べている者は一人もいない。

政治的な理由で研究の気勢がそがれている例は他にもある。それに対してジェームズ・ルデュックは、ネコの研究にも増してフラストレーションを感じている。陸軍倉庫の保管室には、四十年近く前の朝鮮戦争のときにコリアン出血熱に罹患した若者二百四十名の血液の凍結乾燥試料が、六百個のスチール製フラスコに保存されているのだ。(コリアン出血熱はアジア系統のハンタウイルスにさらされて罹病する。東洋以外の都市ではネズミにハンタウイルスが検出されていても、この病気が自然に起きることはほとんどない。)病気にかかった人々が、今日住んでいる場所はわかっている。彼らの追跡調査を行って、同じ朝鮮帰還兵で病気にならなかった人々に比べて腎臓病や高血圧になる傾向があるかどうか調べるのは、難しいことではないはずだ。これはとても良い自然の実験例で、長期間に及ぶウイルス感染の慢性的な影響を簡単に確かめることもできる。しかしこの追跡研究に時間をあてるだけの重要性があることを、ルデュクの上司たちは認めていない。「内陸都会の高血圧症は軍隊の医学の主流から外れていると言うのだ」と彼は述べている。

この問題は軍事的ではないかもしれないが、主流であることは確かだ。高血圧症は今日の合衆国で最も多く下される診断であり、三千五百万以上のアメリカ人(成人の二〇パーセント以上)が影響を受けているが、その内八五〜九〇パーセントの人々には、これといった原因がみつかっていない。また、腎臓、泌尿器疾患の医療に国は五百億ドル以上を費やしている。この中には医薬品、入院費用、透析などが含まれている。[☆28] 腎臓疾患がハンタウイルスに起因する割合が、ボルティモアの透析センターの患者でウイルスを持つ者の割合と同じ二パーセントにすぎないとしても、ネズミの駆除、そして究極的にはハンタウイルス・ワクチンによって完全に防げることに、国は毎年約十億ドルを費やしていることになる。アテローム動脈硬化症の場合にも、このような慢性病をワクチンで防ぐことができるというのは、胸を踊らせるような考えだ。

しかし因果関係の証拠が不十分なこと、当面の重要性のある感染症が他に数多くあることなどから、そのようなワクチンを市場に出すために時間と金を費やすことには、科学者も製薬会社もあまり関心をもっていない。

第6章　トロピカル・パンチ——恐るべきアルボウイルス

マサチューセッツ州に住む七歳の少年にとって一九九〇年の夏は、いつものように始まった。マーシュフィールドと呼ばれる町にある自宅のまわりでたくさん遊び、プリムスの近くでキャンプもした。しかし、八月の半ば頃、少年は体の痛み、熱っぽさを訴えて一週間ほど床についた。その後四〇・五度の高熱を出してひきつけを起こしたので、両親はあわてて彼を救急診療室に運び込んだ。

その少年は東部ウマ脳炎（EEE）に罹っていた。彼のケースはマサチューセッツ州で六年ぶりに起きたものだった。EEEはウイルス感染によって起きる珍しい病気で、アメリカでは普通、年間四〜五人が罹患するにすぎない。致死率はきわめて高く、被害者の約半数が死に、生存者にも長期間にわたって脳に障害が残る場合が多い。少年は命をとりとめたが、おそらく元の状態には戻れないだろう。ハーヴァードのある研究者が述べているように、「一生が台無しになってしまった」のである。☆1

その少年の場合、EEEはその名が示すように馬から感染したのではなくて、その年頃の子供ならば誰

図５　アルボウイルスの生活環

疾患	症状	伝播サイクル	ベクター
デング熱	高熱，骨と関節の疼痛（骨折れ病），激しい頭痛，発疹，皮下小出血，吐き気，嘔吐，腺の腫大，疲労感，抑鬱；デング出血熱では内臓出血からショックに至ることも。	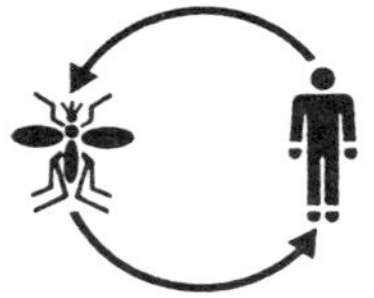	アフリカ及びアメリカ： ネッタイシマカ アジア： ネッタイシマカ ポリネシアシマカ ヒトスジシマカ
黄熱	高熱突発，頭痛，背痛，吐き気，嘔吐，徐脈，尿量減少，白血球数減少；進行すると鼻と口から出血，吐血（黒色嘔吐），黄疸，肝・腎・消化管の傷害。	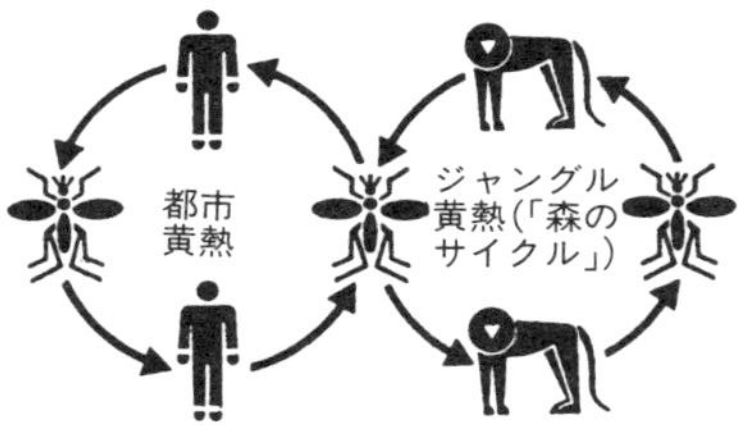	アフリカ： アフリカシマカ ネッタイシマカ ブロメリアシマカ その他 アメリカ： ヘマゴグス属各種
東部ウマ脳炎	頭痛，眠気，高熱，嘔吐，頸部痛，急速に移行して震え，意識混濁，痙攣，昏睡に至る。	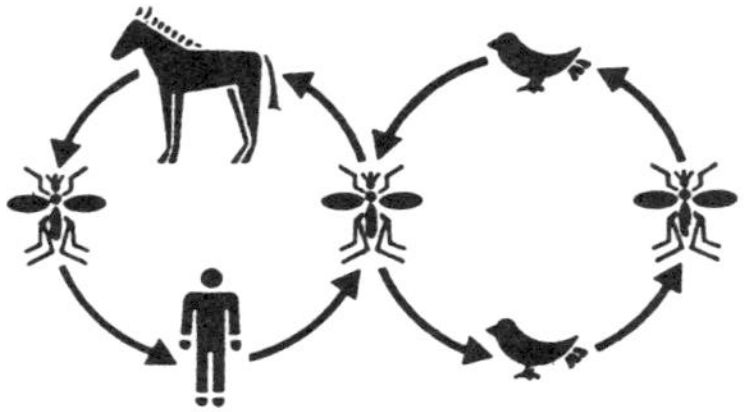	米国東部 ハボシカ一種が維持ベクター，キンイロヤブカとキンイロヌマカが仲介ベクター

でも頻繁に出会うもの、蚊に刺されてうつったのだ。（一九九〇年には少年の他二名がマサチューセッツ州でＥＥＥに感染した。七十五歳の男性と六十九歳の女性で、男性は死亡した。）ＥＥＥはアルボウイルスによって起きる百種類近くある病気のひとつである。アルボウイルスという名称は、節足動物媒介ウイルスを略してそのように呼ばれている。（節足動物とは、関節で曲がる脚と体節を持つ動物である。一般に蚊のように昆虫と呼ばれるものは節足動物のなかでも、翅と、頭胸腹の三つの部分からなる体、そして三対の脚を持つものを言う。節足動物には、他にエビ、カニ、ロブスターなどのような甲殻類、クモ、サソリ、ダニなどのクモ類、ヤスデ、ムカデなどの多足類がある。）アルボウイルスにはウイルスのうちでも最も恐ろしいものがいくつか含まれている。いたる所にいて、防ぎようのないベクターによって伝えられ、いずれも破壊的な病気をもたらすものも多い。世界のある特定地域に住む人々にとって、アルボウイルスは日の出と同じようにどうにも逃れられない存在なのだ。時には目に見えないほど小さい昆虫や動物の刺し傷や噛み傷から感染して、しかもベクターはどこにでもいるので防ぎようがないことが、このウイルスをはなはだ恐ろしいものにしている。

アルボウイルス病には、ただその徴候を表わすだけの何の変哲もない名前がつけられたものが幾つかある。黄熱病では患者が肝臓障害による黄胆で「黄色く」なり、ダニ媒介脳炎は小さなダニが運ぶウイルスによって脳の炎症（脳炎）が起きる。しかしこのようにあまりに平板な名前の中にも死の恐怖を感じとることができる。また一方では、名前自体が恐ろしげなアルボウイルスもある。それには熱帯地方で発見されたウイルスが多い。最初に発見された地名を取ってつけただけの名称でも、西洋人には耳慣れない風変りな響きが感じ取られる。ラテンアメリカのオロプーシェ・ウイルスやロチオ・ウイルス、インドのキャサヌール森林病ウイルス、アフリカのオボチャング・ウイルス、オルングー・ウイルス、チクングニャ（激しい関節の痛みで患者が四肢を「折り曲げる」というタンザニア語からつけられた）、東アフリカの部族語で「関節を折るもの」という意味をもつオニョン・ニョンなどがある。☆2

恐ろしいアルボウイルスではあるが、人間に侵入してウイルスが得るものはあまりないのだ。他の多くのウイルスと同様に、アルボウイルスが人間に侵入して脳炎、出血、その他の恐ろしい徴候を引き起こしたとしても、それは自分の道を進んでいたウイルスに、その人間が偶然出会ってしまっただけのことなのだ。さらにアルボウイルスの特性から言うと、このウイルスの生活環が複数の生物を頼っているのは確かだが、人間をはじめとする大型哺乳類は、そのサイクルには特に含まれていない。（この一般論には例外がいくつかある。黄熱病とデング熱のウイルスは増殖に人間を必要とする。）一般にアルボウイルスは節足動物のベクターと、鳥類あるいは哺乳類の病原体保有者の二つだけを必要とする。

アルボウイルスはベクターと病原体保有者の存在によって容易に移動することができる。今日研究されている出現ウイルスの多くがアルボウイルスであるのも、このことに起因している。アルボウイルスにとって必要なものはベクター集団と免疫をもたない病原体保有者だけとすれば、船が大海を渡って行くように簡単に地球のこちら側からあちら側へと移動できるのだ。このような柔軟性を持つので、私たちの一生の間にも多くの新しいアルボウイルス病が出現することになる。少なくとも合衆国においては、厄介な小さな虫が運ぶ新種（合衆国の人々にとって）のアルボウイルスが、次に出現するウイルスになるだろうと確信している研究者もいる。

節足動物のうちでも人間のアルボウイルス病に最も多く関連を持つのは蚊だろう。しかしブヨ、ダニ、スナバエなどがウイルスのベクターになることもある。病原体保有者は齧歯類、鳥、反芻動物、霊長類など、どのようなものでもかまわず、動物のリンパ系内および結合組織で増殖を繰り返す。ウイルスは病原体保有動物の体内で増幅され、血液中の活性ウイルスは次にその動物を刺したり嚙んだりした節足動物が十分量のウイルスを取り込むようなレベルに達する。

他のウイルスには類を見ないと思うが、アルボウイルスの場合には私たちの生活様式によって、病気にかかる人も決まってくる。たとえば、コロラド・ダニ熱ウイルスの場合には、成人男子に感染することが多い。それは、ロッキー山脈の森林地帯で猟や釣りをしているときにかかることが多いからである。ラクロス脳炎は少年に感染することが多い。ウイルスを運ぶ蚊が、木登りに向いているような木の節に溜る水で繁殖するからである。子供の遊びのパターンが変わるに従ってアルボウイルスの伝達パターンも変わるかもしれない。男女機会均等の世の中になり、今まで「女子立入禁止」だった木の上の隠れ家に登るようになった少女たちがラクロス・ウイルスに感染するようになるかもしれない。[☆3]

病気の広まりには、その他にも社会的変化が意味をもっていることが考えられる。アルボウイルスは世界の中でも特に熱帯地域に広まっているが、それは単に蚊が多いことだけが原因ではなくて、そこに住む人々が昼夜蚊に刺されるような状態で生活しているからなのだ。蒸し暑い夜には多くの人々が屋外に出て涼をとろうとする。しかしそうした行為は、アジアの日本脳炎や合衆国のセントルイス脳炎のベクターであるイエカ〔家蚊〕のような貪欲な夜行性の吸血動物の餌食になることに通じる。西欧社会では、網戸で夜行性の蚊を防いだり、エアコンやテレビなど夏の夜を室内で過ごすライフスタイルがある。しかしホームレスの問題が増大するにつれて、これも変わってくるかもしれない。すでにカリフォルニア州南部では、季節労働者の間にマラリアの小流行が起こっている。[☆4] マラリアはウイルスではなくて原生動物をハマダラカが媒介することによって起きる。季節労働者たちは、開発途上国の最悪のスラム街に匹敵するほど不潔な環境の中で、無防備な小屋に住むほかないのだ。

アルボウイルスのベクター集団は人間の習慣ときわめて密接な関係を持つので、そのベクターが媒介する病気も人間の行動に生じたわずかな変化に伴って増減をみせる。家の周りには蚊の幼虫に図らずも棲み家を与えてしまう環境が作り出されているので、かなりの蚊が繁殖している。コーラの空き缶を庭に放り出しておいたり、モルタルのひび割れを進行させると、中に溜まった少量の水で蚊が繁殖し始めることは十分に考えられる。これがいったん始まると、病気の伝染はとだえることがない。このような節足動物は人間と馴染みが深くなり、野生の状態よりも人家の近くを好むようになっている。彼らのタンパク質源である人間がその家の中に住んでいることを考えると、それは賢明な方策だと言えるだろう。このようなわけで、出現ウイルスのリストのトップの座は、自然界と人間界の間を往来しているアルボウイルスによって常に占められている。

ベクターが十分にあり、増殖の場である動物宿主が身近にいるアルボウイルスは、共に生活する動物の種類を選り好みすることができる。そしてその好みもかなりはっきりしていて、節足動物の中でも一～二種類のものしか利用できない。きわめて近い種の中でも生きていけないことすらある。たとえばチクングニャ・ウイルスはネッタイシマカでは増殖できるが、コガタアカイエカではできない。こうした特異性は、ウイルスが病原体保有者やベクターと共に慎重に進化してきたために生じたのだ。ウイルスは節足動物の腸に侵入し、そこで増殖を続けた後に唾液腺に移動して、その節足動物が再び誰かを噛むまでそこで待つことができなければならない。もしも腸や唾液腺がアルボウイルスを受け入れなければ、伝達サイクルはそこで終わってしまう。これと同様に、アルボウイルスが感染できる病原体保有動物の範囲もかなり限られている。EEEウイルスは、ほとんどの渡り鳥の体内で育つが、これと近い関係にあるラクロス脳炎ウイルスは小型哺乳類で生きている。牛や人間は、どちらのウイルスでも病気になるが、このウイルスでキリンが病気になることはない。

蚊がウイルス・ベクターとして特に優秀な働きをするのは、刺す時に奇妙な儀式を行うためである。メジャーリーグの野球選手のように、蚊は仕事にかかる前に必ずツバを吐く。刺す相手に自分の唾液を注入して、その中に含まれる抗凝集成分の働きで血液が吻内部を速やかに流れるようにしているのだ。蚊は一回に大量の血を吸い、正常体重の四倍まで膨れ上がってしまう。大量に摂取した食物を消化するのに約二日かかり、その間に蚊は血液のタンパク質を用いて卵を作る。（雌の蚊だけが刺す。）卵を産んだ蚊は、再び刺す準備ができる。蚊は飛ぶ注射針のようなもので、ハチが花から花へ花粉を運ぶように、ある場所から別の場所へとウイルスを運ぶことができる。しかし、蚊は、それ以上の働きもしているのだ。ウイルスのライフサイクルにおいて物理的な役割を果たすばかりか、生物学的な役割も果たしている。つまり、唾液腺のなかでウイルスを増殖させることによって、ウイルスが新しい宿主に移動する確率を高めているのだ。ウイルスが増殖することによって、食事に本格的にとりかかる前のウォーム・アップに注入される唾液にも伝達に十分な量のウイルスが含まれる可能性が高くなる。

生き残りを賭ける方法としてかなり心細いシステムではある。研究室内の実験のように伝達の条件が完璧でも、ウイルスにさらされた蚊のほとんどのものは最終的にウイルスの伝達を行わない。たとえばここに、デング熱を起こすウイルスを増殖できる実験用のサルがいたとする。そして、このサルを好んで刺し（ウイルスのように蚊にも好みがある）、デング熱ウイルスの増殖ができる蚊、ネッタイシマカを大量に放ったケージにそのサルを入れる。一週間ほどたってからケージから蚊を取って、その組織を培養システムに加えれば、何パーセントのものがデング熱ウイルスを宿しているか、実際に測ることができる。また、唾液腺を調べれば、感染した蚊のうちどれだけのものが、次に別の宿主を刺したときにウイルスの伝達ができるかわかる。このような実験を行った結果、感染したサルにさらされた蚊のうち約八〇パーセントのものが感染して、このうち三分の一から二分の一のものではウイルスが唾液腺まで広まって、別の動物に感染できる状態になっていた。つまりデング熱に感染したサルにさらされた蚊のうち、伝達可能なウイルスを唾液腺に持つようになるのは、百匹について四十四以下、普通はさらに少ない数のものである。[☆5]

現実の世界ではウイルスに不利な点がさらに多くなる。「野外で感染した昆虫を捜す場合には、二千四に一匹、いや四千四に一匹でも感染したものに行きあたれば率が良いほうだ」とイェール・アルボウイルス研究ユニット（YARU）のウイルス昆虫学の研究者であるロバート・テッシュは述べている。大流行している場合には、この割合が二百匹あるいは三百匹に一匹の割合まで増加することもあるが、それでも大部分の蚊はウイルスを持たない。アルボウイルスには、さらに蚊の短い一生の時間との戦いがある。大部分の蚊は一週間の半分ほどしか生きられないが、アルボウイルスが蚊の腸で増殖するまでには少なくとも二〜三日を要する。蚊が増殖後のウイルスを新しい宿主に伝えるには、この蚊に二回目に刺すだけの元気が残っていなければならないことから考えても、ウイルスが伝達されるためには、奇跡的に長命な節足動物の中で増殖する運に巡り合わなければならない。

アルボウイルスはその様に不利な条件にどうやって耐えているのだろうか。厳しい制約が加えられながらも、キリスト誕生の二百年前、中国の漢時代から何世紀もの間、繁殖を続けられたのは何故だろう。蚊が獰猛なまでによく刺すので、全体としてみるとウイルスが伝達される可能性も巨大なものになるというのが妥当な理由だろう。ウイルスが伝えられるのが二千分の一でも、何百万回も刺されると、可能性は十分に高くなるのではないだろうか。アルボウイルスが適応に成功したもうひとつの理由は、その可動性にある。特に鳥やコウモリの体内で増殖するアルボウイルスは、感染する側とされる側に密接な関係が必要な非アルボウイルスの範囲をはるかに越えて広がることができる。ほとんどのウイルス感染は、地理的に限られた動物の群れや人間社会に限定されて起きるが、アルボウイルスは大陸中に拡がることもできる。馬や人間と違って、鳥はその一生に広大な地域を移動するので、その体内で増殖して運ばれるウイルス感染症は、直接接触することでのみ伝達されるものよりも広まりやすい。ウイルス病ではないが、蚊によって伝染するマラリアの例を考えてみよう。年間約三億もの人々が感染して、そのうち百五十万が死亡するこの病気は、地球上で最も広範囲に及ぶ伝染病である。このように悪名高い記録を残すことができるのは、ベクターが媒介する病気だけである。☆6

EEEを起こすウイルスは、多くのアルボウイルスに共通した典型的なライフサイクルを持っている。このウイルスは、ある一種類の蚊をベクター、数種類の野鳥を病原体保有者としている。そして時折、別種の蚊を経て馬や人間のような「袋小路の宿主」に飛び移る。EEEを維持するベクターはハボシカ〔翅星蚊〕の一種クリセタ・メラヌラであり、ウイルスはこの蚊の唾液腺に移動して増殖を続ける。また、ハゴロモガラスやユキコサギ〔雪小鷺〕のような渡り鳥が病原体保有動物となっている。ウイルスは鳥に害を及ぼすことなしにその中で増殖を続けられる。（この場合病原体保有動物に害を及ぼさないという点が重要なのだ。死んだり弱っている動物は目に付く場所にはいないので刺されにくく、このような動物も袋小路の宿主の一種と考えられる。）サイクルは次のようになっている。蚊が感染した宿主を刺す。ウイルスは鳥から蚊に移って、蚊の腸内で増殖する。ウイルスは次に蚊の唾液腺に移動して、その蚊が新しい鳥に出会って刺したときに、その鳥にうつる。こうしてサイクルはいつまでも繰り返される。免疫を持たない鳥（すでにウイルスにさらされて免疫を持つ鳥の体内では、ウイルスは生きてゆけない）、わずかな沼地、そしてそこに強風で倒れかけた木の根の下でしか産卵しないこのハボシカが一生すごせる場所があれば、それで十分なのだ。

ハボシカは、産卵場所ばかりでなく刺す相手の好みもうるさい。刺す対象の範囲は狭いが、ほとんど鳥に限られているので、EEEにとってそれは大変効率の良いベクターになっている。「ベクターは、病原体保有動物を二回刺さなければならない。二回のうちのどちらかで保有できない宿主を刺して無駄にしてしまうと、他の一回も無効になってしまう」とハーヴァード大学公衆衛生学部のベクター生物学者であるアンドリュー・スピールマンは述べている。気難しさゆえに、ハボシカがEEEウイルスを伝達する効率が少なくとも倍増しているのだ。刺したのが無駄に終わることは滅多にない。そして鳥から蚊、鳥、蚊、鳥、とサイクルは続く。しかし時としてこのサイクルが中断されて、EEEが他の動物に感染し始めることがある。そうした場合、感染した動物はかなりひどい病気になる。☆7

しかしサイクルが中断するのは、この小さなハボシカのせいではない。それは動くものならば見境なく刺す別種の蚊、キンイロヌマカ属の一種コキレッティディア・ペルトゥルバンスとヤブカ属の一種エデス・ヴェクサンスのなせる業なのである。この二種類の蚊は、名前自体にも perturbing（混乱させる）、vexing（いらだたせる）といった刺す習性がよく表わされている。この蚊は、EEEのライフサイクルのなかで「ブリッジ・ベクター」の役割、つまり鳥と哺乳類の橋渡しをする。前者は、沼地のガマの根元に産卵するので、倒木の根という特殊な場所が必要なハボシカに似ている。後者は、夏の豪雨の後によくできる小さなぬかるみで繁殖する。例年に比べてガマやぬかるみの多い年には、これらブリッジ・ベクターの増加が予想されるので、研究者たちはその土地の馬、飼育されているキジ、そして何と言っても人間にEEEが出ないように警戒するようになっている。☆8

そのような年は、人間ばかりかウイルスにとっても悪い年になる。哺乳類の宿主はEEEウイルスにとって、袋小路を意味する。馬や人間はウイルスの増殖ができない。再び蚊に刺されたときに次のものを感染させられるだけのウイルスを血液中に増やすことができないので、伝達のサイクルはここで終わる。この脳炎が馬や人間にきわめて破壊的な影響をもたらす理由も、そこにあるのかもしれない。人間が蒙る苦痛を軽減する方向に進化の力が介入する機会が、一度もなかったのだ。

アルボウイルスの伝達サイクルは変化しやすいので、外部からの力で押さえ込むことができる。ベクターを排除するのが一つの方法である。そのためには、病気が流行している地方の文化によって原始的なテクニックや手の込んだテクニックが必要になってくる。たとえばラテンアメリカの多くの地方では、病気になっても横になって休むことなどほとんどない。病気が一番ひどい時にも家の外に座って、他の人々と接触をもつことが多い。蚊が刺す屋外にウイルスを保有する病人が出ていれば、病気は広まるばかりである。病人を皆寝かして、周りに蚊帳を吊るように気をつけるだけで病気の伝染が押さえられることもある。刺す相手の患者がいなければ、新しい蚊はウイルスを取り込むことができない。

ライフスタイルを変えることによって病気の伝染を防げる例は他にもある。最も効果的なのは、多くのベクターが産卵できる蓋のない水の容器の対策である。溜った水がなければ蚊は繁殖できない。アルボウイルスの問題が季節の降雨量と密接なつながりを持つのもそうした理由による。いつも水が溜まっている決まった場所が、世界にはあちらこちらにある。台所の勝手口の外にふたをせずに置かれている水樽。地方の墓地の花入れの溜まり水。郊外の裏庭に放りだされた古タイヤや空き缶などにも雨のたびに水がたまる。こうした水にふたをするだけで多くの蚊の繁殖を防ぐことができる。これは特に、自然の水たまりや小池よりも人工的な容器に好んで産卵するネッタイシマカの場合に有効である。インド南部のタミール語族には、この簡単な予防法を暗に裏づけるような古くからの習慣がある。[☆9] 彼らは一日一回家の中に水を運び、水を貯蔵しない習慣があった。一九五〇年代にマレー半島のプランテーションで働くためにタミール人労働者がつれてこられた頃、その地域ではデング熱とマラリアが流行していた。屋内に水を汲み置いていたマレー人および中国人労働者に比べて、水の貯蔵をしないこと以外はまったく同じ条件下で生活していたタミール人の罹病率はずっと低かった。

すべての患者を隔離して、繁殖場所をなくした上で、アルボウイルス病を防御する対策はさらに踏みこんだものとなる。手はじめの攻撃手段は、ベクターである蚊を死滅させる薬剤散布である。薬剤散布は、広い地域に即時に効果をもたらす点がよかった。たとえば一九〇一年、キューバは誰の手にも負えないほどひどい黄熱病の渦中にあった。医師ウォルター・リードとウィリアム・ゴーガスの率いる合衆国陸軍医療部隊が、ハバナ市を隅から隅まで燻蒸消毒した。九ヵ月以内に蚊は姿を消し、疫病は終わった。[☆10]（この話の真の英雄はセオドア・ルーズヴェルトだと言うのがハーヴァード大学のスピールマンの考えである。スペインからキューバに絶え間なく流入していた移民の流れを一八九八年のスペイン＝アメリカ戦争によってルーズヴェルトが止めたからだ。免疫を持たない感染対象がいなければ、ネッタイシマカの対策をとらなくても黄熱病は消滅しただろうとスピールマンは述べているが、この考えに反論する者も多い。）

このような結果は劇的だが、それは一時的に終わることが多い。薬剤散布が逆に問題を悪化させることもある。散布はすべての蚊を殺すわけではない。生き残ったものは、食物や棲み家を捜すときにも競争相手がいないので急速に増える。散布によって蚊の天敵もたくさん死ぬので、蚊の数を押さえる環境の圧力も低くなる。その上、DDTのような有機塩素系殺虫剤の大量散布を生き延びた蚊は、生まれながらの遺伝的耐性を持つ可能性がある。生き残れるのはその特性を持つものだけになり、殺虫剤に対する耐性は子孫へと伝えられる。ネッタイシマカの場合には隅のほうに入り込む習性があるため、空中散布をのがれることが多いという問題もある。「この蚊は、屋内の隅の薄暗いところに住んでいる。そうした場所には殺虫剤がとどきにくいものだ」とトマス・モナスは述べている。[☆11] 彼はマサチューセッツ州ケンブリッジにあるオラ・ヴァクスというバイオテクノロジー企業のウイルス学者である。ネッタイシマカは、物置などの閉ざされた空間に住む傾向がある。その上、ほとんどの殺虫剤は、家の中の各部屋までは行き渡らないと彼は述べている。
そのようなわけで、長い目で見ると殺虫剤は蚊の減少ではなく増加をもたらし、その後新たに生じた蚊は人間が勝手に使用したあらゆる殺虫剤に耐性を持つようになる。こうした殺虫剤のパラドックスは、今世紀に入ってから中米と南米で繰り返されている。[☆12] ハバナの一掃作戦以来パナマ、ブラジル、エクアドル、ペルー、再度キューバ、メキシコで、ネッタイシマカの媒介するデング熱と黄熱病の流行を押さえるために大量散布が行われている。この蚊は、一時は大陸で敗北をきたしたかのようにみえたが、一九八〇年代初期から今日に至るまで急速かつ着実にその数を増やしている。

大量散布の失敗に鑑みて、より的確なアプローチで蚊と闘うべきだと主張する研究者もいる。ベクターを粉砕するのではなくて、牙を抜いてしまえば良いというのが彼らの考えだった。このような方針で行われた最初の研究では、大量の放射線を照射して精子を作る能力を破壊した不妊の雄を限られた地域に放した。これと同じ戦略は、一九七〇年代に地中海ミバエ〔実蠅〕がカリフォルニアに流入するのを防ぐためにとられた。卵を授精させる能力を持つ雄バエと雌バエが交尾するのを、不妊化した雄バエが妨げて、一世代を丸々滅ぼしてしまおうというもくろみだった。しかし、その計画はうまくいかなかった。研究室で育ったハエは雌を闘い取る方法を知らなかったので、うまくつがいになれることは、ほとんどなかった。その上、大量の放射線照射を受けたので、飛ぶこともできなかった。そして、雌はこうしたごまかしに対応して、やたらに多くの卵を産んだのだった。[☆13]

今では、もう少しましな細工を生殖の過程に加えられるようになっている。研究者たちは重要なアルボウイルス・ベクターの遺伝子に操作を加えて、「無力化したベクター」をつくろうとしている。環境に放った突然変異体が、無力化の遺伝子を代々伝えていくことが彼らの願望なのだ。蚊は、人間のアルボウイルス病、マラリア、その他の病気に最も関係の深いベクターであるため、今のところほとんどの研究は、蚊を対象に進められている。蚊にはたった三対の染色体しかないので、染色体のどの位置にどの遺伝子があるかがわかれば、望む部位に特定の突然変異を導入できるようになるはずである。

遺伝子は、蚊の二つの能力、つまり蚊が腸内でウイルスを増殖させる能力、そしてそのウイルスを唾液腺まで移動させる能力を支配している。従ってベクター能力のある蚊とない蚊を比較して、遺伝子の違いをはっきりさせて、どの遺伝子がその働きを持つかを解明するのが研究の第一段階となる。たとえば、ヤブカ（Aedes）に属する二種類の蚊は近い類縁関係にあり、どちらも主に北および中央アメリカで年間何千人もの子供に重い脳炎を起こすラクロス・ウイルスを運ぶことができる。しかしこの二種の内の片方、Ａ・トリセリアトゥスだけが人間にウイルスを伝えることができる。いとこのＡ・ヘンダーソニはウイルスを取り込んで増殖することもできるが、ウイルスは唾液腺に到達できないので、人間を刺して唾液を吐いてもウイルスを伝えることはできない。後者が無害であるのは、唾液腺にある細孔が小さすぎてウイルスを締め出しているのが原因であることがわかった。ノートルダム大学の研究者は、この細孔のコードを記した遺伝子を一～二個解明することができた。次の計画として彼らは、伝統的な遺伝子工学の手法である選択育種か、あるいは文字通り遺伝子を取り出して授精卵に移植する方法のいずれかで細孔遺伝子をＡ・トリセリアトゥスに移すことを考えている。これは、ベクター能力を持つＡ・トリセリアトゥスの遺伝子プールを変えて、後のすべての代を細孔を持つベクター能力のないものにしてしまおうという考えに基づいている。もちろんこれが成功するか否かは、この遺伝的雑種を自然界に放して、従来種に取って代わるほど増殖できるか確かめてみなければならない。

研究者たちは、この他にもベクター能力の他のメカニズムを司る遺伝子を解明しようとしている。その中の一つは、蚊自身が持つウイルスに対する免疫反応のメカニズムである。蚊は、さらされたウイルスに対してある種の免疫を作ることができるので、普通ウイルスの増殖は一回しかできない。最初の感染と伝達が済むと、蚊の腸内にはウイルスの増殖をすべて阻害するタンパク質が作られる。このような制約があっても、ほとんどの蚊の寿命が一週間以下で、ウイルスの増殖には数日を要するので、ウイルスの生活環にはたいした影響がない。ウイルスの側から見れば一回の増殖で十分であり、実際にもそれは一回に限られている。研究者たちは、蚊がウイルスにさらされる前に、あるいは蚊がウイルスを増殖して唾液腺に送り、次の宿主に伝達する前に、この免疫様反応が働くようにしたいと考えている。コロラド州立大学では昆虫学者が、この腸の免疫の遺伝子を分離しようとしている。彼らは、その遺伝子をベクター能力のある蚊に入れて、ノートルダムの研究のように突然変異体を自然界に放したいと考えている。

この種の実験において、自然界に放す部分はまだ未知の段階である。今のところ、遺伝子に手を加えた蚊は非常に弱いので、昆虫研究室の保護された環境の外では長く生きられない。カリフォルニアで農作物に被害をもたらしたミバエとの闘いで、一九七〇年代に不妊の雄バエを放った実験の致命的な欠点も結局そこにあった。特定の遺伝子を欠く蚊を研究室で作ることと、自然界に放ったときにそれが生き残って在来種に食い込んでいくことは、まったく別のことである。「研究室内で何かを作り出して、それを自然界に放そうとするのが、昆虫学の歴史のすべてとも言える。研究室の昆虫はどうしても生き残れないのだ。これと同じことが動物にも言える。研究室のラットをネズミの住むゲットーに放り出すと、従来からそこでかっぱらったり闘ったりしているネズミの中に姿を消してしまう」とイェール大学のロバート・テッシュは述べている。

一方ノートルダムのジョージ・クレーグは、研究室の突然変異体が自然系統に必ずしも負けることはないと述べている。非突然変異体の数を上回っていくためには、生息地での生存能力が「中立的」な突然変異でありさえすればいいという。つまり、生存と適応に関して遺伝的変化が有利にも不利にも働かないものということである。クレーグは、彼が一九七〇年代にケニヤのモンバサで行った七年間に及ぶ研究で、そのことが証明できたと言っている。彼はネッタイシマカの眼色の遺伝子を変えて自然界に放したのだが、一回目の繁殖期の後に、そこにいる「すべての蚊が赤眼を持つようになった」と述べている。ベクター能力を持たせない細孔のようなものの遺伝子は、生態学的にみれば赤眼と同じ程度に中立的なものかもしれない。それを確かめるには、やってみるしかない。しかしこの種の実験には金がかかる。公衆衛生の面からみて明白で即時の効果が得られないこうした研究には、政府の援助を受けるのに苦労しているとクレーグは述べている。☆14

アルボウイルス病は警告なしに突然出現するようにみえる。病気が出現するまでの過程、あるいはその時そこに出現した理由を解明するために、根気のいる調査が何年間も行われることもある。研究者は今までの経験をもとにして次にどのような病気が出番を待っているのか予測することはできるが、次に何が現われるかわかっていても、資金不足、問題意識の欠如などから何もできないことが多い。

西半球に新しく出現した病気、なかでも最もややこしいものの一つは、今考えてみると簡単に予想できるものだった。ブラジルの主要換金作物が変わったために伝染性の高いアルボウイルスが出現して、それがアマゾンの雨林を切り開いて敷設された新しい道路に沿って広まったというのが大まかな筋書である。しかしこの病気の謎は、最初に発生してから三十年近くを経た一九八〇年代まで、完全な正体が解明されなかった。

それは道端に死んでいた一匹のナマケモノから始まった。年は一九六〇年、ブラジルの都市ベレムと新首都ブラジリアを結ぶハイウェイが雨林を切り開いて作られようとしていた。当時ベレムのウイルス研究所で働いていたのは、ロックフェラー大学の高名なウイルス学者リチャード・ショープの息子、若き医師ロバート・ショープだった。ベレム＝ブラジリア・ハイウェイは、良い時でも埃と石だらけ、悪い時には泥沼になった。いずれにせよ、死んでいたナマケモノはそこにいるはずのないものだった。ショープらは発見場所からみても事故でなくて病気で死んだと考えて、死体を解剖した。その結果、オロプーシェという非常に珍しいウイルスが血液から検出された。そのウイルスの名前は、それが六年前に発見されたトリニダードの村の名前をとってつけられたものだった。このウイルスは、それまで動物や人間に特に病気の大流行をもたらすこともなかったので、研究者たちはナマケモノの感染を単なる好奇心で片付けてしまい、ジャングル内で行われていた建設工事のせいでたまたま姿を現わした他の雨林ウイルスと共にしまい込んでしまった。

しかしそれからちょうど一年後に、そのウイルスは人間に現われはじめた。一九六一年に流感のような病気がベレムに広まった。一万一千以上の人々が高熱、衰弱と頭痛、そしてひどい筋肉痛を伴う病気にかかった。時間がたつとほとんどの人々が回復したが、ベレム・ウイルス研究所の人々は、その原因が知りたかった。一九五〇〜六〇年代にロックフェラー財団の支援を受けていた研究ネットワークの一員として、ベレムの研究者たちは未知のウイルスをできるだけ多く分離、同定、そして分類する責任があると考えていたからである。それを「切手の収集」のようなことだと言って馬鹿にする向きもあったが、彼らの働きによって、公衆衛生的に重要な多くのウイルスに国際的な関心が寄せられるようになってきた。☆15

研究者たちは病気から回復した患者数百人の血液サンプルの採取にとりかかった。そのために彼らは、野外研究を行っている疫学者の協力を求めた。「泥沼の中を歩き回り、めぼしい人間に質問して、ついに森林の奥深い小屋に住む患者を捜し出す。そして完全に健康を取り戻していて三週間前に病気だった事などほとんど覚えていない人間から再び血液を採らせてもらおうとする。こんな人間のことを野外研究者などと言うのは婉曲な言い回しにすぎない」と当時そのような立場にあった二人の高名なウイルス学者は記述している。こうした苦労のすえ採取したサンプルのいくつかのものから、オロプーシェ・ウイルスが検出された。☆16

電子顕微鏡で見たところそのウイルスはアルボウイルスのようだった。既知のアルボウイルスと構造が似ていた。そこで研究者は、この地の蚊の血液にオロプーシェ・ウイルスの形跡がみられるかどうか調査を始めた。このためには野外で蚊を捕らえる必要があった。仮に「野外研究者」が婉曲な言い回しだとすれば、「蚊のコレクター」というのは、もう完全に作り話の世界だった。なぜならば、そのコレクターというのは、蚊をおびきよせる餌になる人間以外の何ものでもなかったからだ。蚊のコレクターになったのはブラジル人の若者だった。雨林の中で彼らは上半身裸になって蚊が餌を求めて寄って来るのを待った。

現在、私設のアルボウイルス研究所では合衆国最大のイェール大学アルボウイルス研究ユニットの所長を務めているロバート・ショープは「私たちは、実際に刺される前に小さなガラス管に蚊を捕らえる方法を彼らに教えた」と述べている。彼らはしたたかに刺されてしまったが、生まれたときから蚊とそのウイルスにさらされてきている土地の人々には、普通は何の問題も起こらなかった。しかし、時として驚くようなことが突発することもあった。研究チームで働いていた若いブラジル人が夜行性のイエカを捕らえるために日没後に雨林に入る仕事に志願した。彼はそれまで森林には日中しか入ったことがなかった。「それから一週間以内に彼は病気になった。我々が疑っていたように、蚊の種類によって運んでいるウイルスも異なることが明らかになった」とショープは述べている。不運なことに、このブラジルの若者は異種ウイルスの免疫を持っていなかったのだ。[☆17]

蚊を集めた後に、ベレム研究所の研究者はそれを乳鉢と乳棒ですりつぶし、溶液を加えて混ぜたものを研究室のマウスに注射した。マウスが病気になったり死んだりした場合には、そのマウスの脳を顕微鏡で調べてウイルスの存在を確かめた。結果は、訳のわからないものだった。雨林の中に潜んでいた蚊は、確かにマウスを殺すようなウイルスを持っていたが、病気が流行していた町で捕らえた蚊は持っていなかったのだ。郊外でオロプーシェを流行させている節足動物が何か他にいるにちがいなかった。

ショープは一九六七年に帰国することになったが——妻が三人の幼児をブラジルで育てる苦労にこれ以上耐えられなくなったからと彼は言っている——、その時にもオロプーシェ・ウイルスのベクターの正体は分からなかった。この謎は、一九八〇年にブラジル北部で、一風変わった状況の組合せが原因となってオロプーシェ熱が再び流行するまで解決されなかった。その時にも流行場所の蚊からウイルスは発見されなかった。そこで研究者たちは、たとえばダニのようにウイルスを運ぶことが知られている他の節足動物を調べ始めた。そして遂にヌカカの一種（クリコイデス・パラエンシス、合衆国ではスナバエと呼ばれている）にオロプーシェ・ウイルスをみつけた。しかし一九八〇年の突然の流行は、何が変わったために起きたのだろうか。調査をさらに進める必要があった。流行の原因をたどっていったところ、間接的にではあったが、産業化社会に住む人々のチョコレート嗜好に行きついた。ブラジル北部の土地の痩せた地域でチョコレートの原料になる豆をとるカカオが次第に重要な換金植物となり、多くの土地がカカオ栽培に転作されていったのだ。捨てられたカカオの殻は山となり、殻の中には少量ながら雨水がたまった。そのような水たまりはヌカカにとって恰好の繁殖地となった。山が高くなるに従ってヌカカの数も増えた。そしてヌカカの数が増えるにしたがって人間がオロプーシェのウイルスを持つヌカカに刺される可能性も高くなった。[☆18]

出現ウイルスを追跡する専門家は、次に現われるものを予測するときにはたくさんの要因を検討しなければならない。科学的あるいは衛生学的な面ばかりではなく、政治的、経済的、社会的環境の変化にも目を向けなければならない。出現ウイルスがアルボウイルスであれば、さらに多くのことを考慮しなければならない。この場合には人間の暮しと人々が出会う虫や動物、そしてベクターや病原体保有動物の生活環の知識などが必要になる。こうした要因をすべて考慮に入れた上で、南北アメリカでは、あるアルボウイルス病の出現条件がそろっていると言われて心配されている。それはデング出血熱である。ベクターになり得る蚊が、最近合衆国とブラジルに流入しているのだ。その蚊がデング・ウイルスに感染してその土地で最初の被害者を出すのも、もはや時間の問題かもしれない。

デング出血熱は、デング病として知られているものの中では重い症状をもたらす病気である。デング熱の方は東南アジアや南アメリカで周期的に起きる感染症で、それほどひどい状態にはならない。この病気の名前は、患者が激しい関節の痛みのために体を折り曲げてお辞儀をするような様子からとられたと推測され、「愛情」を意味するスペイン語のエル・デングが元になって、一八二八年にハバナでつけられたのかもしれない。あるいは、一八二三年と一八七〇年にザンジバルで流行した病気を表わす言葉で、しめつけるようなひきつけを意味するディンガ、あるいはディエンガというスワヒリ語に由来するのかもしれない。デング熱は、はるか昔の一七八〇年の夏に北アメリカにもみられている。合衆国の独立宣言の署名者の一人であったアメリカの有名な医師ベンジャミン・ラッシュが、フィラデルフィアで流行したデング熱について詳しい臨床記録を残している。その頃デング熱の流行していたカリブと、ボルティモア、ボストン、チャールストン、フィラデルフィア、ニューヨークなどの植民地や港湾都市の間を多くの船が行き来していた。病気を流行させるのに、たいしたものはいらなかった。デング熱に感染した水夫が数名、そして船旅のために蓋のない樽にたくわえられた水から羽化した数百万匹のネッタイシマカさえあれば十分だった。蚊は冬の寒さに耐えられなかったので毎年冬になると死滅したが、次の春が訪れて船が入港すると再発した。こうしてデング熱は何年ものあいだ問題を起こしていた。☆19

公衆衛生の専門家がそのパターンに気づいてからは、船の水樽に蓋をすることだけでネッタイシマカが毎年合衆国に流入するのを防げるようになった。オセアニアやカリブなどの島で感染して徴候の出る前に帰国した人の持ち込んだ「輸入デング」の症例が時折みられるが、それを除けば北アメリカのデング熱は急速に減少した。[☆20] 一方アジア、アフリカ、ラテンアメリカではデング熱の流行は広がり続けた。世界中で毎年推定一億もの人々が感染している。ひどい頭痛、眼の痛み、手足のきかないほどの筋肉関節痛などの徴候があるため、デングはアフリカでは「骨を折る熱病」と言うニックネームで呼ばれている。完全に回復するまで約十日間かかる。今、公衆衛生当局が心配なのは、一つの系統のデング熱ウイルスに感染すると、特に子供の場合、次に別系統のウイルスにさらされたときに危険度の高い型のデング熱にかかりやすくなると思われる点である。特殊な型のデング病はデング出血熱と呼ばれ、一九五〇年に最初に出現した。この病気は高熱、内出血、毛細血管からの漏出、昏睡状態、ショックをもたらす。罹病した患者の一〇〜一五パーセントが死亡する。デング熱のベクターが世界中で心配されるようになってきたのは、こうした理由によるのだ。

デング出血熱の出現は、元をたどれば世界各地に広く分布する四種類の血清型と呼ばれる変種に行きつく。デングの四種類の血清型には、それぞれ1型、2型、3型、4型と平凡な名前がつけられているが、一九五〇年代の半ば頃から、一つの場所で二種類以上のものが同時に出回るようになった。一般にデング出血熱は、二回デング熱に感染した時、しかも二回目の血清型が一回目とは異なる場合におきるため、デング出血熱が出現するためには同じ地域に二種類以上の血清型が同時に存在する必要がある。したがって血清型の種類が多くあるほど異なる型のものに続いて感染する可能性も高くなる。

今それぞれの血清型を持つデング・ウイルスのRNAを並べてヌクレオチドを比べたとすると、どの二つのヌクレオチドをとっても両者には約五〇パーセントの類似性しかみられない。この割合は、デング・

ウイルスの一つの血清型のものと黄熱病を起こすウイルスの間にみられる相同関係と同じ程度のものである。（それならば、なぜそれほど違いのあるものを一つのウイルスの型として分類するのだろうか。簡単にいえば、科学的な習慣は簡単に変えられないということだ。）異なる血清型を持つデング・ウイルスの相同性が、近いけれど完全でないということは、各デング・ウイルスの抗体型の関係も近いけれど完全とは言いがたいということになる。そこで、異なる血清型のデングに再度襲われたときには、一回目の感染で作られた抗体では完全に中和しきれないため、免疫反応が狂ってしまう。ウイルス学者の見解によると、デング出血熱は、体の免疫防御反応が益よりも害をもたらしている典型的なケースだという。「以前デング熱に感染したことがあれば、重い症状を伴う型のデング熱になる可能性は、少なくとも百倍になる」とトム・モナスは述べている。一回目のデング・ウイルス感染でデング出血熱になる確率は約二万分の一だという。一回目の感染で感作された人ではその確率が約百〜三百分の一に跳ね上がる。[☆21]

ハバナに住む少女がデング1型に感染したとする。回復した後も彼女は1型の抗体を血液中に持ち続ける。三年後に2型のデングに出会ったとしても、体内の1型抗体では十分に彼女を守ることはできない。2型との出会いは、まったく新しいウイルスとの出会いとほとんど同じなのだ。しかしこの場合に注意しなければならないのは、ほとんどであって、完全に新しいのではない。両者には五〇パーセントの相同性があるので、1型抗体は2型ウイルスと部分的に交差反応を起こす。完全に結合してウイルスを根底からさらって不活性化させる代りに、抗体にやっとのことで横からしがみついて二人三脚をしているような恰好になる。抗体はウイルスと結合するが中和することはできず、半分が抗体で半分がウイルスである免疫複合体とよばれる化学分子が形成される。免疫系の細胞であるマクロファージは、この奇妙な雑種分子の抗体側の半分は識別できるため、免疫複合体を歓迎して、抗体が差し出すものならば何でも飲み込むという次の段階に取り掛かろうとする。しかし免疫複合体の結合していない半分に、マクロファージに感染して破壊する力をもつウイルスが浮遊していることをマクロファージは知らない。そして免疫複合体を破壊する代わりに、自分が破壊されてしまうのである。その結果、免疫系と循環系を破壊する力を持つ化学物質が放出されてデング出血熱の徴候が生じる。病院に行くのが間に合わなければ、少女には十に一つの割合で死ぬ可能性がある。

一九八一年にはデング出血熱が東南アジアで小児科に入院する最大の原因となっていたが、その年に西半球で最初の流行が起きた。キューバの流行では三ヵ月間に三十四万四千人が感染して十一万六千人が入院した。それに続いたラテンアメリカの流行は、さらに最近のもので、エクアドル(一九八八年)、ベネズエラ(一九八九年)、ペルー(一九九〇年)で起きた。[☆22]

デング出血熱が起きるには二つの血清型の流行が必要という考えをすべての人が支持しているわけではない。ハワイ大学のレオン・ローゼンは、初めてデング・ウイルスにさらされてもデング出血熱になった例を引用している。ローゼンによると、太平洋の孤島ニウエでは少なくとも二十五年間はデングの流行がなかったにもかかわらず、一九七〇年代にデング2型が流行したときにデング出血熱の発病例がいくつかみられたという。二十五歳以下の人が発病したことから、「連続してデングに感染した結果生じたとは考えられない」とローゼンは記述している。[☆23] 一度もデング・ウイルスにさらされたことのない人々にデング出血熱が生じた似た例が他にもあることから、ローゼンは釣合のとれていない免疫系の再活性化によって出血症候群が生じるという説に疑問を持つようになった。

もしも近い関係にある抗体が本当にデング熱をデング出血熱に変えるとすれば、デング熱が流行している地域で、これと近い黄熱病のワクチンを用いることが賢明かどうか疑問を持つ科学者もいる。現在ブラジルでは都市型の黄熱病がかなりみられるようになったため、ブラジルの衛生当局は一億人以上の市民を対象とした大規模な接種を考えている。しかし、その接種で作られる黄熱病抗体がブラジルの人々の体内で第五のデング血清型のような性質を示すかどうかがここで重要な問題になってくる。ワクチン接種を受けた人がデング熱に初めて出会ったときに出血熱に罹病するリスクは高いのだろうか。「現在ブラジルで起きていることは、真の意味で大自然の実験なのだ。ワクチン接種で黄熱病から守られた都市の人々が次にデング感染にさらされたとき何が起きるか、我々にはまったくわからない」とモナスは述べている。[☆24]

合衆国におけるデング熱の問題は、これに比べるともっと簡単でわかりやすい。アメリカ当局は、特に獰猛な新しいベクターがすでにアメリカに上陸していることから、デング熱が次のウイルス病になると予測している。南アメリカでデング病ウイルスを運ぶネッタイシマカは、何世紀にもわたって合衆国の気候の暖かい州に生息してきている。しかし今、温暖な気候に生息する新種の蚊がネッタイシマカにとってかわろうとしている。この蚊はネッタイシマカに比べるとさらに執拗で、アメリカの冬に耐える能力にも勝っているという。この新しい蚊、アジアのタイガーモスキートは、日本から送られてきた中古タイヤと共にテキサスに入港した。その勢力範囲は、少なくともイリノイ州にまで北上してきて、衰えはみせていない。[☆25]

タイガーモスキート、ヒトスジシマカを用いて研究を行ったところ、この蚊はいろいろな種類のウイルスを腸と唾液腺で増殖できることが明らかになった。病気の種類は、すでに知られていたデング熱や黄熱病ばかりではなく、アメリカ特有のラクロス脳炎や、臨床的な重要性のまだはっきりしていない新種のポトシ・ウイルス（最初に分離されたミズーリ州の町名をとって命名された）なども含まれている。ヒトスジシマカは合計して少なくとも十五種類のウイルスを運ぶことができると考えられている。「私の考えでは、デングよりもラクロスの方がずっとひどい結果をもたらすことになると思う。すでに存在している病気で、新しいベクターを必要としているだけなのだから」とジョージ・クレーグは述べている。ラクロス脳炎は、徴候のはっきりしているものだけでも年間約百例の感染症を起こし、臨床的に感染として扱われない微妙な神経的徴候を示すケースは数知れない。この病気を運ぶ従来のベクターは森林地帯に住み、一夏に一〜二世代しか繁殖しない内気な蚊であった。それに対してタイガーモスキートは一世代に二十日しかかからない。そして内気などという言葉とはほど遠く、餌である人間の後を、家の中、庭、砂場にまでついて回る。

クレーグの嘆願は、今のところ音もなく政治の深淵に落ち込んでしまっている。蚊の防除に関する議論では、アルボウイルス病の脅威に対して人々を奮い立たせることはできないのだ。アルボウイルス病など、遠く離れたもののような気がするのだ。それはめったにあるものではなかったし、冬の寒さが蚊の増殖を押さえているヨーロッパやアメリカでは、特にそのような考えが顕著だった。アルボウイルス病の流行することのある国々でも五〜十年間隔で集中して起きることが多いので、流行の狭間では病気の恐ろしさに対する人々の記憶も薄れてしまう。蚊に刺されるのを防ぐためある程度の不便を我慢させたり、必要性をそれ程感じないときに広範囲で薬剤散布を行うことに対して、公衆衛生当局はこれを不本意とする市民とたびたび衝突している。

たとえば一九九〇年の夏と秋に、フロリダ州はセントルイス脳炎（SLE）の真っただ中にあった。SLEは主に年配の人々がかかる重い病気で、脳炎の徴候が現われた人（SLEウイルスに感染した内の少数）の死亡率は一五パーセントに近い。ウイルスを運ぶ夜行性の蚊との接触をできるだけ避けられるように、ウォルト・ディズニー・ワールドの花火は中止され、プールの閉まる時間は早くなり、夜行われる他の野外活動は無期延期になった。しかしこうした対策は歓迎されるどころか、逆に苦情の声があがった。たとえばベロビーチで行われる高校生のフットボールの試合は町の最大イベントであり、人口一万七千の町に毎週七千人近い観客を集めるのだが、金曜日の夜行われていた試合が金曜の昼間の時間に繰り上げられた。あるコーチの妻の話によると、「『よくも試合時間を変えたな』と電話がかかった。自分の生活が台無しになってしまったかのような権幕だった。[26]」

一九九〇年の秋、東部ウマ脳炎（EEE）の流行を最少限に食い止めるために、各家庭の裏庭に殺虫剤が散布されることがわかったときにも、周辺海岸の生態系バランスを破壊する行為だと言って怒り狂った市民がいた。自然環境の保護管理論者は、散布によってトンボや小魚など自然界における蚊の天敵をたくさん殺すことになり、長い目でみると、これが蚊を増加させることになると議論した。そのころ、EEEに感染した三人のうち一人がすでに死亡したことを知っていた州当局は、彼らの議論を聞いて怒った。一人の当局者は立腹して「人間の命と小魚を比べようと言うのか。もっと現実的になろう」と記者会見で発言した。[27]

誰をさす言葉かよくわからないが「一般社会」は、良いことだとわかっていてもそのために自分に都合のよい習慣を変えることを嫌がる場合が多い。レストランや会社での喫煙を許すかどうか、紙やプラスチックのリサイクルを義務づけるかどうか、有害物質の廃棄場所やライム病ベクターのいる場所あるいは健康に害を及ぼす可能性のある場所を宅地として許可するか否かといった問題が、最近どれだけ議論を呼んでいるか考えてみるとよくわかる。アルボウイルス病を排除するのに必要な手段をとろうとするときにも、このような反抗的な態度が顔を出す。例をあげると、アメリカ西部には命を失うほどではないがある程度心配のあるコロラド・ダニ熱（CTF）と呼ばれる病気がある。この病気はいくつかの点を改めれば一掃できるのだ。CTFを運ぶダニは、コロラドに生息するジリス、ホリネズミ、その他の小型哺乳類に感染する。人間は、こうした小動物の棲み家のある州立公園でキャンプするときにウイルスにさらされることになる。「誰もそのようなことは望まないが、かわいらしい動物たちをすべて殺してしまうか、ダニの活動しない季節にだけ公園を開いて、リスのいないところにキャンプ場を作れば、確かに防ぐことはできる」とイェール大学のショープは述べている。けれどもこのような改革はまったく行われていない。「人々は自然と触れあうためならば、病気になることにも耐えようという心構えがあるのだ」というのがショープの見解である。

アルボウイルス病の出現を防ごうとするときに生じる問題の本質は、そのようなところにある。他のウイルスでこれほど前兆のはっきりしているものはない。まず最初にベクターが現われ、次にウイルス、動物病の流行、そして人間の病気の流行が起きる。また、人間の病気や死に至るまでの過程において、介入方法がいろいろあるウイルスも他には類をみない。しかし政治的に介入する意思がなければ、あらかじめ警告しても無駄なのだ。当局は真の予防医学の実践方法を知らない、とジョージ・クレーグは述べている。「彼らは対症療法しかとらない。新しい病気がいまにも現われようとする危険な状態で、それに対してあらかじめ手を打つことができても、病気が実際に出てくるまで待つように言うのだ。」

第7章　新型インフルエンザの出現

おどろおどろしい名前のウイルスは、出現ウイルスの研究に脚光を当てると同時に、私たちの生活とかけ離れているので安全であるかのような印象を与える。新型ウイルスのほとんどのものがラテンアメリカ、アジア、アフリカに出現するとなれば、それ以外の地域に住む人々は、少し安心できるというのだ。名前の綴りもろくにわからないようなウイルスに実際どれほど危険があるというのだろうか。多くの専門家は、次に現われる重要なウイルスは決して怪しげなものではなくて、おそらくインフルエンザになるだろうと考えている。もしもそれが竜頭蛇尾だと思う人がいるとすれば、それはこの二十年以上インフルエンザの汎流行がなかったからにすぎない。（汎流行という言葉は、いくつかの大陸で同時に予想を上回る割合で病気が起こることをさす。これに対して伝染病という言葉は限られた地域で病気が流行《はや》ることを意味する。）この数世紀で最悪といわれる汎流行は一九一八年に起きた。このときには世界中で二千万人から四千万人がインフルエンザで死んだ。今日これと同じように、文字通り一夜にして死をもたらす型のものが現われたら、近代医学の力でもこのインフルエンザに打つ手はないだろうと考える専門家もいる。「インフルエンザは電撃的に流行する恐ろしい病気だ」とメリーランド州ベセスダにある国立アレルギー・感染症研究所の感染症部門のチーフであるジョン・ラ・モンターニュは述べている。「一九一八年の汎流行時のことで、夜の十一時頃までブリッジに興じていた四人の婦人の話を聞いたことがある。翌朝その内の三人が死んでしまったそうだ。」一九一八年の十月にはアメリカ合衆国で十九万六千人がインフルエンザで死んでいる。この数字は、エイズ流行が始まってから最初の十年間の死亡数の二倍近くがたった一ヵ月で死亡したことを表わしている。

一九一八〜一九年の恐怖の冬が終わる頃には全世界で約二十億人がインフルエンザに罹った。この汎流行が六ヵ月間にもたらした死者あるいは機能障害の数に匹敵するものは、それ以前にも以降にもみられていない。「史上最悪の伝染病だった。しかもそれは今世紀に起きたことなのだ。流行の本当の理由は誰にもわからないのだから、一回起きたことはまた起こりうるのだ」とラ・モンターニュは述べている。☆1

そのような騒ぎが過去の遺物であると信じたいのはやまやまである。一九一八年に人々を無情に殺害していたものの正体が何であったにせよ、今の時代には何か打つ手があるのではないだろうか。現代医学によってインフルエンザのワクチン、抗インフルエンザ薬（アマンタジン）や二次的な細菌感染を防ぐさまざまな抗生物質が作り出されているのも事実である。しかし一九一八年の惨事の際には被害者の多くが、ブリッジをしていた婦人たちのように、物事の最中に死ぬことになった。たとえばある男性は、仕事に出かけられるほどの健康状態で路面電車に乗り込んだが、六ブロックほど行ったところで死んでしまった。このような急激な死をもたらすウイルスにあっては、医師の薬棚にあるあらゆる抗ウイルス剤も無力である。

またインフルエンザ・ワクチンは、毎年突然変異を起こしやすいこのウイルスの最新型に対応して作り変えねばならないから、製造分配を待つうちに何万人もの人々が死んでいくかもしれないのだ。

このところ毎年秋から冬に姿を現わしているインフルエンザは大流行をもたらすほどでもないが、それでも凶悪な殺し屋であることにはちがいない。年寄りや慢性病の患者が主な標的となるのだが、工業化世界ではその二つのグループの人口はきわめて急速に増加する傾向がある。典型的なインフルエンザが流行した場合、年齢、抵抗力にかかわらず人口の四分の一が罹病する。そのうちの無視できない数のものが死亡するが、それはほとんど高齢者と慢性病患者である。合衆国ではインフルエンザが死亡原因の六番目にあげられ、年間一万〜五万の人々に死をもたらしている。またインフルエンザは広範囲に広がるので医療費と労働力の両面からみても莫大な損失をもたらす。疾病制御センターは、普通の流行の年でも合衆国内だけでインフルエンザに年間百億ドル近くを計上している。「インフルエンザはそれほど劇的な病気ではないが、長年に及ぶ数値が示すように、これに比べたらエイズはほんのピーナッツ〔とるにたりないもの〕にすぎない」とインフルエンザの研究を行っているある人物が述べている。☆2

こうした深刻な統計があるにも関わらず、インフルエンザが一定の進行経路をたどる良性の感染症だと考える人が依然として多い。よく口にする「ただの流感」という言い回しがこの病気が大したものではないという感覚をもたらしているのかもしれない。このような言い方は、インフルエンザが大したものでなく普通の風邪がひどくなったようなものだという印象を与えてしまう。「季節が訪れると私はテレビに出演して『皆さん！　インフルエンザが流行しますよ！』と呼びかける。流行のはざまには人々の関心のまったくなかったインフルエンザもこうして公言しておけば、流行が始まった時に人々は色めき立って、テレビカメラも登場することになる。猛威を警告するのは大変よいことだが、人々はそれが現実化したときに初めて耳を傾けるようになるのだ。このことはエイズの例をみてもよくわかる」とエドウィン・D・キルボーンは述べている。[3] 彼はマウント・サイナイ医科大学の微生物学の教授で、米国内におけるインフルエンザの権威でもある。

普通のインフルエンザの場合、病気の過程には七日〜十日間かかる。その間かかった人は少なくとも最初の三日〜四日間は高熱（三九度〜四〇度）を出し、悪寒、発汗、疲労、頭痛、光過敏症、筋肉痛、痛み（特に背中と脚）がそれに伴う。さらに咳、くしゃみ、咽頭痛、胸部の痛みなどもしばしばみられる。新系統のものが大流行すると罹病者の数が増し、死者の数もそれに比例して増大する。汎流行は命に危険を及ぼすような合併症を引き起こすので、致死率が特に高くなる。そして高齢者あるいは乳幼児者（普通の風邪のシーズンにも死亡するリスクが高い）ばかりでなく健康状態のよかった人々にも感染する。汎流行性インフルエンザは一次ウイルス性肺炎と呼ばれる肺の感染症にまで急速に進行することがある。患者は呼吸困難を起こし、青くなり、喀血して突然死んでしまう。しかも感染の徴候が現われてから四十八時間以内に起きるのである。[4]

インフルエンザは周期的に大流行するので、科学者が新種ウイルスの脅威を阻止するのにも使いたいと思っている方法を用いて、ある程度の予測をたてて予防手段を講じるチャンスがある。インフルエンザには他の出現ウイルスと共通した特性がたくさんある。このことは「ウイルスの交通規制」をあてはめて考えられることも意味している。感染の広がりをモニターできる病原体保有動物がいる。あつらえたワクチンを今よりもずっと効果的な方法で接種することもできる。新型ウイルスに関して指導的な役割が果たせる医師を適材適所に任命すること、公衆衛生当局が国際的な接触を密接にとることも考えられる。この場合、特に世界的大流行の発生源としての歴史を持つ中国との交流をさしている。この問題はもっと重大な病気を想定して行うリハーサルなどではないのだ。インフルエンザは大流行すれば重大な伝染病になることに間違いない。しかもそのようなことがこの数年のうちにも起こるかもしれない。現在主流をなしているインフルエンザ系統の抗原特性は一九六八年以来ほとんど変化していない。(毎年わずかながら抗原に生じる変化は、人間の免疫系にとって恐ろしいものではあるが、世界的な大流行をもたらすほどのものではない。)過去の歴史を参考にできるとすれば、今世紀中にひどい症状を伴ったインフルエンザを大流行させるような変化がウイルスの抗原に起きることが考えられるだろう。

インフルエンザには他の出現ウイルスと異なる点がある。このウイルスが急速に進化する術を身につけ、それに依存している点である。天然痘やポリオのように安定性の高いウイルスは、一回限りのワクチン接種で防ぐことができるが、インフルエンザはこの限りではない。このウイルスは頻繁に突然変異を起こすので、ワクチンは毎年新しい型のものが作り出される。その年流行するだろうと研究者が能力の限りを尽くして予想したウイルスの外殻タンパク質の型に基づいて作り出されるのだ。(感染やワクチン接種に反応して作られる抗体はウイルスの表面にあるタンパク質によって決まる。ぴったり結合してウイルスを中和できるような抗体は一種類しかない。)ウイルス抗原の予想をたてた後、これから出回るウイルスに対する免疫を高められるようにとの願いをこめて、抗原そのものを用いてワクチンを作る。しかし予想がはずれる可能性もきわめて高く、当たる確率が半々を下回るという人もいるくらいだ。そのうえ、予想が当たってもワクチンの効き目はその年の系統に限られている。翌年インフルエンザの季節が再び訪れるときにはウイルスが新しいタンパク質の外殻をまとって現われることはほぼ間違いない。しかもそれは前年の予防接種で形成された抗体の目を逃れられるような変装をほどこしているのだ。

インフルエンザ・ウイルスが増殖するとき突然変異が重要な意味を持ち、このウイルスを出現ウイルスとならしめているのもその突然変異であることから、インフルエンザを論じるには、まずウイルスがいかにしてある系統から別の系統に姿を変えていくか考えることから始めなければならない。ウイルスの表面にある抗原に大きな変化をもたらす突然変異、つまりインフルエンザの大流行をもたらす系統を生じさせる突然変異が起きるのは、きわめて稀なことである。そうしたものは今世紀に入ってからわずか三回しか生じていない。「スペイン風邪」に先立つ一九一八年、「アジア風邪」と呼ばれる新系統が出現した一九五七年、そして「香港風邪」という三番目の系統が出現した一九六八年である。

スペイン風邪の大流行に比べると、その後の流行は意外なほど軽症のものだった。アジア風邪が最初に出現したときには、例外となる可能性のある八十歳以上の人を除いたすべての人間が、それまで出会ったことのない型の抗原を表面にもつウイルスにさらされた。罹病率は予想通り二五パーセントだったが、死亡率は比較的低かった。米国では約七万人が死んだ。香港風邪の場合の死者は二万八千人にすぎなかった。死亡率が低かったのは、アジア風邪と香港風邪のウイルスの表面にある主要な二種類の抗原のうちの片方しか変わっていなかったからかもしれない。一九六八年に出現した新型ウイルスに対して、ほとんどの人が部分的な免疫を持っていたので、ウイルスの影響が和らげられたのである。☆5

インフルエンザ・ウイルスが突然変異を起こしやすいのは、遺伝子の配列にその原因をたどることができる。このウイルスの遺伝物質はDNAではなくてRNAの形で詰め込まれているので、増殖するときにランダムな突然変異が比較的起こりやすい。他のRNAウイルスと同様に、インフルエンザ・ウイルスはヌクレオチドを並べて複製を行うときにエラーが生じても、DNAウイルスが持つようなエラー修正の段階を省略してしまう。生じたエラーがある種のタンパク質をコードする遺伝子に生じたものだとすれば、それはそのまま後世代のウイルスに伝えられることになる。遺伝子の変化はウイルスの表面に抗原突然変異というわずかな変化をもたらす。過去に感染したインフルエンザに対して形成された抗体が功を奏さないのは、この抗原連続変異のためである。イメージとしては、ウイルスが紫色のコートをぬぎすてて、同じスタイルと素材の赤いコートを着るようなものだ。体は新しいウイルスを見慣れたものとして認識できるが、色の違いがあるため今までの抗原作戦では不十分なのだ。

抗原連続変異はほぼ毎年生じるため、インフルエンザに対する免疫は短期間で効力を失ってしまう。それは自然に得た免疫でもワクチン接種によるものでも同じことである。一九九二年に予防接種を受けていても、わずかに形を変えて一九九四年に出現したインフルエンザに対する免疫的な記憶はほとんど持たないことになる。(体がインフルエンザと実際に闘った結果得られた自然免疫は、普通ワクチンで得られたものに比べて持続力があるが、これにも限りがある。ほとんどの抗原連続変異は点突然変異(置換とも言う)あるいは欠失のいずれかのランダムな突然変異で説明できる。いずれのエラーも、遺伝子複製時、つまりインフルエンザRNAの一本鎖が鋳型となり(動物細胞のメッセンジャーRNAと同様に)、それにそって相補的な核酸の鎖が組み立てられるときに起きる。点突然変異の場合には、鋳型mRNAのある一点に誤ったヌクレオチドが配列されて、そこに入り込んでしまう。欠失の場合には、あるべき場所にヌクレオチドがないので、三個一組でヌクレオチドを読みとるときに狂いが生じて、誤ったタンパク質が組み立てられる。

RNAウイルスにおける点突然変異や欠失は、以前考えられていたよりもはるかによく起こることがわかってきている。カリフォルニア大学サンディエゴ校のジョン・ホランドが最近算出した数字によると、ウイルスの複製一万回について一回の割合で突然変異が起きるという。言い換えると一万個の新しいウイルスができるたびに、そのうちの一個が突然変異体になるわけだ。しかもその一万個ができるのに、活発な感染の場合にはものの一時間とかからないのだ。この割合は、人間細胞内で突然変異が起きる頻度に比べて六桁大きい。つまりウイルスは人間細胞の百万倍突然変異を起こしやすいことになる。この割合で行けば、ウイルスの配列の一五パーセントを変えるのにも十二週間しかかからないとホランドは結論づけている。[☆6]

突然変異のほとんどのものは、ウイルス自身の機能に何も変化をもたらさない。何の変わりもなく正常なタンパク質を作り続けるか（一種類のアミノ酸を決める塩基の三つ組は二種類以上あるので、こうした可能性もある）、あるいは突然変異体が死んでしまうかのいずれかの場合がほとんどである。しかし時折、おそらく一パーセントほどのわずかな割合で、新しい抗原を持ち、しかも人間に感染する力のある新しいインフルエンザ・ウイルスが生き残ることがある。

これとは別にもっと重大な変化がインフルエンザ・ウイルスに起きることも考えられる。それはウイルスがある特徴のある構造をしているからである。ウイルスの遺伝子の鎖は、弱い結合で結ばれ、個々の部分の間に割れ目のある分節ゲノムと呼ばれる形態をとっている。[☆7] 分節は原始的な配置の状態にある原染色体のようなもので、全部で八個ある。各分節はそれぞれ一～二種類のウイルスタンパク質の合成に関与している。それぞれの分節は物理的につながっているが、結合が弱いので、付近に別のインフルエンザウイルスがいる場合には、ばらばらになって別のウイルスの分節と新しい配列を作りやすい。異なるウイルスの新しい分節が挿入されると、それが特に動物ウイルスの場合には、遺伝的な「組合わせ変え」が起きる。その組合わせ変えに、ウイルス表面の抗原を形成するタンパク質の遺伝子が関与する場合にはインフルエンザ・ウイルスの形態を大きく変える抗原不連続変異と呼ばれる変異が生じることもある。抗原不連続変異は、紫色のコートを脱いで同じスタイルの赤いものに着替えるどころの話ではない。紫色のコートを脱いで、かわりに白いチュニック、緑色のスカーフ、そして鮮やかなオレンジ色のマントを身につけるようなものだ。なにもかも変わってしまうので、体はウイルスをまったく認識することができない。

遺伝的な組合わせ変えが起きるためには、二種類以上の系統に属するインフルエンザ・ウイルスが一つの細胞に同時に感染しなければならない。人間はヒト・インフルエンザと同様にブタのものにも感染するが、同時に感染することはそう簡単には起こらない。こうした組合わせ変えは病原体保有動物の中でしばしばみられる。病原体保有動物には主としてアヒルをはじめとする鳥類や豚などがあり、こうした動物は自らは病気になることなしに、ヒト、鳥類、哺乳類などあらゆるもののインフルエンザに感染する。病原体保有動物の腸内に入ったウイルスは、トランプの名手の手にかかったようにして組合わせが変えられ、新しいランダムな組合わせを作る。こうしたこと自体はかなり頻繁に起きるが、幸いなことに人間に感染できるものが作り出されることはめったにない。一部分が人間、一部分が鳥あるいは豚といった変異体が組合わせ変えによって出現して、しかもこれが人間に感染できるものであるときに、新しい型のインフルエンザの大流行が起きる。

豚やアヒルの腸内ではこうして絶えまなく遺伝子分節の組合わせが変えられているわけだが、そのうちでも人間社会に大きな被害をもたらすようなものは十〜四十年に一回の割合でしか出現しない。組合わせ変えの起きたウイルスの大部分はチンパンジーとマーモセットが偶然交配したようなもので、生きていくことはできない。しかしこうして生じた雑種ウイルスの内でも生存力を持ち、そのうえ人間の細胞に感染できる雑種ウイルスは、今までのインフルエンザ・ウイルスとは根本的に異なるので、たちまち多勢の人に感染して深刻な問題を引き起こすことになる。

汎流行性インフルエンザの歴史は中国に始まる。誤った名前を持つ一九一八年のスペイン風邪も、アジアが発祥の地なのだ。アジアで発生するその第一の理由は、そこにアヒルやカモがたくさんいるからである。(野生のカモはインフルエンザの主な病原体保有動物であり、その割合は馬や牛よりも多い。)中国では稲作に害をもたらす害虫を補食するカモは歓迎されている。ある概算によると中国にいるカモの数は人口を上回るとも言われている。中国の農家では、人間をはじめインフルエンザを保有するその他の動物の近くでカモを飼育している。カモは鳥類のインフルエンザと同じくらい人間のインフルエンザにも感染しやすい。このような状況で同時感染することによって、遺伝的組合わせ変えに格好な場が与えられることになる。これもまた中国でよく行われていることだが、カモやニワトリを豚のそばで飼育している場合には、さらに多くの問題が生じる。豚も別の動物のインフルエンザに同時感染してまったく新しい系統を作り出す混合容器になりうるのだ。[☆8]

豚とカモの同時飼育が汎流行性インフルエンザを作り出す場であるという情報に注目したスティーヴン・モースは、「これは驚くべきことだ」と述べている。彼はこの説の有力な提唱者を招いて、それをさらに広めようとした。一九八九年の会議に、メンフィスにあるセント・ジュード小児病院のロバート・ウェブスターを招いて講演を依頼したのだ。その説の何が驚異的なのかというと、ウイルス学全般においてランダムな突然変異の最も華々しい例として考えられていたインフルエンザも他のウイルスと変わらず人間の行動の影響を受けるという点だった。「インフルエンザは今までずっと進化しつつあるウイルスの典型として取り上げられていたし、新しい流行はウイルスに生じた突然変異が原因で起きると考えられていた。一～二年毎によくみられる小流行はそうかもしれないが、汎流行を起こすインフルエンザ・ウイルスにはあてはまらない」とモースは言う。☆9

大流行をもたらすインフルエンザの主な出所がカモだというのは、同時感染しやすいことだけではなくて、他にも訳がある。この鳥は組合わせ変え変異体を広い範囲にばらまくのにも適している。渡りの季節になると膨大な距離を飛んで、広い地域に汚染した糞をばらまく。カモは総排泄腔、つまり直腸から水を取り込むので、池を泳ぎ回りながら、自分あるいは他のカモのウイルスだらけの排泄物で汚染された水を取り込むことになる。

インフルエンザがカモからカモへ移動するのは、人から人へ移動するのとは訳が違う。カモをはじめ他の保菌動物の体内にあるインフルエンザは、腸内に閉じこめられているので、口（カモの場合には排泄腔）から入り、腸内で増殖して、糞と共に排泄される。人間の場合、インフルエンザは呼吸器に感染する。ウイルスは鼻や喉から体内に入り、肺で増殖して、咳やくしゃみで次の宿主に伝えられる。（ウイルスは空気中で二時間ほど生きていられる。)

「全世界から馬、豚、カモを排除できたら、インフルエンザの大流行もなくなるだろう」とマウント・サイナイのキルボーンは述べている。動物の腸内で二種類のインフルエンザが増殖しながら分節を交換して、人間にとって極めて高い病原性を持つインフルエンザが生じることがある。もちろん、組合わせ変えで生じたものが無害であったり存続できないものであることの方が多いが、何回も増殖や組合わせ変えが繰り返されるうちに、偶然流行性の強い系統が出現することも時々ある。こうしてできたあるウイルスで、七分節がヒト・インフルエンザ、一分節が鳥類のインフルエンザから構成されていたとする。しかも鳥遺伝子の一分節に人間の細胞に入り込むことのできる新しい抗原がコードされていたとする。このような条件が揃うと、動物の排泄物に近寄りすぎた人間には誰にも新しいウイルスが感染する可能性がでてくる。その新しいウイルスは、免疫を持つものなど誰一人としていない、未だかつてみたこともないものかもしれないのだ。

そのような危険な組合わせ変えは、一九六八年に起きたものが最後である。しかし開発途上国で新しく行われるようになったある農業様式によって、そうした系統が間もなく出現する可能性が高まっている。アジアの農家では豚、アヒル、ニワトリを一緒に飼うことがあるが、これは近頃人気のある魚の養殖をする農家に多くみられる。魚の養殖は、タンパク質源を大量に生産する、エネルギー効率の良い方法として推進されているが、そこではアヒルが泳ぎ回ったり水を飲んだりしている池で魚を飼い、ニワトリの糞を豚に食わせ、その豚の糞をそのまま池に播く。こうした農業様式によって遺伝的組合わせ変えが起きる重大な可能性があることを心配するウイルス学者もおり、それは特にヨーロッパに多い。最近ウェールズとドイツの科学者が魚の養殖について次のような考えを述べている。「二種類の保菌動物を一緒に飼うことによって、人間の健康を脅かすものが作り出される可能性が十分にある。[☆10]」

抗原連続変異と不連続変異を論じるためには、まずインフルエンザ・ウイルスの表面にある二種類の抗原である血球凝集素（ヘムアグルチニン、略してH）とニューラミニダーゼ（N）について理解する必要がある。初期感染したときにできる抗体は、これらの抗原に対して作られるのである。HおよびN抗原に生じた変化が、前年と同じ型として分類されるくらいのわずかなものである場合は抗原連続変異である。H型とN型のいずれか、あるいはその両者が新型として分類されるような重大な変化は抗原不連続変異である。

抗原不連続変異は今世紀に入ってから三回しか起きていない。そしてそれは一九一八年、一九五七年、一九六八年の大流行をもたらしている。子供時代にこれらの大流行を体験した人々の抗体を調べることによって、各々の流行にどのようなH型やN型が関与していたか決定することができる。こうした過去にさかのぼる研究は、インフルエンザ抗体のある重要な特性を利用している。それは、子供時代に最初に感染したインフルエンザに対してつくられた抗体が、最も強くて一生持続するという特性である。これは異なる型の大流行に何回かさらされた人の場合にも当てはまる。一九一八年にスペイン風邪の大流行をもたらしたウイルス表面の抗原はH_1N_1（1型血球凝集素、1型ニューラミニダーゼ）と呼ばれている。一九五七年アジア風邪のものはH_2N_2、一九六八年香港風邪はH_3N_2（ニューラミニダーゼの部分は変化しなかった）と呼ばれている。現在も、H_3N_2型のものが依然として世界中に出回っている。

人間に感染するのは、三種類の血球凝集素型と三種類のニューラミニダーゼ型だけのようである（H_1、H_2、H_3型の血球凝集素、そしてN_1、N_2、N_3型のニューラミニダーゼ）。しかしこの以外の型を持つ抗原も

図6　インフルエンザ抗原の変動と変換

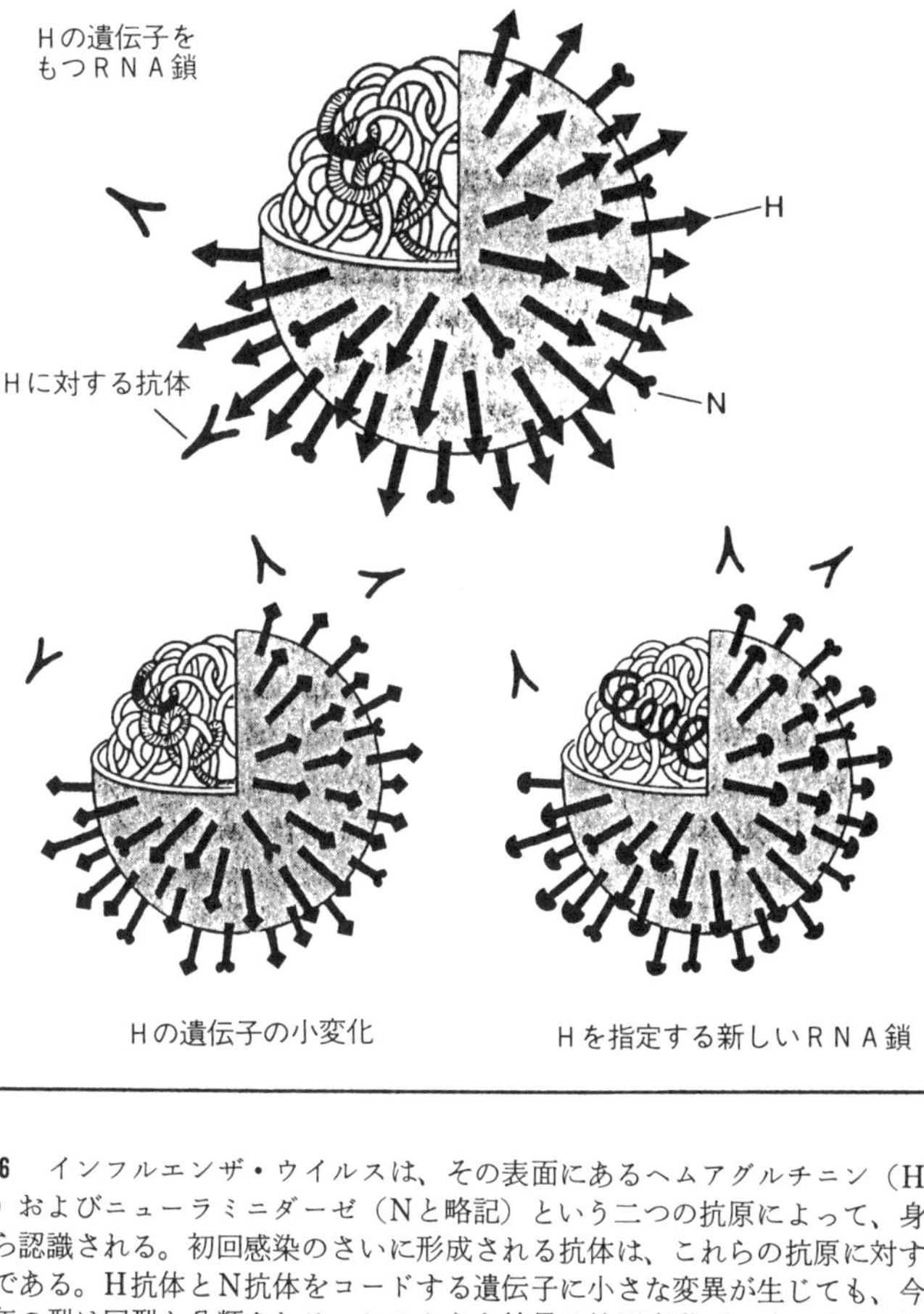

図6　インフルエンザ・ウイルスは、その表面にあるヘムアグルチニン（Hと略記）およびニューラミニダーゼ（Nと略記）という二つの抗原によって、身体側から認識される。初回感染のさいに形成される抗体は、これらの抗原に対するものである。H抗体とN抗体をコードする遺伝子に小さな変異が生じても、今年と来年の型は同型と分類される。このような結果は抗原変動（antigenic drift）として知られる小さい変化をもたらす（下左）。もしまったく新しい遺伝子分節が生じてくると、表面抗原は新しいH型、新しいN型、またはその両方として、別の区分に分類されることになる。新しい大流行をひき起こすこの大きな変化は、抗原変換（antigenic shift）である（下右）。

出回っている。H型には十四種類、N型には九種類のものが知られているが、ほとんどのものは鳥類あるいは豚に限られている。しかし近年になって、今まで人間に感染しないと考えられていたものの一つ、血球凝集素7型が、研究室内でサルの細胞に感染することがわかった。これは私たちが考えている以上の抗原が汎流行性インフルエンザを起こすものに変わり得ることを示している。実際に大流行が起こらないのは、適当な組合わせ変えがまだ生じないからにすぎないのだ。

汎流行をもたらすインフルエンザは、三種類あるもののうちで、A型インフルエンザに限られている。このほかにはB型インフルエンザとC型インフルエンザがあるが、これらの種類は、一般社会に大規模な被害をもたらすことはない。B型インフルエンザはA型と同じような病状をもたらすが、はるかに安定している。それは、このウイルスが大流行の原因となる新型ウイルスの混合容器となる動物に感染できず、人間だけに感染するからだろう。C型インフルエンザは他の二種類と構造的な関連はあるが、普通の風邪と区別できないほど軽い上気道の炎症をもたらすにすぎない。

ほんの一時期ではあったが、インフルエンザの大流行が十一年周期で起きると研究者たちが考えていたことがあった。これは一九七〇年代の終わり頃、ブタ・インフルエンザが大流行する兆しをみせた時に出た説で、一九四六年、一九五七年、一九六八年と大規模な流行が周期的に現われた事実に基づいていた。いま振り返ってみれば、一九四六年の流行は、まったく新しい抗原不連続変異によるものではなくて、古い型が予想以上の猛威をふるったのにすぎなかった。

この十一年周期というまことしやかな説は人々の心をとらえた。そして科学者のなかにもその考えの虜になった人がいた。一九七六年、ニュージャージー州で最初のブタ・インフルエンザが現われたまさにその日に、『ニューヨーク・タイムズ』の署名入り寄稿欄にある記事が偶然に掲載された。それは、その冬にインフルエンザの予防接種を受けるよう米国の人々に呼びかけるもので、エドウィン・キルボーンによって書かれていた。その記事は、新しいウイルスの出現を予感させるようなものだったが、タイミングがずれていて、次のような書き出しで始まっていた。「一九四〇年代以来、正確に十一年周期で世界規模のインフルエンザの流行が記録されている。[☆11]」

今日でも、毎年インフルエンザの季節になると義務的に現われる新聞記事は、必ずと言っていいほどインフルエンザが十一年毎に大流行するという「事実」を引用している。これほどまでに流布した考えではあるが、今日キルボーンを含めたほとんどのインフルエンザ研究者は、十一年周期の大流行がまったくの誤りだったと考えている。「流行の原因やウイルス・ゲノムの配列が解明される前の古いデータの解釈が間違っていたのだ」と米国立アレルギー・感染症研究所の呼吸器系ウイルス研究室のチーフ、ブライアン・マーフィーは述べている。一世代ほど前には、インフルエンザの活動がたびたび活発になり、およそ十一年の間隔で流行するかのようにみえた時期があった。それは一九四六年、一九五七年、一九六八年、一九七七年のことである。しかし今では、一九四六年のウイルスが一九一八年以来続いていたN_1H_1型であったことがわかっているし、一九七七年の流行も抗原不連続変異とはまったく関係のない、どちらかといえば奇妙なことが原因になったと考えられている。その年の流行は「ソ連風邪」と呼ばれたものだが、遺伝学的に調べたところ、N_1H_1型の変種であることがわかった。しかも奇妙なことに、分子の分析をさらに進めたところ、ソ連型ウイルスはその二十五年前の一九五〇年に最後にみられたものと遺伝的にまったく同じものだということがわかったのだ。「血球凝集素やニューラミニダーゼが変わらなくとも、個々の遺伝子には毎年ある程度の変化が起きると考えられるが、このウイルスは遺伝的に凍結されたかのようだった」とマーフィーは述べている。[☆12] この凍結された状態とは、まさにその言葉の示す通りのことを意味していた。中国の研究施設に凍結保存されていた一九五〇年代のインフルエンザ・ウイルスが、どういう訳か一九七七年に外界に放たれてしまったというのが、現在多くのウイルス学者が信じるところである。この説は中国の研究者のだらしなさを指摘することになるので外交的にまずいことをマーフィーは承知しているが、それ以上に有力な説明は現われていない。不用意にも解凍されてしまったウイルスは、それ以来、本来期待されるように年々ゲノムを変えながら動き回っている。現在、世界には二種類の型のインフルエンザ、ソ連風邪と香港風邪のH_1N_1型とH_3N_2型が共存している。そしてある年には一方、別の年にはもう一方が優勢になるといった状態である。

しかし古い神話はなかなかしぶとく、時としてそこからまったく新しい神話が生まれることもある。すべてのウイルス、いや、すべての生命形が宇宙から降ってきたというあの説を一九九〇年に唱えたフレッド・ホイルは、この時代遅れのインフルエンザ十一年周期説を用いて、病気は銀河系の出来事と密接な関係があるという自説に箔をつけようとした。彼は同僚の数学者、N・チャンドラ・ウィクラマシンジと共に、ここ地球上に大流行した病気で最近の十七回のものについては、太陽黒点の活動が最大になる周期と「歩調を合わせて現われるようにみえる」と書いている。太陽黒点によって生じる太陽風にまでこの関係をたどり、太陽風は「大気の上層を通して、保護された下層にまでウイルス大の荷電粒子を送り込むことができる」というのだ。こうして地球上に到達したウイルスは、人から人へと狂ったように広がり、新しい型のインフルエンザが出現するとホイルとウィクラマシンジは記述している。[☆13]

十一年周期は確かに神話かもしれないが、インフルエンザが何らかのサイクルで出現すると考えるもっともな理由があることも確かなのだ。そしてその考え方によると、次の大流行はH_1抗原によって起きる可能性があるという。人間に感染する三種類のH型は、大流行する型が変わるにつれて、ある順番に代わる出現するようだ。H_1からは常にH_2が生じ、H_2からH_3が、そしてH_3から再びH_1が生じるという。この考えは老人の血液を検査して、過去にさかのぼった一九一八年以前の大流行をもたらした抗原の型を調べた結果にもあてはまっている。十九世紀終わり頃にインフルエンザの大流行にあった高齢者の血液中に存続していた抗体の分析を一九七〇年代半ばに行った結果、九十歳代の人々は一八〇〇年代半ばの大流行をもたらしたと思われるH_2N_2の抗体を持ち、七十〜八十歳代の人々は別の型で一八九〇年の大流行をもたらしたと思われるH_3N_2の抗体を持つことがわかった。（一九六八年にH_3N_2香港型が出現したときに、七十八歳以上、つまり一八九〇年の大流行のときに子供だった人々の死亡率と罹病率が、十〜十五歳若い人々に比べて低かったという事実も、昔の大流行の正体を知る手がかりになっている。）もしもH型が本当にこのような周期で変わるとすれば、次に控えているのは一九一八年の大惨事をもたらしたのと同じH_1型のはずである。[☆14]

インフルエンザの変異を考えるとき、なぜそのように頻繁に変化するのか不思議に思うのは当然のことかもしれない。しかし逆に、なぜ大流行を起こす型が滅多に現われないかということも、それと同じくらい重要な問題である。大規模な抗原不連続変異は、結局のところそれほど頻繁に起きるものではないのかもしれない。スペイン風邪とアジア風邪の間隔は四十年だったし、一九六八年にH_3N_2型が出現するまでにも二十年以上かかっている。このように不連続変異が稀にしか起こらないことは、一九八九年の出現ウイルスに関する会議の開会の辞でスティーヴン・モースもとりあげていた。「ウイルス『種』の安定性は何によって決まるのだろうか」と彼は五月のある朝、聴衆に問いかけた。「A型インフルエンザはなぜC型インフルエンザにならないのだろうか。すべてのウイルスは一回の感染で何万、何百万もの子孫を作る。突然変異率の高いことから考えると、その多くのものは変種であると思われる。にもかかわらず、新しい型のウイルスが出現に成功する例は、非常に珍しいことなのだ。」新しく生じたインフルエンザ・キメラが大気に突入するときに死滅しやすいことは、人間にとって幸運このうえないことなのだ。さもなくば、カモの腸から新しいインフルエンザの組換え体が出現するたびに本当に厄介な事になりかねないのだ。

インフルエンザの脅威を気にかけなくなった人々も、一九七〇年代の半ばにライ症候群と呼ばれる子供の病気が突発したときには大きなショックを受けた。一九八〇年にはアメリカで五百五十五人の子供にライ症候群の診断が下され、その数はその数年間にわずかながら増加しつつあった（疾病制御センターは一九七六年以来ライ症候群の監視を行っていた）。この病気にかかるとひどい嘔吐が続き、人格が変わったようになり、無気力な状態が進行して、ひどい場合には昏睡状態に陥る。その年二三パーセントが死亡した。罹病者の死亡率が四〇パーセントを上回る年もあった。何か新しいことが起きているのは確かだった。そしてそれは、日頃お馴染みになっているインフルエンザや、子供のよくかかる感染症である水痘に恐ろしいほどよく似ていた。アメリカの親は、今になって初めてインフルエンザが恐れるに値するものだと感じるようになった。

ライ症候群は一九六二年にオーストラリア、ニューサウスウェールズの王立アレクサンダー小児病院の二十一人の患者に奇妙な症候群を認めたダグラス・ライによって最初に報告されている。病理学者であったライは、死亡した十一人の子供に中毒症状にみられるのと同じような解剖学的変化を発見した。脳は腫れ上がり、腎臓には損傷がみられ、何よりも肝臓の様子が変わっていた。肝臓にはわずかな肥大および硬化がみられ、鮮やかな黄色を呈していた。その翌年、米国の医師ジョージ・ジョンソンも、ノースカロライナ州の小さな町で、インフルエンザが流行した四ヵ月間に脳炎で死亡した十六人の子供に同様の変化を認めた。解剖すると、この子供たちにもライ症候群患者と同じ状態がみられたため、ジョンソンはこの症候群がインフルエンザの何らかの合併症だという結論に達した。これがライ症候群、正確にはライ＝ジョンソン症候群の起源である。

しかし、なぜインフルエンザからライ症候群を併発する子と、しない子がいるのだろうか。この問いの答を得るためには、免疫学的な比較調査を行うしかなかった。一九七〇年代の終わり頃にアリゾナ、ミシガン、オハイオ各州の公衆衛生当局は、呼吸器のウイルス感染症からライ症候群を併発した子供たちと、同じ頃同様な感染症を起こしながらライ症候群にならなかった子供たちを比較した。調査では、子供の病気の期間にあったあらゆることを両グループの親に尋ねた。その内容は何を食べたか、熱はどの程度あがったか、どのような薬を用いたかといったものだった。ライ症候群のグループと対照区にみられた唯一の違いは、合併症をおこした子供たちが、元の感染症の時にアスピリンを服用していた点だった。

一九八二年にはアスピリンとライ症候群の病因的関係は、確実なものになった。合衆国の公衆衛生局長官は、子供を対象に、流感あるいは他のウイルス感染症に対してアスピリンを服用することに警告を発した。一九八八年にはその警告が法律化された。幼児および十代の子供は水痘やインフルエンザの徴候がみられるときにはアスピリンを服用しないように明記したラベルをアスピリンの瓶につけることが食品医薬品局(FDA)によって義務づけられた。「病因学的な関係が無いなどとはとても言い出せないほど、アスピリンとライ症候群の関係は堅固なものになってしまった」とCDCの疫学者であるローレンス・ショーンバーガーは述べている。☆15

ウイルス感染にアスピリンを用いた結果ライ症候群が起きるという関連は一般的に受け入れられてはいるが、その関係の内容はまだ解明されていない。それは完璧とはほど遠い関連なのだ。インフルエンザや水痘にかかったときにアスピリンを服用するすべての幼児および十代の子供のうち、ライ症候群を併発するのは〇・一パーセントを下回ると政府当局は推定している。しかもライ症候群にかかった子供のうちで、五〜一〇パーセントにはウイルス感染症などまったく起こさない。しかし、一九九〇年にはライ症候群にかかった子供がたった二十五人と、発生率が低下するに従って、この謎に取り組む研究者にもこれ以上研究を進めるのを渋る様子が見られるようになってきた。こうしてこの合併症も、インフルエンザから生じる他の珍しい合併症の仲間入りをすることになるのだ。このウイルスは稀にではあるが、中枢神経系や筋肉細胞に侵入して、それぞれ脳症、筋炎という感染症を起こし、長期にわたる後遺症が残ることもたびたびある。しかし、これも他のウイルスにみられる急性感染症の様子とほとんど変わらない。体を出ていく途中でウイルスが少し脱線してしまうだけのことなのだ。

ウイルス学の研究では、時おり予想外の好都合な進展がみられることがあるが、こうした中で、インフルエンザ・ワクチンの開発を行っていた研究者がウイルス自身の持つ優れた武器を逆手に取って、変化しやすいこの小さな敵を出し抜くことができた。流行を押さえるために開発された研究室系統のインフルエンザ・ワクチンは、悪名高いあの組換えの特性を利用している。しかしその特性がワクチンを短命に終わらせるという皮肉な側面をもたらしている。ワクチンの作り方は簡単である。急速に増殖する研究室のドナー系統に、その年のインフルエンザ・ウイルスの変種を混ぜ合わせ、後はウイルスのするに任せておけばよい。ウイルスは自己のゲノムに急速な増殖をもたらす系統を取り込み、狂ったように増殖し始めるのだ。後は簡単、そうして増えたウイルスを希釈してワクチンを作るだけだ。

都合の良い意外な進展はここで起きる。急速な増殖を行う特性を取り込むのに必要な遺伝子をもつPR-8という系統のインフルエンザが元々一九三〇年に培養されるようになったのは、このウイルスが組合わせ変えを行いやすいからだった。どの年のものでも、新しいインフルエンザのサンプルをPR-8と共に培養すると、何回かパスが行われる内に、新しいインフルエンザはPR-8から増殖遺伝子を拾い上げる。新しい組合わせを得たウイルスは、ワクチンを作るのに十分な速度で増殖するようになる。

ワクチン製造に用いるインフルエンザ・ウイルスは、受精卵を培地にして培養される。個々の卵にPR-8とその年のインフルエンザをいくらか混ぜ合わせ、次にPR-8の増殖が速すぎないようにそれを押さえる血清を加える。この血清の働きによって、インフルエンザは自己の表面にある抗原の遺伝子を変えることなしに、PR-8から増殖遺伝子を取り込むことができるのだ。

ワクチン製造者は毎年二月の半ばには、その年の成分にどの抗原をいれるか決めなければならない。言い換えると、インフルエンザのシーズンのまっただ中にいる今、科学者は次のシーズンの病気をもたらすウイルスの正体を明らかにしなければならないのだ。十一月の接種、十月の出荷に間に合うだけのワクチンを製造するため、製薬会社にはそれだけの期間が必要なのだ。ワクチンもすぐには効かない。持続的な免疫力をつけるだけの抗体が体内で作られるまでには二週間ほどかかる。こうした時刻表に従っているので、十二月に始まり二月の終わりまで約十二週間続くインフルエンザ・シーズンに備えることができるのだ。

まだ記憶に新しい大論争を呼んだ公衆衛生キャンペーンのおかげで、このワクチン製造スケジュールはかなりスピードアップされた。そのキャンペーンとは一九七六年のブタ・インフルエンザに対する大規模な予防接種プログラムのことである。「合衆国のすべての男女および子供たち」(ジェラルド・フォード大統領の言葉)の接種に十分なワクチンを製造するための多大の努力が実って、数百万回分の高品質なワクチンを三~四ヵ月ほどで作れることが明らかになった。しかしこのときには恐れられていた大流行がまったく出現しなかったので、四千万人ものアメリカ国民が受けた接種は無駄に終わったと批判する評論家もいた。しかもこのブタ・インフルエンザ物語から生じた唯一の本物の病気は、ワクチンによって引き起こされたものだった。約千人の人々がギラン＝バレ症候群にかかったのだ。これは重大な麻痺が起きる病気で、接種に対する免疫反応が直接の原因であることは明らかだった。しかし早くから一貫して集団接種を提唱していたエドウィン・キルボーンは、当時の知識に基づいて考えれば政府の行動は合理的で賢明だったと述べている。研究者たちは一九一八年に大惨事を引き起こしたインフルエンザと同じ系統のものに出会ったと思った。そして何十万人もの死者が出るのを防ぐ手段があると考えたのだ。「ワクチンなしの大流行よりも、大流行なしのワクチンのほうが良い」とキルボーンは今日述べている。[☆16]

　賢明であったか否かはともかくとして、政府の予防接種キャンペーンは、長期にわたって政治的な反動をもたらした。CDCの長官であったデヴィッド・センサーは、ブタ・インフルエンザが実際に出現しなくとも注意するに越したことはなかったという立場をとったため辞任に追いやられた。不確実なものに対して集団接種を進めようとしたセンサーは、今日すっかり有名になったメモの中で次のように指摘している。「政府にとって、不必要な死や病気に耐えることに比べれば、不必要な出費に耐えるほうがましだ。」ワクチン接種が始まってから一ヵ月後、失敗に終わる一ヵ月前にあたる十一月に行われた選挙でフォード大統領が敗北した理由の一つを、部分的にではあるがこのプログラムのせいにする政治評論家もいる。[☆17]

　本当のところ、この話はその何ヵ月も前の一九七六年二月十三日の金曜日に始まったのだった。ニュージャージー州にある基礎訓練キャンプ、フォート・ディックスでインフルエンザの患者が出たという報告がCDCに届いた。十九歳の新兵、デヴィッド・ルイスが死亡したのだ。ウイルスの型を調べるために十九例のサンプルを分析したところ、ルイスのものを含めた五例に一九一八年の大流行を起こしたインフルエンザ・ウイルスと同じH_1N_1配列がみられた。これを知った公衆衛生当局は、一九一八年規模の流行を起こすまいと、ワクチン接種を主役とした近代技術を用いて行動を開始した。しかし当時決断を下した人々は、インフルエンザの重要な変種がみられたことが必ずしも大流行につながらないことを、後になって知ることになった。「早い時期に新型のウイルスが検出されても、集団接種を実行に移す根拠にはならないこともある。しかし私は、少なくともそれがワクチンを製造して準備しておくシグナルにはなると考えている」とキルボーンは「消えたウイルス」という一九七九年の記事に書いている。☆18

皮肉なことに、ブタ・インフルエンザの経験によって病気の監視体制に隠された弊害が浮き彫りにされたのかもしれない。それは、監視の度がすぎるとどうにも説明のつかないことまで発掘してしまう恐れのあることをいっているのだ。フォート・ディックスでインフルエンザが出たとき、公衆衛生担当の熱心な若者が流行型を解明する担当になった。偶然にもキルボーンの許で訓練を受けてきたその若者は、実に忠実に教えに従った。最初、患者の呼吸気道の洗浄液を数例調べたところ特に異常が見られなかったにもかかわらず、彼は捜し続けた。「もしも十八〜十九例ではなくて二〜三例のうがい水でやめていれば、確率からいってても今回の流行がH_3N_2インフルエンザによるものだと判断しただろう。特別な警戒は必要ないということで、行動も起こされなかっただろう」とキルボーンはいま述べている。

ブタ・インフルエンザの「発見」をもたらした過剰な監視体制は、今日までずっと続けられている。毎年百六十名の内科医がCDCの「番人」として任命される。彼らは毎週アトランタの本部にはがきを出して、国内でどれくらいの人がインフルエンザのような徴候を訴えているか、政府当局に知らせることになっている。これらの医師の一部は痰のサンプルを政府の中央研究所に送り、研究所はインフルエンザ・ウイルスの型を解明してその結果をCDCに伝える。さらに念入りに探りを入れるために、毎年インフルエンザ・シーズンのはじめには中国の田舎まで遠征している（中国南部のインフルエンザ・シーズンは南半球と同じ六月から八月にかけて、中国北部は北半球と同じ十二月から二月にかけてである）。普通インフルエンザの系統は最初に中国に出現するので、遠征するだけのことは十分にあるのだ。一例をあげると、一九八七年の終わり頃に中国を訪れたCDCは、上海衛生流行病対策センターで、培養中の新型インフルエンザのサンプルを入手した。おかげでその系統の抗体（A／シャンハイ／11／87と命名された）を一九八八年に合衆国で接種するワクチンに入れることができたのだ。[19]

集中的かつ世界的な監視の対象であるインフルエンザは、さまざまな出現ウイルスに対して先手を打つシステムの青写真に手がかりを与える。しかし、その青写真も一筋道で描きあげられてきたものではない。インフルエンザの場合、監視が成功する例は限られていた。ウイルスは頻繁に、予期せぬ時に姿を変えるので、ぴったり合ったワクチンをタイムリーに開発するという明快な効果には手が届かない場合が多い。「私は楽天的な性格だが、たくさんのウイルス、それも特に新しいものを追う監視システムの効果に対してはあまり楽天的ではない。たった一つの病気に注意を向けているインフルエンザの研究者ですら、変化の発見から、それを押さえる手段を実行に移すまでの遅れに気づいている。そして変化そのものではなくて、その可能性しか予測できないことも知っている。未知のウイルスの監視はこれに比べてさらに困難で、第三世界はおろか、世界中のどこを探しても見つからないようなレベルの臨床および研究面の能力が要求されるのだ」とキルボーンは述べている。[20]

「どうしたらそれをくい止められるだろう」とウイルス学者が自問するとき、監視という考えは避けて通れない道であろう。使用できる抗ウイルス剤の種類はわずかなもので、ワクチンも限られているような状態で、ウイルス学者は一世紀前の細菌学者のような気分に違いない。なにが人間を苦しめているのかわかっている。多くの場合その苦しみを予測することもできる。しかし、こと防御に関してはどちらかといえば無力なのだ。生物学の次の波頭は、待望されているウイルス出現のしくみの最終的な分析結果であり、そこには反撃に移る科学者の姿がみられることだろう。

第3部

反撃

第8章　エイズに続くもの

フロリダ州では十四ある郡のすべてでニワトリを飼育している。春夏になると毎週衛生リハビリ活動部の科学者が、ニワトリの血液を採りに飼育場を訪れる。採血するのは容易なことではない。格闘して羽は飛び散り、爪で引っかかれ、けたたましい鳴き声があがる。採血が終わると、研究者は血液をサラソータ所在の研究室に持ち帰り、ウイルス感染の徴候を調べる。その調査では、蚊が媒介する二種類の脳感染症、セントルイス脳炎（SLE）と東部ウマ脳炎（EEE）を特に警戒している。ニワトリはどちらにも感染することが知られているし、それは人間の場合にもあてはまるからである。

一九九〇年六月初旬にインディアン・リバー郡のニワトリの血清試験を行ったところ、すべてのニワトリが陽性に転移していた。これは前週にSLEあるいはEEEの抗体をもたなかった状態から、いまでは抗体を持つようになったことを意味していた。感染が新しいものであったことから、この場合には時間が重要な要因になっていた。リー、マナティー、オレンジといった他の郡では、約三分の一が陽転していた。

この割合が少ないからといってウイルス感染が起きなかったわけではない。インディアン・リバーに数週間の遅れをとっているにすぎなかったのだ。八月十三日には他の郡もほとんど追いつき、オレンジ郡でも八〇パーセントがSLE抗体を持つようになっていた。

このニワトリはただのニワトリではなかった。見張り番に立てられていたニワトリだった。人間にウイルス性脳炎が流行するきっかけをつかもうとして、一九八二年にフロリダ州で始められた意欲的な疫学プログラムの一環だった。炭坑で坑夫たちに、自らの死をもって危険なガス漏れを知らせるカナリアのように、見張りに立つニワトリは自らの健康状態を通して、人間が屋外に出ても安全かどうかを知らせるのである。[☆1]

このニワトリのプログラムも、ニワトリだけをモニターしていてもうまくいかないのはむろんのことである。何かの方法で人間も監視していかなければならない。ニワトリが陽転した郡では、フロリダ州公衆衛生当局が、人間に脳炎が起きる可能性を医師たちに警告したり、疑わしい記録を求めて病院の記録をモニターした。ニワトリのウイルス抗体が増して監視が強められても、脳炎にかかる人間が増加することはほとんどないようだったが、この監視体制はそのまま続けられた。一九九〇年、ついにその成果があがった。インディアン・リバー、レーク、ハイランズの三郡で、脳炎と診断されて入院していた患者のうちの五人がSLEであり、もう一人も疑わしいことがわかった。探す相手があらかじめわかっていたので医師たちも診断が下しやすく、また蚊を駆除する薬剤散布キャンペーンをタイムリーに行おうとする公衆衛生当局も、賛同を得やすかった。

次々と出現するウイルス病を打ち負かすために私たちのできる最善のことは、早期に何らかの警告を出せるシステムを確立することだろう。必ずしもニワトリを用いる必要はないが、人間と同じ病原体に感染する動物を見張りに立てるのは、新しい病気が進む道をモニターするのに便利な方法の一つであることは確かである。そうした動物を人間のそばに置く必要はない。こうした見張り動物やそれに相当する新型ウイルスの早期検出手段は、むしろ人里からかなり離れたところに置くのが最善であろう。また、費用のかかるものである必要もない。発展途上国のいたる所、戦略的には今までの新型ウイルスが出現してきたような熱帯雨林の端に栄えている巨大都市の近くに良いシステムを設置したところで、毎年の管理費は、過去に天然痘の接種を個々に行ったときにかかった程度、あるいはそれ以下の費用しかかからないと推定される。

ここで天然痘撲滅キャンペーンに言及しているのは偶然ではない。「ウイルス追跡センター」国際ネットワークの最も有力な支持者であるドナルド・(「D・A・」)ヘンダーソンは、世界規模の天然痘撲滅キャンペーンの医学部門の指導者として有名になった人物である。現在彼はホワイトハウスの科学技術政策局(OSTP)において生命科学分野の次長をつとめている。少なくとも理屈では、公衆衛生のあれこれに関して合衆国大統領と直接接触できる立場にあることを意味している。一九八九年に開催されたモースの会議で(ヘンダーソンがOSTPに任命される九か月ほど前)、合衆国が新型ウイルスの出現する恐れのある雨林などの端に「情報収集所」を設置するべきことをヘンダーソンは提案した。それぞれの場所には診断や研究のできる施設を置き、流行に対応して仕事にかかる現地の健康指導員を指導する疫学チーム、そして珍しい病気ばかりではなく、ありふれた感染症の治療を行う診療所も置くべきだと主張した。各センターはアメリカの医学校と正式に提携して、医学研修を受けているアメリカの学生が、期間中にセンターの仕事を一通り体験できるようにするべきだとも述べた（現地の医学生もそこで研修を受ける）。そしてデータの収集と分析、支援活動、有事の際に指揮をとる政府の中央研究所を合衆国に置くべきだと言った。国外に十五ヵ所のセンター、これをバックアップする十ヵ所の研究所をアメリカ国内に必要とするこのシステムには、年間約一億五千万ドルかかるだろうとヘンダーソンは述べている。ちなみにある数字によると、エイズ患者にかかる費用は、合衆国だけでも一九九四年には百四億ドルに達するという。[☆2]

ヘンダーソンの情報収集所は、利他主義と利己主義がうまい具合に混じり合っている。施設の設置されている発展途上国の人間の健康状態を向上させるばかりではなく、間接的にではあるが合衆国の人々の健康を向上させることにもつながる。ヘンダーソンによれば、現在の研修医に熱帯病の知識を与えなかったことが、すべてのアメリカ人いや工業化社会のすべての人々の健康を危険にさらすことになる恐れがあるという。「若い医師は、アメリカで近頃よく見られるようになっているいくつかの病気をよく知らない」と彼は述べている。予期せぬ場所に珍しい病原体が出現したとき彼らがまごつけば、的確な診断を下すのが遅れ、貴重な時間が無駄になり、早ければ退治できるものを周囲に広める結果になってしまう。北アメリカおよびヨーロッパの医学生に、研修の一環として国際的な感染症センターで働く機会が与えられれば、自国の仕事に戻った時に他の人々の情報源になることができるだろう。「そうすれば、よい研究施設や大病院には感染症に詳しい医師が必ず数人いることになるだろう」と彼は述べている。[☆3]

奇妙な新しい病気を発見する教育は、新しい伝染病をくい止める上で、みかけよりもはるかに重要な役割を果たす。従来の医学教育は、常に可能性を念頭に置いて判断を下すように医学生に教え込んでいる。医学生のスラングである「シマウマ」という言葉で表わされる、あのセントラル・パークの蹄音のたとえのように、奇妙な外来のシマウマではなくて、ありふれた診断を下すような教育をしているわけである。しかし世界が狭くなり、微生物が国際的に行き来する機会が増えるにしたがって、いままでの可能性も変わりつつある。何の前触れもなしに、マンハッタンを馬ではなくてシマウマが駆け抜けるのを見るようになるかもしれないのだ。明日の医師は、こうして突然起きる病気のパターンの変化に対応できなければいけない。さもなくば、伝染病の抑制に取りかかることすらできない。ルーブ・ゴールドバーグの大がかりな仕掛けを始動させる小さな玉の役割は医師が果たさなければならない。彼あるいは彼女が最初の警告を発しない限り、何も起こらないのだ。

「伝染病を即座に識別するには、何事にも強い疑いをもって臨むことが肝心だ。しかし、個々の臨床医、疫学者、保健所などが伝染病を警戒する程度はまちまちだ」と当時イェール大学アルボウイルス研究ユニット（YARU）の主任であったウィルバー・ダウンズは述べている。蚊が媒介するある病気に正確な診断が下される前に、「何十、何百、あるいは何千人の」患者が病院の廊下を通ることもざらである。そうしている間にもウイルスを運ぶ何百万匹もの蚊が増え続け、刺し続けるので、早期に正確な診断が下されていれば数週間早い時点ですばやく根絶できた病気に人々がさらされることになる、とダウンズは述べている。[☆4] また、医師がだらしないため診断が遅れることもある。無関心が原因になることもある。外来性の病気の情報がない、つまり稀な病気であることだけが診断を遅らせることもある。新しい病気の初期の徴候を医師が識別できなかったら、それに続く監視システムや予防体制は無意味なものになってしまう。

こうした病気が、時として、医師よりも一段上のレベルの公衆衛生省レベルで警戒網から逃れてしまうこともある。そのような場合には、間違いなく打算的な動機があるとみてよい。国内で伝染病が発生したことを他国に知らせたくない場合である。「その国に利益をもたらす観光業のために伝染病の情報が隠されることもある」とダウンズは述べている。観光客を呼び寄せるために伝染性ウイルス病を隠す。倫理的にも嘆かわしいことだが、実際にはいつも行われていることなのだ。こうしたことは公衆衛生当局の知るところで、彼らの協力の元で行われている。しかも伝染病を否定することで利益が得られることが明らかにわかっている国ばかりではなく、不運な旅行者を送り出す側の国の人々、なかでも特に科学者がこれにかかわっている。「旅行者が訪れる国で何かが流行したとしても、その国の政府が望まないときには公表しない」と、ダウンズの後任としてYARUの主任をつとめるロバート・ショープは述べている(ダウンズは一九九一年に死亡した。)「私たちは世界保健機構に報告するが、それ以上のことは責任の限りではない。それから先はその国の責任になる」と彼は述べている。そのようなやり方が旅行者にとってフェアでないことはショープも認めているが、彼はこの問題は、最近論争を呼んでいるエイズ検査の秘密性に匹敵するようなものと考えている。「概念的には同じ問題なのだ。HIV検査を秘密にする理由は、さもなくば検査を受ける人がいなくなって、もっと危険なことになるからだ。伝染病の場合にもこれと同じことがいえると思う。もしも我々のセンターが秘密を守る約束をしなかったら、彼らは試料を送ってくれなくなるだろう。[☆5]」以上のようなわけであるが、それに対するショープのアドヴァイスは、実に簡単である。黄熱病のような恐ろしい病気のある国に旅行する場合、予防接種があればそれを受けてから行くように言っているのだ。

不利な点をどの程度公にするかといった不明瞭さは、形式的な部分の多い「情報収集所」ネットワークにも影を落とすことになる。特にWHOが指導的立場をとることになれば、なおさらのことである。国連を通じて組織されているＷＨＯは、コンセンサスを作るのは得意だが、それぞれの参加国の利害関係を乗り越えて力を発揮するのは苦手とされている。「国連システムのどの組織も同じようなものだが、ＷＨＯの根本的な問題点は、それが国単位の集まりで構成されているところにある」と一九八六年〜一九九〇年にＷＨＯの世界エイズ・プログラムを指揮していたジョナサン・マンは述べている。「もしもA国が自国でコレラが流行していることを世界に知らせたくないときには、その国が要請するまでＷＨＯはほとんどなにもできない。」理屈ではＷＨＯは世界中の国々の協力を要請できることになっている。しかし現実には、いつもそういうわけにはいかない。「私はＷＨＯで仕事をしてきたが、やめた後でもＷＨＯの限界に関する考えはまったく変わっていない。ＷＨＯの能力はたいそうなものだが、必ずしもそれを実行に移すことができない。動機づけが必要なのだ。何らかの方法である種の責任を負うように強制もしなければならない[☆6]」。

ジュネーブを本拠地とするＷＨＯの伝染病および健康動向評価局に所属する科学者、ジョン・ウッドールは、自分の組織にもっと信頼を寄せている。「ＷＨＯはすべての国々に受け入れられ、国交のない国の仲介もできるので、筋道を立ててウイルス監視活動を取り仕切ることができる」と彼は記述している[☆7]。ウッドールはＷＨＯには次のような独自の能力もあると言及している。一九五〇年代にロックフェラー財団ウイルス研究所がやっていたように、新型ウイルスの収集と同定を行う発展途上国の研究所に特別補助金を出す、いろいろな国である特定のウイルス・ベクター集団の変化をモニターする、ウイルス病の流行している国で監視を行って、流行の広がる速さや方向を明らかにする等である。

ＷＨＯを弁護するウッドールの言葉は、国立科学アカデミーの出版物の一九九〇年秋号に掲載された記事に対して書かれたものだった。その記事ではモースが、彼の「ウイルス交通を規制する」方法をいくつか提案していた。その中には、ヘンダーソンの「情報収集所」のアイディアや、モース自身の考えもいくつか含まれていた。第三国に開発計画があれば、それに付随した形で「ウイルス交通の計画」も考える。合衆国のウイルス監視網を国レベルで一つの傘下にまとめる（現行のものは四〜五システムがつぎはぎ状態になっていて、はっきりした責任者がいない）。一般向けの教育キャンペーンを通して、蚊が繁殖しやすい庭の水たまりをなくす等の簡単な予防手段を広める、などである。「病気の出現も、環境破壊がもたらした結果のひとつにすぎない。しかし、問題を提起することによって、環境、農業、経済、健康などの分野に分散していた関心をひとつにまとめる場ができて、他のさまざまな問題に取り組むこともできるようになる」と彼は書いている。☆8

こうした線に沿って系統的に考えた最初の科学者のひとりがモースだったわけであるが、今では、かなり有力でしかも声の高い科学者仲間も同じような考えを表明している。次のエイズを予測する方法に関連して国立科学アカデミーが一流の顔ぶれを召集した委員会で共同司会者をつとめたジョシュア・レダーバーグ（もうひとりの司会者はロバート・ショープ）は、この問題の記事や講演に力を入れるようになった。「エイズに気を取られていて、我々の未来を脅かすさまざまな感染性疾患の存在を曖昧にしてはいけない。とりかえしのつかないことになる前に、新型ウイルスを系統的に見張る対策をとっても早すぎることなどない」と彼は記述している。☆9

新しい病気すべてが人々を驚かせるわけではない。ウイルス出現でも、あるパターンのものは筋書きがわかり予想を立てられるので、先回りして予防策を講じることができる。モースを虜にしているあのケース・ヒストリーの収集が大切なわけはここにある。過去の失敗から教訓を得ることもできる。失敗の多くにはきわだった類似点がある。発展の名を借りて環境をいじり回した結果、予期せぬ危険が生じることになったのだ。たとえば一九五〇年代に出現したアルゼンチン出血熱の場合には、入植した農民がトウモロコシ畑を作るためにパンパスに沿った草地を開墾した時期と流行が一致している。ジュニン・ウイルスと呼ばれるアルゼンチン出血熱ウイルスは、南米に生息する小さな齧歯類によって運ばれる。この動物は、人家の間近まで続くトウモロコシ畑に住み着いた。アルゼンチン出血熱に感染すると四〇度の高熱、筋肉痛、眼痛、リンパ腺の腫れ、そして時には歯肉や鼻からの出血、血尿、血の混じった嘔吐などが見られる。この病気の流行は人口増加と感染動物との接触が原因になっている。従って、今日これと同じような農業計画を考えるときには、その土地に住む齧歯類の血液を調べてジュニン・ウイルスの有無を確かめなければならないことを公衆衛生当局は経験から知っているべきである。その地域にジュニン・ウイルスが流行している場合には、人間がキャリアの齧歯類と接触を持たないようにする予防手段をとることができる。現在合衆国の法律で、開発計画は環境にもたらす影響の評価と結びつけられているが、「ウイルスの影響に関する評価」とも結びつけて考えられるようになるかもしれない。

しかし悲しいことに、予知するだけでは不十分なのだ。それを支援する何らかの行動が伴わなければいけない。齧歯類がジュニン・ウイルスを運ぶことが確認され、従来その動物が近寄らない土地にトウモロコシを植えることによって感染動物が増加するという警告を当局が受けたとしても、当初の政策が変更されることがあるだろうか。数千人の現地人が一時的に体調を崩すことが、農業近代化の重要なチャンスを中断するだけの理由になるだろうか（アルゼンチン出血熱の症状は重いが、まずそれで死ぬことはない）。政治家はさまざまな利害関係を考慮に入れなければならない。住民の健康はその一つにすぎないのだ。このほかにも経済成長、国家の安全、貿易の均衡、観光など多くの要因がある。トウモロコシを植えればウイルスを持つ齧歯類の新しいすみかを作ることになるかもしれない。ダムを作ればウイルスを運ぶ蚊が繁殖するかもしれない。トウモロコシやダムが農業や工業にもたらす発展は、いったい何例の新しい病気に匹敵するだけの価値があるだろうか。

せめぎ合う利害関係の一例を一九七七年の西アフリカ諸国にみることができる。彼らの行動は、当時の科学者たちをかなり困惑させた。セネガル川に沿って建設される一連のダム工事を監督していた合衆国国際開発局（AID）から要請を受けたイェール大学のウィル・ダウンズは、コンサルタントとしてアメリカの科学者チームを引き連れてセネガルに赴いた。AID当局は、ダムの建設が現地の人々の健康に危険を及ぼす可能性を知りたがっていた。この話は、プロジェクトの着工にかなり先だった時点のことだった。ダムは一九八五年まで完成しなかったのだから、公衆衛生関係者から正当な理由が出れば、開発の方向を変更できるだけの時間は十分にあった。ダウンズらはセネガルとモーリタニアの境を流れる川の両岸に住む千人の採血を行った。そして分析のためそれをニューヘヴンに送り返した。

「一つの発見はリフトヴァレー熱の抗体だった」とイェール大学でサンプルの検査を行ったショープは述べている。「それは限定された地域の流行にみられるパターンのもので、いわばランダムな感染が毎年起きながら、伝染病はおろか人間にも家畜にもリフトヴァレー熱が一件も生じないものだった。」リフトヴァレー熱のウイルスが住民の間で受け渡されていることは確かだったが、症状がきわめて軽いため、臨床的な症候群だと気づくことすらないのだ。このウイルスは溜まり水に卵を産む蚊が媒介するため、ダムの建設のように地域の水量の変化に伴って蚊の数、しかも感染した蚊の数が増加して、毒性の強い型のリフトヴァレー熱にかかる可能性も高くなることに科学者たちは気づいた。

国際開発局に提出した報告の中でダウンズは、ダムの完成にあたってリフトヴァレー熱をはじめとした病気の監視を行うべきだと述べた。なぜならば「蚊が増えることは目にみえている」からであった。しかし開発局はその警告を無視する道を選んだ。ダムのプロジェクトはそのまま進められて、監視体制はまったくとられなかった。実際のところ、こうした予言が現実になるまでに担当者が何回も交代したため、警告があったことすら忘れ去られてしまった。ダイアナ・ダムが完成してからちょうど一年たった一九八七年に、モーリタニアでリフトヴァレー熱の流行が現実となった。推定千人以上が感染して二百二十四人が死亡した。「何に注意すればよいかあらかじめわかっていれば、最初の患者が出たときに蚊を駆除する何かの対策をとって流行を防げたものを。最初彼らには何が現われたかわからなかった。黄熱病だと思ったのだ」とショープは述べている。[☆10]

リフトヴァレー熱の監視は、実行していればかなり効果があっただろう。この病気は家畜にも感染するので、牛を監視動物にしたシステムを考えてもよかったかもしれない。蚊が媒介するので、季節ごとに蚊を捕らえてリフトヴァレー熱ウイルスを調べれば、人間に感染する可能性をある程度予測できたかもしれない。モーリタニアで流行が見られた後は、より系統立てられた監視体制がとられるようになった。米国陸軍では、この病気の流行がみられるアフリカの地域における降雨パターンを定期的に赤外線写真に撮っている。そして降雨量の多い季節にリフトヴァレー熱の発生率が高くなることを明らかにした。こうしたことはウイルスの伝達を防ぐため雨期に蚊の駆除を行うプロジェクトの第一歩になる。

この他のウイルス病にも、伝達方法が似ているため監視すれば予測しやすいものがいくつかある。その一つはアルゼンチン出血熱と似た徴候と疫学的側面を持ち、アルゼンチンの隣国で流行するボリビア出血熱である。致命的になることもあるこの病気は、ネズミに似た小型齧歯類ブラジルヨルマウスが運ぶマチュポ・ウイルスによって起きる。この小動物は開けた野原よりも人家や庭などを好み、人間と馴染んだ生活をしている。ボリビアでは一九五〇年代に、一夜にと言っても良いほど急速な変化が起こり、小さなブラジルヨルマウスにとって大変住み良い環境になってしまった。当時、ボリビア東部のベニ郡の大草原は乾燥していて、まったく人の手がつけられていなかった。ボリビア出血熱の専門家であるカール・ジョンソンは当時のことを次のように回想している。「当時大草原にはカサ・サウレスと呼ばれるブラジルの家族企業の肉牛が何千頭も放牧されていた。彼らはドイツ製の食肉加工設備や、アマゾン川を下ってヨーロッパやアメリカに肉を運ぶ船隊も所有していた。船はベニのカウボーイたちの食料にする米、トウモロコシ、豆類、果実などを持ち帰った。[☆11]」

一九五二年にボリビア革命が起きると、新政府は国土を外部の事業家たちから取り戻した。ベニの場合カサ・サウレスの退散に伴って、ヨーロッパから食料を運んでいた彼らの船も来なくなった。その食料品に頼っていたボリビア人は、初めて自活を強いられることになった。草地は農業に適していなかったため、彼らは、より肥沃な土地と適度の降雨を求めて、高地のアルトゥラスに移動した。しかしそこはヨルマウスの住む土地でもあった。突然近くに人家や畑が出現して格好の棲み家を得たヨルマウスとウイルスは増殖を始めた。ベニの人々がアルトゥラスへの移住を完了した一九六〇年には、新型出血熱の最初の発病例が報告されている。その病気には、高熱（三九～四〇・五度）、歯肉、鼻、胃腸、子宮からの出血、舌や手の震え、衰弱、抜け毛などの徴候が認められた。

しかし流行がピークに達して年間七百人近くが罹病するようになったころ、ボリビア政府はすでにウイルスを退散に追いやり始めていた。一九六四年以降の年間罹病者数は百件以下に押さえられている。病気を押さえられた理由は、集中的かつ継続的な監視体制がとられたためであろう。一九六〇年代半ばから今日に至るまで、馬に乗った公衆衛生官がベニの町や牧場を定期的に訪れて齧歯類を捕らえている。彼らはそのうち数匹を殺し、切り開いて脾臓を調べる。マチュポ・ウイルスを持つものは必ず脾臓が肥大しているからである。脾臓が肥大していた場合には、付近にマチュポ・ウイルスが存在していることがわかるので、ブラジルヨルマウスを捕獲駆除する大がかりな対策が当局によって実施される。

ボリビア出血熱の場合にはウイルスを運ぶ動物に目に見える変化が起きるので、このような方法でうまくウイルスに太刀打ちできる。しかし齧歯類や節足動物が媒介するこの他の多くのウイルスの場合にはそのようなわけにはいかない。ウイルスを宿す中間宿主の多くは、感染していてもまったく正常であるかのように見えるし、異常な行動も見られない。ベクターをまったく持たないウイルス、特に動物ベクターに匹敵するものを持たない場合には、何人かが発病するのを待つ以外に流行を予測する方法がない。このようなこともあるため、マウント・サイナイのエドウィン・キルボーンなどは、あらゆる感染症を予測して防ぐ手段として監視体制が過大評価されていると心配している。新型微生物の予測を考えるレダーバーグとショープの委員会の一員である彼は、多くの研究者が好んで用いる動物に感染症が現われるのを待つ監視方法は、あまり役に立たないと結論づけている。公衆衛生の面からいうと、人間に感染し始めるまで打つ手はほとんどないと述べているのだ。

「私たちは次に現われる伝染病を防ぐことはできないだろう。期待されてもそれは無理と言うものだ。本質的に考えると、物事は認識できるようになるまでに、まずある閾値に達しなければならない。その閾値は低い場合もある。たとえばヴァーモント州のある町で突然狂犬病が三件起きたとする。それが伝染病であることは誰もが知っているため、国中がその成りゆきに注目する。しかし同じようなことがアフリカの小さな村で起きた場合には、山ほどある他の病気に埋もれてしまい、気づかれないまま終わってしまうかもしれない」とキルボーンは述べている。インフルエンザの傾向を探るために世界保健機構が用いている情報収集所のようなものの役割にも限度があると彼は話している。「こうした施設によって、過去にパンドラの箱をひっくりかえしたようにウイルスがたくさん発見されたが、その中の多くのものは人間の病気との関係がまだ解明されていない。一九五〇年代に行われたロックフェラー財団の調査でもさまざまなアルボウイルスが発見されたが、多くのものはそのまま凍結保存されている。それをどうしたらよいと言うのだろう。人間に何をしでかすかまったくわからないウイルスに対してワクチンを作れと言うのだろうか。そうではなくて、ある点では人間に何か起きるまで待たなければならないのだ。[☆12]」

ならば情報収集所の役割は、文字通り情報の収集にだけとどめて置くべきなのかもしれない。雨林にある出先機関でチンパンジーや蚊に新型ウイルスを発見しても、遠く離れた大陸で人間に何かの影響が出るまで、ウイルス学者にはそのウイルスの意味がわからないだろう。「ある意味では、私たちは疾病制御センターが得意とすること、つまり火を消す準備をしておかなければならない。ある状況が起きるのを待ってからそれに対応するのは、知的見地から言えば不本意なことかもしれないが、前もって計画できることはそれくらいしかないのだ。緊急事態が起きたときに何をするかがその計画の焦点になる。消防署の訓練は行き届いているだろうか。直ちに行動することができるだろうか。それとも何ヵ月も何もせずにのらくらしているのだろうか。」

検出システムがいかに精巧なものでも、病原体自体が知らず知らずのうちに手を貸さなければうまく働かない。訓練の行き届いたチームですら、出現する病気のパターンを解読する働きも果たさなければならないとすれば、運を天にまかさなければならない部分も出てくる。少しエイズに話を戻してみよう。この病気の伝達パターンにはSLEやマチュポ・ウイルスの便利な手段は利用できなかったので、その発見はまぐれともいえた。ヒト免疫不全ウイルスは他の動物に感染しないので、見張りに置いたニワトリやサルには何の異常も現われない。また、ベクターが運ぶ病気でもないので蚊や齧歯類をモニターして捜しても見つからない。しかしHIVにはある特性があったため検出が可能になった。この病気は、それほど注意力のない医師にさえ何かおかしいと気づかせるような、奇妙な徴候を引き起こしたのだ。もしもエイズ患者が、珍しい感染症ではなくてありふれた感染症に罹っていたら。もしも大都市の限られた集団内の人々ではなくて、広域の人々に最初に感染していたら。もしもウイルスがヨーロッパや北アメリカに広まらずに、健康な若者が急死しても何の疑惑も生じないアフリカの地にとどまっていたら。こうした条件のいずれかが異なる道をたどっていたら、世界的な大流行が認識されるまでさらに何年もかかっていたかもしれない。

地球上のすべての大陸へと続く道に沿って移動するお馴染みのインフルエンザ・ウイルスの追跡記録は、

かなり詳しいものが研究者たちによって残されている。新型インフルエンザの予想を立てるために合衆国とヨーロッパの研究者は毎年中国で共同調査を行う。比較的最近まで、CDCから派遣された米国の研究者は、独自に新型インフルエンザを追い求めて中国を毎年訪れていた。それは運を天に任せるような調査だった。中国に滞在している二〜三週間の間に新型が出現しなかったら計画は失敗に終わるのだ。そしてその年のインフルエンザの季節には、たった数ヵ月で地球の反対側にまで移動できるウイルスに先手を打つのが難しくなる。しかしCDCは一九八八年に新しい方法を採用した。この方式では、中国本土の各地に点在する研究所にアメリカの設備を整えた上で、各研究所は独自に監視を行い、結果をアトランタのCDC本部に送り返すことになっていた。現在、中国の研究所では、卵を使ってインフルエンザ・ウイルスの培養もできるようになった。また、ウイルスを調べる顕微鏡も設備され、南京の中央研究所には分離したウイルスを保存してアメリカの研究施設に送り出すため、凍結乾燥の設備も整えられている。プログラムが開始した年には、中国各地で分離された約百二十体のインフルエンザ・ウイルスがアトランタのCDCチームに送られてきた。[☆13]

このような組織が内外にあるにもかかわらず、インフルエンザは依然として私たちを出し抜いている。いつも身をかわしていて完全な姿を現わすことのないインフルエンザは、人間の力に限りがあることを忘れて自己を過信すると身を滅ぼすことになるという警告を科学者たちに発している。レダーバーグが好んで語るように、地球上の生命形態の優劣を競う戦いで、最後に残るのは人間と微生物になるかもしれない。その時、人間が勝者となる保証はまったくないのだ。

「人間には何が起きているかわかっていて、それを支配することができるというようなうぬぼれた考えは間違っている」と現在ハーヴァード大学公衆衛生学部で教鞭をとっているジョナサン・マンは述べている。[☆14]「こうして話している間にも、次の伝染病がすでに進行しているかもしれないのだ。それを必ず捜し出せるとは言い切れないが、努力はしなければいけないと思う。」次のエイズを予測するためにマンはD・A・アンダーソンの計画とは少し違う案を出した。「地球規模の病原体監視プログラム」と名付けた案の中で彼は、疫学者の野外研究、研究室、見張り動物の検査といった従来の公衆衛生学的アプローチの割合を減らして、「ウイルス学者や伝染病の専門家ばかりでなく心理学者、社会学者、文化人類学者なども入れた学際的なアプローチで健康と病気のパターンを解明する創造的な方法を考え出す」ことを提案している。彼は、村の年配者から珍しい病気の情報をえる方法を強く薦めている。家族や友人が奇妙な病気にかかると、最初にそれに気づくのは母親や祖母であることが多い。完璧な訓練を受けていながらも、昔からあるこわい病気と新しい病気の区別をうまくつけられないアメリカ人医師よりも、こうした身内の人々や現地の歴史家の方が、伝染病の情報をたくさん提供できることが多い。「私たちは未知の病原体の証拠を捜す準備をしなければいけない。そのために基本的な問題に改めて目を向けなければならない」と彼は述べている。[☆15]

新型ウイルス病を防ぐことを第一の目標とする場合には、この地球規模の監視システムが持つ別の可能性は、直接の関係を持たないかもしれない。国際的なモニターシステムによって、病原体がもたらす違うタイプの脅威が暴露されることにもなりかねないのだ。その脅威とは、密かに行われる生物戦争のことである。生物兵器を用いる戦争はジュネーブ協定の禁止事項であり、過去の遺物と考えられていたこともあったが、一九九一年の短いペルシャ湾岸戦争時に再び大きく取り上げられた。ガス・マスクをつけた米兵やイスラエル市民の姿は、狂人の放った微小な病原体を前にして強力な軍隊もなすすべがないことを見せつけた。一九七二年以来百ヵ国以上が署名している生物兵器に関する協定は、生物兵器の開発、製造、貯蔵を禁止している。しかしこの総括的な規制には、抜け穴がいくつもある。「自衛の目的」ではこうした兵器を作って保管することができるし、攻撃目的のものでも「防衛策を講じるため」に必要な範囲での研究や開発は許されているのだ。

現代の分子生物学は攻撃目的の研究と防衛目的のものの区別をつけにくくしている。攻撃に用いられると考えられるウイルスのワクチンを軍の研究者が開発しようとする場合には、そのウイルスのクローンを作ってその仕組みを探ることが研究の第一段階になる。この段階は生物兵器の開発と区別をつけることができない。さらに、遺伝子工学の発展によって一九七二年の協定に署名した人々には予想もつかなかった操作を病原体に加えられるようになった。ウイルス遺伝子をその働きによって病気を起こす遺伝子と、体に免疫力をつけさせる遺伝子に分離することが分子生物学的に可能になったため、免疫原性を持たない〔抗原性をもたず、防御のための抗体が体内で生成されない〕病原体を送り込むこともできるようになったのだ。こうして、先例のない毒性を持つ生物兵器が誕生する恐れが生じる。

動物や人間に感染して、しかも強い毒性を持つ病原体に、空気感染するように研究室でちょっと手を加えれば、強力な兵器あるいはテロリストの武器になる。このようなものは最強国家の経済的社会的基盤を根底からくつがえすほどの力を持つ。理論上の話ではあるが、監視システムは、協定の大きな抜け穴で行われている生物兵器の研究から生じたと思われる動物および人間の奇病を発見することもできる。一九七一年から一九八一年にかけて合衆国の中央情報局がキューバ国内に危険な微生物を放ったとしてキューバが非難の声をあげたことがあった。この他にも、どこかの国が極秘で研究を行っているといった噂が長年の間行き交っているが、監視システムはそれを支持するか論破するか、納得のいく資料を提供する役割を果たすことにもなるだろう。☆16

「動植物および人間のおもな病気を地球規模で監視するプログラムによって、密かに行われる生物兵器攻撃を発見する（そして防ぐ）ことが可能になる」とカリフォルニア大学デーヴィス校のマーク・ウィーリスは記述している。彼は細菌兵器の開発使用の防止に深い関心を持つ人物である。「世界の科学界が、極秘の生物兵器の存在に対する申し立てに対処しやすくなり、危険な活動を阻止するばかりではなくて、無謀で確実性に欠ける告発を排除できるようにもなる」という。☆17

生物兵器はウイルスの新しい利用法として悪い側面を表わしているが、ウイルスを有益に利用することもできる。ウイルスは破滅を招く使者ではなく、人間の言いつけ通りにそれを働かせることもできるのだ。世界各地の研究室で行われる遺伝子工学、ワクチン製造、がん予防などさまざまな研究において、ウイルスは重要な道具になっている。そしていずれの研究でも、満足のいく結果が得られている。いまやウイルスは人間に逆らうものではなくて人間のために働くものとなったのだ。警察に情報を提供する密告者が盗聴装置を身につけ、使命を帯びて今まで通り町を歩き回るように、人間に捕らわれたウイルスも科学に捕えられ、変装させられて、ただしもっと高尚な目的のためにその思うままに操られるようになる。密告者がギャングや麻薬組織に入り込めるように、手を加えられたウイルスも細胞内に潜入することができるのだ――ただし彼らの新しいボスである、人類の命ずるままに。

第9章　ウイルスの家畜化

その男はまだ二十代の若者だった。重い病気にかかっていることは一目瞭然だった。顔色は悪く、やつれ、ブロンドの髪は薄くなり、自分の頭を支えることも話をすることもできないほど衰弱していた。目の前に置かれた病院の昼食に手をつけようともしなかった。傍らには母親が付き添い、朝からどれほど具合が悪かったか医者に訴えていた。「いま君に投与しているモルヒネのせいでそうなることはわかっている。でも世の中には、君をこんな具合にする物《ブツ》を手に入れるために殺しもやりかねない者が何千人もいるんだ」と米国立衛生研究所のW・フレンチ・アンダーソン医師は若者に直接話しかけた。[☆1]

その言葉を聞いて若者はふらつく頭でうなずきながら大まかな笑みをみせた。「今日はまだ誰も彼をにっこりさせることができなかったんですよ」と母親が話した。気分は最低だが、この若者は自分がラッキーなことを知っていた。ただし悪性メラノーマという恐ろしい皮膚がんの患者としては運の良い方だということなのだが。彼はメリーランド州ベセスダのＮＩＨ臨床センターで米国立がん研究所の実験的な抗がん剤の投与を受けていた。それはＴＩＬ（腫瘍浸潤性リンパ球）とＩＬ－２（インターロイキン）と呼ばれるものだった。さらに彼はアンダーソンの指揮のもとにがん治療の最先端の遺伝子治療を受けようとしていた。その時にも（一九九〇年十一月）彼のＴＩＬ細胞は研究室内で二種類の成分と共に培養されている最中だった。その二種類の成分とは腫瘍壊死因子と呼ばれ、坑がん作用を持つ天然化学物質を合成する遺伝子と、そしてその遺伝子をメラノーマに運んでＴＩＬ細胞に入れる特別な運搬分子だった。若者の腫瘍に遺伝子を運ぶＴＩＬ細胞に遺伝子を入れるこの分子とは、研究室で作り出されたマウスのレトロウイルスだった。

ＴＩＬはがん細胞に特に強い親和性を持つリンパ球であるため、生物学的誘導ミサイルの役割に適すると考えられている。挑戦を挑むがんに対する直接的な反応として体が作り出すこの細胞はがん患者にしかみられない。しかし標的を見つけることができても六〇～七〇パーセントの場合には、狂ったように分裂する腫瘍細胞を負かすだけの力は持たない。遺伝子治療は、このＴＩＬ細胞が標的にたどり着いて闘う時に用いる手段を強化するものである。こうしてダイナマイト数本程度だった誘導ミサイルの積荷が中性子爆弾のスケールまでグレードアップされる。爆弾の例は不穏当かもしれないが、腫瘍壊死因子は、注射で投与すると腫瘍を攻撃すると共に患者自身の生命も犠牲にするほどの威力を持つのだ。がんの部位に直接到達するＴＩＬ細胞に腫瘍壊死因子を入れることで、必要な場所でＴＩＬ細胞の殺傷力を強化して、他の部分を救うことができればよいと研究者たちは願っている。

アンダーソンのお粗末なジョークに笑みをみせた若者は、この新しい療法を受けることができなかった。遺伝子をつけ加えたレトロウイルスが培養容器内にある彼のＴＩＬ細胞に侵入する前に、彼は死んでしまった。彼の他に二人いたメラノーマ患者は、彼に比べればラッキーだった。彼らの培養TIL細胞は間にあったのだ。一九九一年一月、アンダーソンと同僚のスティーヴン・ローゼンバーグの指導下で、二十九歳の女性と四十二歳の男性ががん患者として世界初の遺伝子治療を受けた。彼ら以前に遺伝子操作を加えた細胞を投与された人間は十一名にすぎなかった。そのうち十名はデモンストレーションの目的で行ったため、細胞には治療遺伝子が入れられていなかった。十一番目の患者は子供で、がんとは関係のない幼少時に起きる遺伝的な機能障害の治療を受けていた。この子供に次いで二人目の子供もその数日後に同様な遺伝子治療を始めることになっていた。それから一年。女性のメラノーマ患者はまだ生きていた（男性は九月の始めに死亡した）。二人の子供、五歳と十歳の少女は、医師たちの想像もつかぬほどの回復ぶりだった。

遺伝子治療の草分けとも言える四人の患者は、必要な遺伝子を必要な場所に運んでくれるあの奇妙なマウス・レトロウイルスのおかげで病状が好転した。こうした例をみると、遺伝子療法もウイルス出現の一つの例として考えることができる。この場合に出現するのはウイルスの新しい側面であるので、ウイルスを忌々しい人間の敵とは言い切れなくなる。永久に人間の敵であり続ける顕微鏡的存在でもなくなる。人間の目的に応じて馬具をつけて飼い慣らせる、いわば人間の手先としての側面が出てきたのだ。遺伝子治療によってウイルスと人間の関係に新たな展望が開けてきたわけである。この療法を開発するにあたって医療科学は根絶の難しいウイルスの特性そのものを逆手にとり、それを人間のために用いたのである。

すでに一九六二年に著名な生物学者ルネ・デュボスは、人類が必ずしも微生物に支配されてばかりではないことを知っていた。彼はエッセイ集『未知の世界』の中に「人間はさまざまな実用目的に微生物を用いている」と書き記している。彼は野生動物の家畜化との類似点を表わすために微生物の「家畜化」という言葉を造りだして、その例をいくつかあげている。「鉄細菌の作るオークルから貴重な色素を作る。風にとばされてブドウの葉に付いたイースト菌を工場で培養する。食料品を腐らせるカビを用いて、ミルクから風味の良いチーズを作ったり病と闘う薬を作る。さらに驚異的なことに、最も毒性の強い感染因子の生産物から、感染に対する耐性を強めるワクチンを開発する。」[☆2]

今日、微生物の家畜化は、デュボスがあげたような伝統的なものとはかなり異なったものになっている。デュボス以来たった三十年しかたっていないが、それはグレゴール・メンデルが修道院の庭で行ったエンドウの研究と現代の生物学研究所で行われているDNA配列の研究ほどかけ離れたものになってしまった。今日の家畜化では、ウイルスの構造そのものに手を加えて、細胞の中心部まで遺伝子や他の物質を送り込む、いわばトロイの木馬の顕微鏡版といったものに仕立て上げてしまう。このように馬具をつけられたウイルスは、「運ぶ」という意味のラテン語からベクターと呼ばれている。細胞内に侵入するウイルスの能力を保ったまま、そのウイルスが病気を起こす能力をはぎ取ることによって、ベクターを飼い慣らせるようになる。それはウイルスの毒性、つまり複製を支配する遺伝子群をすべてはぎ取ることを意味している。タンパク質の外殻、つまりウイルスが細胞の保護膜内に侵入して細胞の核に入り込む時に必要なカムフラージュやごまかしの手段は、そのままウイルスに残される。ウイルス・ベクターには複製遺伝子のかわりに、自己のものとはまったく無関係な遺伝子群、つまり遺伝子治療に用いる遺伝子群がつけ加えられる。

最初のレトロウイルス・ベクターが開発された一九八三年以前には、分子遺伝学では細胞膜内に遺伝子を入れるために化学物質で膜を変化させたり、電流を用いたり、かなり強引な方法すら用いていた。たとえばリン酸カルシウムを用いて細胞膜に穴をあけて遺伝子が内部に入りやすいようにしたが、膜の内部に入った遺伝子は細胞質にとどまる傾向をみせ、それ以上の進展はなかった。本当に入り込む必要のある場所は、もちろん核内にある細胞遺伝子の近くのはずだ。遺伝子治療の初期には、実際に核にまで遺伝子を運ぶ細胞は約百万に一個の割合で、正しく機能することによってその存在を示した。しかしその程度では満足のいくものとは言い難かった。当時研究されていた別の方法もこれと同様の結果に終わった。その方法とは、遺伝子を文字通り直接核内に注入する微小注入と呼ばれる方法だった。この方法によく反応するのは、細胞の中でも筋肉細胞を含む数種類のものにすぎなかった。その上、注入は一個ずつ行わなければならなかった。今日の療法のように遺伝子を強化した血液細胞を一回に三百億個も必要とする場合には重大な障害になる。

遅々とした遺伝子治療の歩みは一九八〇年代初期にリチャード・マリガンが真実の全貌をつかんだことによって大幅に加速された。マサチューセッツ工科大学ホワイトヘッド研究所の分子生物学者であったマリガンは、細胞核に遺伝子を到達させるためには、自然界に存在する最も有能な侵入者であるウイルスを味方に引き入れることだと論じた。彼が最初に用いたウイルスはサルのレトロウイルスだった。現在NIHの研究者が頼りにしているのはモロニー・マウス白血病ウイルスというマウスのレトロウイルスである。レトロウイルスが遺伝子ベクターとして最適であることは「明瞭」だった。「遺伝子の運搬にこれ以上適したライフサイクルを持つものは他に考えられなかった」とマリガンは回想している。[☆3] このウイルスは細胞核内に侵入してレトロウイルスDNAを細胞の染色体に挿入することができる。このプロセスは形質導入と呼ばれる。また、このウイルスは他のウイルスに比べて小さいため、はぎ取らなければならない感染性遺伝子の数も少なくてすむ。さらに、他のほとんどのウイルスと異なり、細胞に感染しても普通その細胞を殺すことはない。

遺伝子治療でベクターの発見に続く開発の一段階は、それを正しい標的細胞に届けることだった。試験管内で遺伝子の挿入が行われた最初の人間細胞は、最も操作を加えやすい血液細胞や骨髄細胞や皮膚の神経芽細胞などだった。すべての細胞内で遺伝子が全部出現するわけではないので、遺伝子の生産する物質を最も必要としている細胞に遺伝子を戻すことさえできれば、遺伝子治療には病気を治す有望なチャンスがあるのだった。

骨髄細胞は最初から形質導入に向いた細胞と考えられていた。この細胞を入手するには、患者に全身麻酔をかけた上で腰に太くて長い針を刺さなければならなかったが、比較的手に入れやすいと言える。それよりも重要なことには、骨髄細胞には幹細胞がわずかな割合で含まれていたのだ。幹細胞はすべての細胞のおじいちゃんともいえる存在で、この細胞からリンパ球を始め、赤血球細胞、血漿細胞、マクロファージなどすべての循環系細胞が生じる。寿命が数ヵ月のリンパ球などとは異なり、幹細胞はいつまでも存続する。必要な遺伝子を幹細胞に挿入すれば、患者の一生を通して、その幹細胞から生じるすべての細胞も新しい遺伝子を持ち続けるようになると考えられた。

しかし、幹細胞はあてにできないことがわかった。一九八〇年代半ばになると、幹細胞を見つけるのが不可能とも言えるほど難しく、遺伝子の挿入はなおさら難しいことがわかったのだ。一万の骨髄細胞があっても、そこに含まれる幹細胞は一個以下で、他の細胞から幹細胞を選び分ける良い方法もなかった。さらに、遺伝子の挿入は分裂する細胞にのみ可能だったが、幹細胞はほとんど分裂しなかった。レトロウイルス・ベクターが実際に幹細胞に入り込む可能性はほとんどないように思われた。そうした中で、代わりにリンパ球を用いる妥協策がとられるようになった。リンパ球は入手しやすく、いろいろな試験的処置を行ったところ、標的に適していることがわかった。前駆細胞である幹細胞の代わりにリンパ球を用いることの唯一の問題点は、遺伝的操作を加えた親世代のリンパ球を絶え間なく送り込むために頻繁に細胞を注入しなければならないことだった。

遺伝子を挿入したリンパ球を用いて療法を始めるには、普通の献血に似た方法で採血を行い、溶液成分を密度に応じて分離するフィコール・ポリマー勾配と呼ばれる技術で他の血球細胞からリンパ球だけを分離する(リンパ球はある一層に集まるので、そこから簡単に抽出できる)。次に生育を促す特別な培養培地を用いて分離したリンパ球の大量栽培を行い、最後に遺伝子を組み込んだレトロウイルス・ベクターの溶液を加える。数時間以内には、遺伝子操作を加えられたウイルスが、少なくともいくらかのリンパ球に侵入しているはずである。

一九九〇年九月にこの治療を初めて受けたのは、ADA欠損症と呼ばれ、世界でも十五〜二十人の子供しか罹病していない非常に珍しい遺伝病にかかっている少女だった。二十番目の染色体のある特定遺伝子が欠損すると、発育中の免疫系に有害物質が蓄積しないように働くADAという酵素をつくれない。ADAがないと免疫系は形成されずに終わってしまうため、ADA欠損症の子供は、重症複合免疫不全(SCID)という障害を持つようになる。エイズの人々と同じように感染症を起こしやすくなる。一九七〇年、デヴィッドという少年は、自分の体では太刀打ちできない病原体に感染して死なないように、無菌状態に閉じこめられたままの生活を送っていたため「あぶくの中の少年、バブル・ボーイ」というニックネームで呼ばれるようになり、人々の関心を集めていた。しかし今日ADA欠損症の子供はデヴィッド少年のような隔離された生活を送る必要はない。組織が完全に適合する兄弟のいる幸運な子供は、骨髄移植を受けて全快できる。それほど運が良くなくとも、適合割合の高い人からの移植に賭けることもできるが、成功率は約半分である。一九八四年、デヴィッドはその半分に賭けたが、それは致命的な賭になった。しかも失敗の原因は医師たちが予期せぬものだった。デヴィッドは彼の姉から骨髄の移植を受けた。彼の体が彼女の細胞を拒絶することはなかった。しかし、後にわかったことだが、彼女の細胞にはエプスタイン＝バー・ウイルスが潜伏していた。これはおそらく彼女が以前単核症にかかった時の名残と思われた。このウイルスは、健康な免疫系の監視が働くデヴィッドの姉にはまったく無害だったが、彼にとっては圧倒的な力を持っていた。十二歳の年で移植を受け、その四ヵ月後に彼は死亡した。彼の体は豆粒大の腫瘍だらけになっていた。どの腫瘍の中もエプスタイン＝バー・ウイルスでいっぱいだった。☆4

今日ADAの子供にはリスクの大きい骨髄移植に代わるものがある。PEG‐ADAという薬を服用すればよいのだ。PEG‐ADAはADAを直接血流に送り込むと共に、体が酵素を破壊しないように守る働きもする。しかし、毎週注射をしてもADAの子供のリンパ球は正常値の約半分にすぎないため、教室をはじめ子供の集まる場所は感染のリスクがきわめて高いことになる。医療費もかなりの額になる。製造元によるとPEG‐ADA一年分で約三十万ドルかかるという。遺伝子治療の年間費用は約十万ドルかかると思われるが、初期の研究ではNIHが費用を負担している。PEG‐ADA療法の限界を考慮した上で、アンダーソンとNIHの同僚マイケル・ブレーズおよびケネス・カルヴァーの治療を受けていた二人の少女の家族は、遺伝子治療には不確実な面もあるが子供たちが正常に近い生活を送れるようになるチャンスもあると判断した。

遺伝子治療では、必ずしも染色体上の通常あるべき部位に新しい遺伝子を送る必要はない。雑種ベクター（機能の損なわれたウイルスに遺伝子を挿入したもの）は、ウイルスが最も得意とすることだけをしていればよいのだ。つまり細胞の遺伝物質の中に入り込んでウイルス製品を細胞にどんどん作らせるのだ。もしも遺伝的操作を加えたウイルスが、あるタンパク質の分泌に携わる遺伝子を持つ場合には、それが標的細胞のゲノムのどこに入ろうとも、核内にウイルスが存在するだけでそのタンパク質の製造が始まるはずだ。

遺伝子をウイルス・ベクターに詰め込んでも、その遺伝子の正確な行先をコントロールできないことが遺伝子治療の大きな欠点になっている。遺伝子が危害を及ぼす場所に行き着く可能性はいつもつきまとっている。たとえばがんを引き起こす遺伝子のとなりに入り込んでそれを作動させてがんを生じさせることがあるかもしれない。そのため、現在遺伝子を目的地に正確に運ぶウイルスの研究がいろいろ行われている。

新しいウイルス・ベクター・システムの中で最も有望なものは、アデノウイルスを用いたものである。アデノウイルスは、普通、網細気管支という肺の中に空気を入れる小胞の表面を覆う上皮細胞に感染する。感染すると咽頭炎、クループ、肺炎、気管支炎、その他の上気道感染症の徴候を示すため、普通の風邪によく似ている（風邪は別種のウイルスであるリノウイルスによることが多い）。「インフルエンザ」といっているものの中にもインフルエンザ・ウイルスではなくアデノウイルスによるものが含まれている。アデノウイルスは肺の細胞に向性をもつため、肺に障害をもたらす一般的な遺伝病、中でも特に嚢胞性繊維症の治療に適すると考えられている。最近NIHの国立心肺血液研究所では培養した肺の上皮細胞に遺伝子を変えたアデノウイルスを挿入して肺疾患の遺伝子治療に用いている。「遺伝子出現〔遺伝子を挿入された細胞が目的の物質を生産すること〕に関する限り、試験管のなかではアデノウイルスはレトロウイルスに勝っている。これは強力なベクターだ」とNIHのロナルド・クリスタルは話している。彼はこの研究をフランスのギュスターヴ・レーシー研究所とバイオテク企業トランスジーンの研究者たちと共同で行った。[☆5]

クリスタルの研究チームはアルファ1-アンチトリプシンの遺伝子をアデノウイルスに挿入した。アルファ1-アンチトリプシンは、タンパク質を分解するエラスターゼと呼ばれる酵素の働きをブロックする化学物質で、欠乏すると比較的珍しい遺伝的である肺気腫が生じる。アルファ1-アンチトリプシンがないと、エラスターゼは何の妨げも受けずに分解活動を続けるため、肺に空気を入れる小胞の表面が食い尽くされてしまい、患者は呼吸困難に陥る。まだ今のところ遺伝子治療は行われていないため、アルファ1-アンチトリプシン遺伝子が遺伝的に欠損している人々は、NIHの審理結果が出るのを待ちながら、PGA-ADAを注射しているADA欠損症の人々と同じように毎週酵素の注射を受けている。

肺気腫の遺伝子治療は、きわめて稀な遺伝的なものにだけ有効で、肺気腫患者全体からみれば二パーセントにすぎないので、アデノウイルスのベクターが人間で使用可能になったら北アメリカで最もよくみられる遺伝的欠陥である嚢胞性繊維症の治療に大いに活躍することになるだろう。嚢胞性繊維症は主にヨーロッパ系の白色人種にみられ、肺に粘度の高い粘液がたまり、傷ついたり感染症を起こしやすくなる。患者のほとんどは思春期あるいは大人になる頃には死んでしまう。嚢胞性繊維症の遺伝子は人間の患者ですでに同定され、研究室内で製造できるようになっている。もしもこれをアデノウイルス・ベクターに挿入してエアゾールの形にできれば、喘息の吸入治療のような簡単な方法で遺伝子治療ができるようになるかもしれない。

よい治療法もないままこの恐ろしい遺伝病と闘っている人々にとって、遺伝子を変えたウイルスを詰めた小さな噴霧器を持ち歩く将来の展望は神の救いのようなものかもしれない。しかしこの方法に伴って、他の人々に環境的な危険がもたらされる恐れも生じてくる。「もしもウイルスをエアゾル型にして肺に入れることができるのならば、外に抜け出すこともあり得るかもしれない。遺伝子に手を加えたアデノウイルスが外に出たらどうなるのだろうか」と米国立衛生研究所のバイオ安全委員会の委員長をつとめるバリー・カーターは述べている。[☆6] この場合は、機能的に完全な形でも人間には感染しないマウス・レトロウイルスに操作を加えたものがうっかり外に逃れるのとは話が違う（人間の遺伝子治療に用いられているのは、今のところこのウイルス・ベクターだけである）。今問題にしているのは、人間に病気を起こす人間のアデノウイルスで、空気中を広がりやすいように遺伝的操作が加えられたものなのだ。一度噴霧されたものの感染性を減らすような遺伝子操作もやがてつけ加えられるだろうが、こうして手を加えても、モロニー・マウス白血病ウイルスの遺伝子治療とはかなり異なるリスクが人間の健康をおびやかす可能性がある。

世界各地の大学研究所やバイオテクノロジー企業では、他のウイルス・ベクターも研究中である。分子生物学者たちの捜し求める聖杯は、医師や看護婦が棚から取ってインフルエンザ・ウイルスのように簡単に接種できるウイルス注射液なのだ。今のところリンパ球の採種や注入に必要な採血や処置ができる大きな医療施設に行ける人々だけが遺伝子治療を受けられるが、いずれ誰でもどこでも遺伝子治療が受けられるようになるだろう。注射できるベクターが開発されれば、遺伝子治療は遺伝病の治療はもとより、現代社会の名だたる殺し屋たちの治療にも用いることができるようになるかもしれない。その中には次のようなものがある。

・がん――「自殺遺伝子」を直接がん細胞に届けるのにウイルス・ベクターを用いる計画が立てられている。それによってがん細胞を化学療法で破壊しやすくなる。薬物に対する感受性を腫瘍細胞に持たせることができれば、その薬物を投与して遺伝子操作を加えた細胞を選択的に自己破壊に追いやることができるかもしれない。

・心臓血管系疾患――現在、閉塞した血管を治療する外科的方法には、物理的に血管を開いた状態にするステントという小さな金属片を挿入する方法がある。それに代わるものとしては、詰まった血管の代わりに血管移植片という新しい血管を挿入するバイパス手術がある。しかしいずれの方法を用いても、挿入した部分にかなりの割合で血液凝固が急速に起きる。現在、凝固した血液を溶かす働きを持つ組織プラスミノゲン活性化因子の遺伝子を持つ細胞で両タイプの移植片を覆って手術の合併症を防ぐ研究が行われている。

・高コレステロール――分子生物学の分野では、必要な遺伝子を受け入れることのできる人工的な構造体「新器管」の開発が行われている。その中でも最も有望なものは肝臓のそばに置く新器管で、その中にはコレステロールを引きつける遺伝子を持つウイルス・ベクターが挿入されている。この新器管は新しい血管網で肝臓とつながり、血液中に過剰にあると心臓血管系疾患の原因となるコレステロールを引き出して肝臓に送り込み、排出させる。

・エイズ——米国立衛生研究所では可溶性CD4の遺伝子を別のタンパク質に入れてエイズを治療する方法を研究している。CD4とは、T細胞の表面にありHIVに感染しやすいタンパク質である。HIVはCD4タンパク質と結合することによってリンパ球へのアクセスが可能になる。もしも偽のCD4を血液中に十分循環させることができれば、エイズ・ウイルスをだまして免疫細胞に行き着かないようにできるかもしれない。

伝統的な遺伝子治療の中に細胞内免疫処置というものがある。これは遺伝的操作を加えた一般的な抗ウイルス・ワクチンの一種である。がんやADA欠損症の遺伝子治療と同様に、この場合にも患者の血液細胞をある特定遺伝子を持つウイルス・ベクターと混合する。しかし、ベクターの運ぶ遺伝子が治療の対象になっているウイルスの成長を阻害する点が他の方法とは異なっている。アルボウイルスを制御するために蚊の突然変異体を自然界に放すのと似ていないわけでもない。アルボウイルスの場合には放たれた蚊はウイルスを運べないように遺伝子に操作が加えられていた。十分な数の蚊を放せば、ベクター能力のある蚊を負かして交配繁殖するようになるだろうと考えられていたのだ。同じような考えで、もしも複製に必要な遺伝子をとり取り除いた大量の突然変異ウイルスを細胞に入れることができれば、理屈では、同じ細胞を宿主とする感染性ウイルスとの闘いにどうにか勝てるはずである。無害化されたウイルスが主導権を握り、感染性ウイルスは死滅するのだ。

細胞内免疫処置は一九八八年にボルティモアのカーネギー・ワシントン研究所で単純ヘルペスと培養マウス細胞を用いて初めて行われた。この研究では感染した細胞内でウイルスの複製を開始させるヘルペスウイルスのウイルス・タンパク質16（VP-16）をマウスの細胞に入れた。VP-16は、いわばウイルスの「入力」スイッチのようなものである。この実験では培養細胞内に入ったVP-16が突然変異体であることが工夫の要《かなめ》になっていた。主要遺伝子がいくつか欠損しているためにヘルペスウイルスを始動させられなくなったVP-16を、ウイルス・ベクターを用いてマウスの細胞に入れたのだ。その後、この培養細胞に正常な機能を持つヘルペスウイルスを加えても、正常なVP-16は機能しなかった。あまりにも大量の突然変異VP-16があったため、正常なVP-16が宿主タンパク質の結合部位に到達する競争に敗れてしまったのだ。その結果ヘルペスウイルスの複製は開始されず、細胞にはウイルスがまったく感染しなかった。

細胞内免疫処置の最もドラマチックな可能性は、HIV感染に対する応用にあるかもしれない。エイズ・ウイルスにもHIVの複製を開始させるtatと呼ばれる活性化遺伝子がある。今ではtat遺伝子の中でその機能を持つ部位もわかっている。したがって、単純ヘルペスのVP-16で成功を収めた実験と同じようなものを始めることもできるわけである。まずウイルス・ベクターを用いて欠失のあるtat遺伝子を直接動物のリンパ球あるいは骨髄細胞に入れる。そして中に入った突然変異遺伝子がHIVのtat機能を止められるか確かめるのだ。☆7

死と遭遇したアリ・マオウ・マーリンの体験は、歴史に残るものになった。マーリンはアフリカの東海岸にあるソマリアの小さな町メルカに住む病院の調理人だった。一九七七年十月十三日、マーリンが働く病院に一台の車が止まり、天然痘隔離キャンプへの道をたずねた。マーリンは車に乗り込み、そこから一キロもないところに住む現地の天然痘監視チームの主任の所に案内した。車の中には隔離キャンプに向かう二人の子供がいた。ひどい天然痘にかかった六歳の少女と、やや症状の軽い二歳の少年だった。ソマリアは、当時天然痘が流行していた唯一の国であったエチオピアと戦闘状態にあり、前年の秋から天然痘に感染した避難民が何千人もオガデン砂漠を越えてソマリアに流入していた。その一年と少しの間にソマリアでは計三二二九件の天然痘が記録された。

アリ・マオウ・マーリンに話を戻そう。病気の子供を乗せた車の道案内をした親切心が仇になり、彼は医学書に名を残すことになった。マーリンは、地球上で最後の天然痘患者になったのだ。

その致命的なできごとから九日後の十月二十二日、マーリンは仕事を早退した。十月二十五日、彼は入院してマラリアの治療を受けた。次の日には発疹が出た。その次の日には麻疹の診断が下されて、彼は帰宅を許された。マーリンは自分が本当は天然痘にかかっているのではないかと気づいていたが、検疫や隔離を恐れて黙っていた。しかし真実は隠し通せるものではなかった。十月の終わり頃になると発疹は膿胞を生じてただれてきた。それは特に腕や脚部に顕著で、手のひらや足の裏にまで広がっていた。十月三十日、マーリンが勤める病院の看護婦が地元の衛生当局に天然痘を通報した。マーリンは自宅内に強制的に隔離されることになり、昼夜監視が立てられた。二日後に彼は天然痘隔離キャンプに移された。高熱と発疹は悪化したが、それも次第に回復に向かった。十一月の終わりに彼は完治して帰宅した。「アリは罹病している間に百六十一名の人間を危険にさらした。しかもその内の九十一名は、かなり接近していた。しかしこうした接触から天然痘にかかった例は一つもなかった。これ以降、地球上で天然痘が自然発生した例はみられていない」とサンディエゴ州立大学公衆衛生大学院のエイブラム・ベネンソン教授は回想している。☆8

最後の天然痘患者にたどり着くまでには、実に長い年月がかかっている。このウイルスは人間の病原体として最も古い歴史を持つものであろう。天然痘の記録は少なくとも二千年前から残されている。紀元前一一五七年に死亡したエジプトのファラオ、ラムゼス五世のミイラの顔に痘痕があると信じる医学史家もいるほどである。最も古くからある人間の疫病である天然痘が、人間の力で撲滅できた最初のウイルス病であったことは、勧善懲悪的な話ではないか。撲滅に一役買ったワクシニア・ウイルスを家畜化して他のウイルス病を絶滅させようとする試みは、それをさらに裏付けるようなものではないだろうか。

生物学を学ぶ学生は誰もがエドワード・ジェンナーと医学史上初めて行われたワクチン接種の話を聞いたことがあるだろう。伝説によると、ジェンナーはイギリスのグロスターシャー地方の開業医で、乳搾りの女たちが天然痘にかからないらしいこと、そしてそのおかげでみずみずしいきめの細かい肌を保っていたということに気付いたという。彼女たちの顔には天然痘にかかった者に残る痘痕が一つもみられなかった。こうしたことを観察した結果から、毎日乳搾りをしている間に、手や腕の痘痕程度で終わる軽い牛痘に感染して、それが彼女たちを何らかの方法で天然痘から守っているとジェンナーは考えた。彼は自説を実行に移した。一七八九年、彼は人畜共通伝染病である豚痘の患部から採った物質を自分の幼い息子、エドワード・ジュニアに接種した。次に彼は生きた天然痘を注射したが、エドワードは病気にならなかった。一七九八年にグロスターシャー一帯に牛痘が流行したため、ジェンナーは仮説を試すのに十分な試料を初めて入手できた。この時代にはもちろんウイルスの存在など想像すらされていなかったが、ジェンナーは、牛痘に感染した牛の患部の滲出物中の何かが発病に関与していると考えた。そこで彼は実験に協力する八人の子供を見つけて彼らの皮膚に牛痘滲出物をつけ、そこにひっかき傷をつけてから待った。どの子供も(他の原因で死亡した少年一人を除く)傷の所に一つ痘痕ができたが、それも硬く乾いてはがれ落ちた。その後、天然痘を接種したが、どの子供も感染しなかった。[☆9]

ワクチン接種という言葉は「牛」を意味するラテン語のワッカ(vacca)に由来するため、ワクチン接種という名称を用いることは、ジェンナーの貢献に不朽の名声を与えることにもなる。しかしもう一方で、近代の天然痘ワクチンに用いられているワクシニア・ウイルスが牛痘ウイルスとは別物であることは忘れがちである。はっきりした理由は誰にもわからないが、二十世紀の初めに天然痘ワクチンの中に新型ウイルスが出現したのだ。その新型ウイルスには牛痘と同じ語源のラテン語からとった名称が与えられたが、ウイルスとしては別のものだった。そのウイルスはワクシニア・ウイルスと呼ばれるようになった。[☆10]

共通した名前を持つにもかかわらずワクシニアと牛痘には大きな違いがみられる。オーストラリアのウイルス学者でポックスウイルスの国際的権威であるフランク・フェンナーが書いているように、ワクシニアの起源は謎に包まれている。「天然痘、ワクシニア、牛痘ウイルスのいくつかの系統について遺伝物質の分析を行ってゲノム構造を比較したところ、どれか一種類が元になって別の種類が生じたとするワクシニア・ウイルスの起源説が不可能であることがわかった。」ワクシニア・ウイルスはポックスウイルスの中で自然界に病原体保有動物のない唯一のウイルスである。過去にウシ、ラクダ、バッファロー、ブタに感染したことが知られているが、動物が感染するのは接種を受けたばかりの人間にさらされたときだけである。今日このウイルスが自然のすみかにしているのは研究室の中だけである。生い立ちは謎に包まれているウイルスではあるが、遺伝子構造には何の秘密もない。このウイルスは念入りに研究され、ワクチンとして長い追跡記録もあるため、家畜化されて世界初の遺伝子操作ワクチンになり得ると考える研究者も多い。

ウイルス病をウイルスで防ぐ手順は、要約すると遺伝子治療に似ている。機能を損なったウイルスをベクターにして、特定細胞に遺伝子を届けるのだが、ワクチンの組換えに用いる遺伝子が人間のものではなくてウイルスの遺伝子である点が異なっている。ウイルス遺伝子は細胞に免疫反応を起こさせることを目的に組み込まれる。ワクシニア・ベクターが運ぶ遺伝子は、ワクシニアとは関連を持たない。電車の乗客が電車自体とは何の関係もないのと同じことである。

ワクシニア・ウイルスは大型、丈夫で、しかもよく理解されているため、こうした実験のほとんどのものに利用されている。このウイルスは医学史上で最も大きな成功を収めたワクチンであることを自ら実証している。このウイルスは凍結乾燥状態で空気中に何日間も生きることができ、しかも感染性を失うことがない。冷蔵状態での保管や保存には問題のある国々に運んで用いる場合、こうした特性は重要である。さらに、ワクシニアはウイルスにしてはかなり大きい方である。他のポックスウイルス同様、このウイルスのサイズも小型の細菌に近く、普通の光学顕微鏡で見ることのできる唯一のウイルス・グループに属している。ワクシニア・ウイルスは約十八万五千ヌクレオチドのゲノムを持つ。感染性をなくすためにここからヌクレオチドをはぎ取っていくと、たくさんの隙間ができる。こうしてできたたくさんのスペースには、数種類の異なるウイルスから取ったウイルス・タンパク質の遺伝子を挿入することができる。ワクシニアは、一回の注射で十〜十二種類の異なるウイルス遺伝子を運ぶことのできる「ワクチン・バス」のようなものになるわけである。これによって、多目的にわたる免疫処置が大幅に改良されて簡単になるだろう。いろいろな病気を防ぐために必要な注射の回数が減り（注射を受けにいく手間が省ける）、必要な免疫を漏れなく獲得できるようになる可能性も高くなる。

組換えワクシニア・ワクチンの第一号は、すでに実地試験が行われている。動物においてではあるが、一九九〇年にワクシニア・ベクターを用いた狂犬病ワクチンが、ヨーロッパ大陸における主な狂犬病ウイルスの保有動物である野生のキツネに免疫を与えることを目的にして、ヨーロッパの森林に播かれた。野生動物を次々動物病院につれてきて狂犬病の注射を打つことなどできないのは無論のことなので、自由に生きる動物集団の中で病気が流行し始めたら、それよりは独創的な対策をとらなければならないのだ。（狂犬病が野生動物に流行すると、たとえばイヌとリスの喧嘩などを通して家畜に感染することもある。さらに感染した家畜、あるいは裏庭、公園、森林などで狂犬病の野生動物と接触を持つことによって、時には人間に感染することもある。）遺伝操作を加えたワクシニア・ワクチンは、次のような方法で野生動物に投与された。フランスとベルギーにまたがる地方ではキツネの狂犬病が大きな問題で、咬み傷から家畜が感染する例がしばしばみられる。この地域に空から餌を播いたのだ。その餌の中には、遺伝的にある機能を損ねた上で狂犬病ウイルスの抗体を挿入したワクシニア・ウイルスが混ぜ込まれていた。この餌を食べると、体内で狂犬病抗原に対する抗体が作られ始める。一九九一年の終わり頃にベルギーが出した予備的な報告書によると、七十九匹のキツネを捕獲して調べたところ、一匹を除く残りすべてのキツネに狂犬病ウイルスに出会っても感染しないだけの抗体が十分にあったという。[☆11]

ワクシニアを基礎にした人間用ワクチンの研究も行われている。米国陸軍伝染病医学研究所のジョエル・ダルリンプルは、ハンターン・ウイルスの遺伝子をワクシニア・ベクターに入れる研究を行っている。ワクシニアを用いた実験が長年行われてきていることが、研究を行う上で大きなプラスになっていると彼は考えているが、もう一つ無視できないような重要な理由をあげている。ワクシニアは、細胞の核にはいるのではなくて細胞質でのみ複製を行うという点である。「ワクチンを作ろうとするとき、導入する遺伝物質の中に異なる遺伝子が入り込むことに不安を感じることもあるだろう。導入する遺伝子は細胞質にとどまっているものの方が好ましくはないだろうか。レトロウイルスや腫瘍ウイルスのようなベクターは、細胞内の染色体の中に組み込まれてしまう」とダルリンプルは述べている。宿主細胞のゲノムに新遺伝子を入れた場合に長期にわたる危険はまだわかっていない。ワクシニアをベクターにした場合、「核は神聖な場所で決して侵されることはない。核内にある人間の遺伝物質は、細胞内で行われるウイルスの複製と関係を持たない」とダルリンプルは話している。[☆12]

このような利点があるにもかかわらず、ワクシニアをワクチンのベクターとして用いる場合に、その適

図7　ワクチン開発の新しい手法として、科学者はAIDSウイルスから得たウイルス表面タンパク質をコードする遺伝子（ENV）を、ワクシニア・ウイルスから得たベクターに挿入した。この組換えワクチンは、次いで直接に生ワクチンとして実験動物に与えるか、あるいは組織培養中で育てて、表面タンパク質だけを生ずるサブユニット・ワクチンを得るのに使われた。どちらの場合にも、その結果として動物体内にはHIV抗体が生産されることになる。

図7　ＡＩＤＳワクチン製造に組換えワクシニア・ウイルスを使う方法

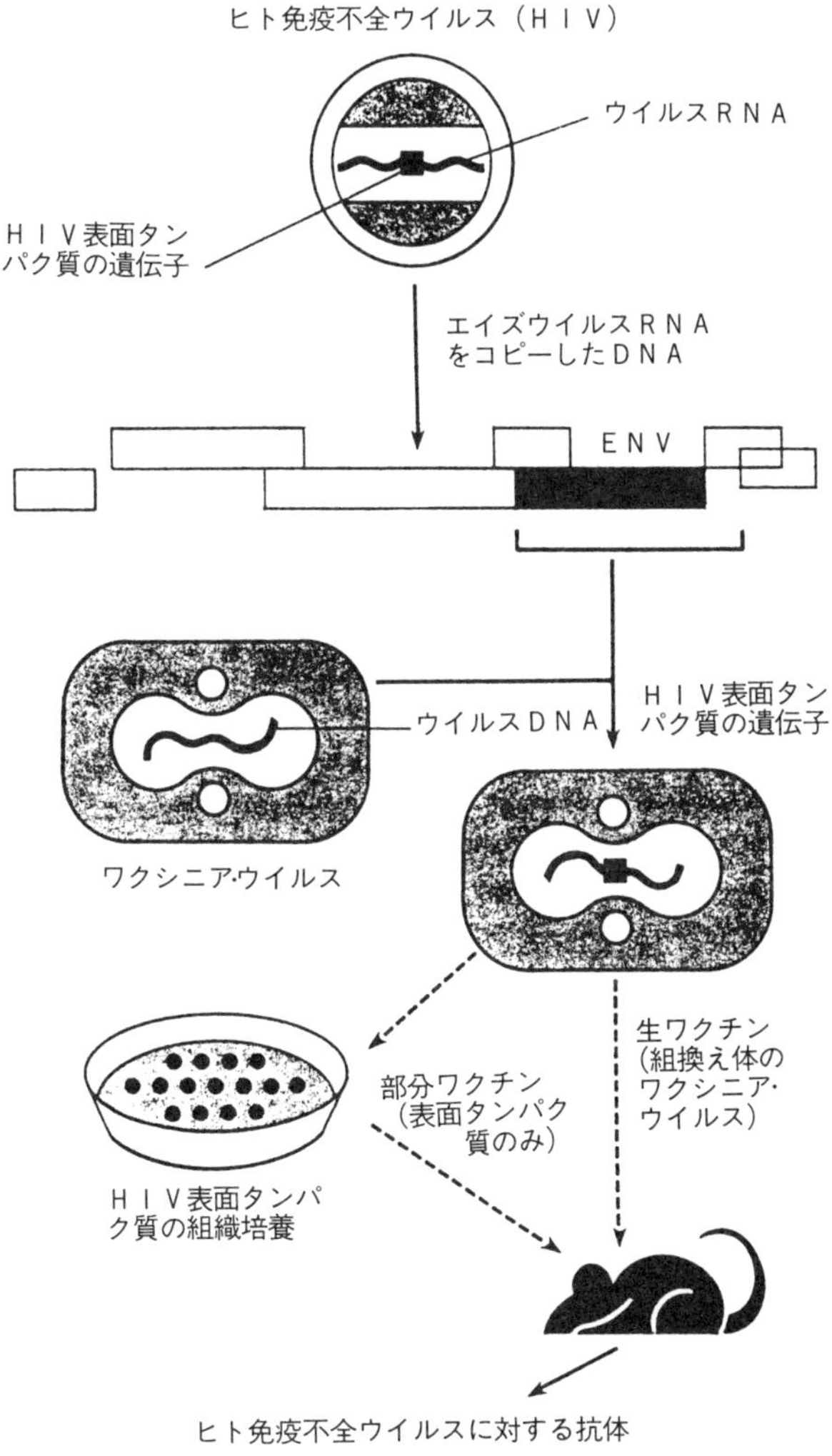

性にはさまざまな問題が残されている。その中でも重大なのは、ウイルスを完全に無力化するのが難しい点である。一九七七年以降に生まれた者（産業国ではさらにそれ以前に生まれた者）は、天然痘の接種でワクシニアにさらされたことがないため、ワクシニアに感染性を持つ。もしも無毒化が不十分なワクシニアを用いた組換えワクシニア・ワクチンが投与されたら、致命的な感染症が起きる危険がある。

ワクシニア・ウイルス感染症は、小さな子供や免疫系に異常のある大人には特に危険なものである。アフリカで天然痘撲滅運動が行われていた時分、ワクシニア・ワクチンを用いた場合には、他のワクチンに比べて接種後に脳炎の発生率が高かった。この脳炎の症状は重く、死亡率は五〇パーセント近く、生存者にもかなりの割合で脳に障害が残った。脳炎ほどひどいものではなかったが、種痘性湿疹（天然痘と同じくらいにひどく皮膚がただれる）、全身性痘疱、発疹反応、あるいは接近しすぎたため偶然感染したり、妊娠中にワクチン接種を受けたために生まれてきた子供に先天的なワクシニアがみられることもあった。[☆13]この程度の副作用は、恐ろしい感染症から身を守るためには仕方のないことだった。しかし天然痘が根絶された今日、リスクと利益の割合は変わってしまった。免疫を目的とした用法以外に、ワクシニアをベクターとして用いて余分な危険をおかす必要があるのだろうか。開発される組換えワクチンが天然痘に匹敵するほど恐ろしい病気、例えばエイズのようなものに対して開発されるときにだけ、リスクをおかすことが認められるのかもしれない。

しかしエイズに組換えワクシニア・ワクチンを利用することにもいろいろな問題がある。一九九一年、パリで何人かのエイズ患者にある実験的なワクチンが投与された。それは毒性を奪ったワクシニアにHIVの外殻タンパク質遺伝子を挿入したものだった。研究者たちは実験に用いたワクシニアが完全に無毒化されていたと考えていた。しかし、免疫系がすでに危うい状態になっているエイズ患者を苦しめるだけの感染性がいくらか残っていたことは確かだった。投与を受けた患者のうち二名が壊疽性ワクシニアに感染して死亡した。[☆14]

実験ワクチンの多くのものは、新しい遺伝子をベクターに入れる段階でワクシニア・ワクチンの感染性の問題を回避できるかもしれない。たとえば軍で研究されているハンターン・ウイルスのようなものが挿入される場合には、いつでもワクシニア・ゲノムのチミジン・キナーゼ（TK）遺伝子の部分に挿入されてTK遺伝子と完全に置き換わる。TK遺伝子はワクシニアの毒性を決定する遺伝子でもあるため、ワクチンを調製する段階でワクシニアの毒性を同時に奪う効果も生じるのだ。

現在研究中のワクシニア・ワクチンの多くはワクシニアを直接用いることはしていない。ワクシニアは、遺伝子を行くべき場所に届けるだけでその役目を終えるのだ。たとえば米国立アレルギー・感染症研究所のバーナード・モスは、HIVのあるタンパク質を哺乳類細胞に入れる実験にワクシニア・ウイルスを用いている。このタンパク質によって細胞はまったく新しい型のワクチンを製造する小さな工場として働くようになる。モスらは二種類のワクシニア・ベクターを同時にサルの細胞に感染させた。一つはDNAからRNAを転写するのを助けるRNAポリメラーゼの遺伝子を運ぶベクター、もう一つはHIVの表面タンパク質の遺伝子gp160とその「スイッチ」を運んでいた。感染したサルの細胞はRNAポリメラーゼの合成を始め、合成された酵素はスイッチに結合してgp160の合成を開始させた。モスはこうしてまったく人工的な方法でHIVの表面タンパク質を製造することができた。そしてウイルス感染のリスクが高いボランティアにこれを注射できるようになった。人工的に製造されたgp160タンパク質は、哺乳類細胞の中で作られるため、その立体構造は本来の構造と実質的に同じものができる。これがこのシステムの利点であり、強い免疫反応を引き起こす上で重要な意味を持つと思われる。この技術はワクシニアの力を借りて始動するが、ウイルスが実際に人間に導入されることはない。[☆15]

米国立衛生研究所は、余裕があるときには古参の研究者にも部屋の割り当てがある。国立心臓肺血管研究所のスタッフとして四半世紀以上を過ごし、人間の遺伝子治療の指導的権威で精力的な提唱者として知られているW・フレンチ・アンダーソンには、細長い部屋と、同じく細長いミーティング・ルームがあった(より広い場所を求めてかどうかは知らないが、彼は一九九二年に南カリフォルニア大学に移った)。そのミーティング・ルームには、コピー機、ファックス、コンピュータ、コーヒー・メーカー、機関誌・雑誌類、会議テーブルなどが詰め込まれ、さらに週二回の研究室ミーティングには十五〜二十名の熱心な研究者たちがそこに押し込められた。ゼロックスの後ろの壁には、ハムレットの一節が額に納められて掛けられていた。その一節からは、人間の遺伝子治療の成功に賭けている男女が遺伝子治療をどのようなものとして受けとめているか、その心境をかいま見ることができる。

恐ろしい病を治そうとすれば
恐ろしい手だて、それで治るか
いや、どうにもならぬか。

いま私たちが直面している病気は、がん、遺伝病、エイズなど、確かに絶望的なものが多い。それに対して開発される治療法がどれほど「恐ろし」く、そのうちのどれだけのものを遺伝子的アプローチで「治る」かは、これからわかることである。しかし次のことだけは、はっきりしている。医学は、仲介者として働くウイルスを飼い慣らすことができなければ、人類を捕らえて離そうとしない病気の魔手をゆるめさせることはできないのだ。ウイルスの家畜化が遺伝工学の最初のステップになるのだから、この技術は下等な寄生性ウイルスも含めた宇宙のあらゆる存在が、害を及ぼす相手生物を助ける能力も奥深いところに隠し持っているという事実の証明でもある。

第10章　新しい生物学への道

一九八九年十二月、米国政府特別チームの長官が、アメリカで熱帯医学に携わる主だった専門家たちに恐ろしいニュースを伝えた。アフリカのサハラ砂漠に近いチャンガという小国で内戦が起きて、何千もの避難民が隣国バサンガニに流出しているという。不潔な難民キャンプでは、極めて感染性の高い恐ろしい伝染病であるエボラに似た症状で人々が死んでいった。救援活動を行っていた人々にも死者が出はじめていた。「この一ヵ月で三百人の難民と救援活動を行っていた四人が死亡している」とレウェリン・レグターズが述べている。彼はメリーランド州ベセスダにある総合医療大学で予防医学と生物測定学の学科主任を務める人物だった。「ボランティアの多くは匙を投げてヨーロッパやアメリカに帰国した。」しかし帰国した者の中には空気感染するこのウイルスにすでに感染している者も多かったので、結果として彼らは世界中に病気を広めることになった。

これは確かに深刻なニュースだった。が、実は作り話だった。これはアメリカ熱帯医学衛生学会の年会でレグターズが企画した「医学的戦争ゲーム」の一部で、地球規模のウイルス危機に対する予行演習のようなものだった。この恐るべきシミュレーションに丸一日取り組んだ後レグターズは、国境を越えて忍び込む新型ウイルスに対して合衆国やヨーロッパは何の準備もできていないという考えに達した。[☆1]

筋書きが恐ろしさを増してくるにつれて、疾病制御センターが二大陸で同時に起きた緊急事態に対処できるだけの力量を持たないことがわかってきた。CDCには出血熱の専門家は四人しかいなかった。これではバサンガニと複数の米軍基地に同時にチームを派遣するのは無理だった。機関が持つ唯一の高度汚染用移動研究室をアフリカに置くべきか、合衆国のどこかに置くべきなのか、誰にもわからなかった。陸軍にたった一部隊しかない野戦隔離病院をどこに派遣すべきかについても同様だった。合衆国内の病院に派遣するべきなのか、定員をはるかに上回る難民がひしめきあっているバサンガニ内三ヵ所にあるキャンプのいずれか一ヵ所に派遣するべきなのか誰にもわからなかった。

さらにやっかいなことには、病気にかかったアメリカ人ボランティアの問題があった。筋書きのなかで一週間経過した時点で、数人が謎の熱病で死亡していた。この他ワシントンDCの私立病院に二人、アフリカに一人、バサンガニに二人の患者がいた。彼らは接触のあったアメリカ人、ヘルスケア・ワーカーや葬儀屋までもウイルスの危険にさらしていたのだった。次々と現地をはなれる人々は、自国に向かう二十一時間の空の旅でそれぞれ何百人もの人々をウイルスにさらすことになるのだ。

シミュレーションによって、ウイルスの緊急事態を扱うには学際的な共同研究が重要であることが明らかになった。「政府特別チーム」の正体は、その年の会合に出席した八百人の熱帯医学専門家だった。彼らは多くの専門家からの助言を積極的に求めていた。専門家の中には合衆国内で患者を扱う臨床医をはじめとして、感染源を探る疫学者、新型ウイルスを警戒してアフリカの血液サンプルを検査する分子生物学者、国際平和維持活動の一環としてチャンガに派遣された部隊の感染をモニターする参謀や外交官などが含まれていた。医師、疫学者、研究者、政策担当者などの協力なしには進展がみられないとレグターズは主張した。どの分野もその重要性には変わりがなかった。

しかし専門家同士が話合いの場をもつのは容易なことではない。彼らはまったく異なる言葉で話し、研究対象であるウイルスを異なる利点や観点からみている。言葉のギャップは特に大きい。私も素人同様で、科学という事業がいかに細分化されているかまったく知らなかった。一般的な生物学のある分野に属する研究者が、共通点ではなく相違点で自分の立場を明確化できると考えているなど思ってもみなかった。アウトサイダーである私は、科学者たちが皆同じルールにのっとり、同じゴールをめざして行動していると思いこんでいたが、それは間違いだった。

長年、米国立衛生研究所科学分野の主任を務め、科学文化の思想家として広く尊敬されていた故デウィット・(「ハンス」)ステッテンは、科学の専門分野の分類を図でうまく描き表わしていた。彼は科学とそれに近い専門分野を、左側から次のような順序で書き出した。数学、物理学、化学、生物学、医学、経済学、心理学、政治学。(彼は生態学や環境科学は入れていなかったが、入れるとすればこの分類の右端になるだろう。)ある科学者がこの分類の中で占める位置をXとすると、彼あるいは彼女は自分のXの左側にあるものすべてをハード・サイエンス、右側のものをソフト・サイエンスと考えるという。もちろんソフト・サイエンスなどと呼ばれることは、科学者にとって最も辛辣な批判になる。厳密さに欠け、データが不十分で、印象主義的であるような意味あいが含まれているからである。☆2 生物学もステッテンの分類ではそれほど左側にあるわけではないが、こうした見方は自らの研究に啓発をもたらし得る他の分野を自動的に閉め出すことになるのだ。

もしも科学者たちが自分の小さな領分へのこだわりを捨てなければ、科学の質が損なわれることになる。それが専門分野間のバリヤーを打ち壊さねばならない最大の理由かもしれない。そしてそれを実現する可能性が出現ウイルスの研究によってもたらされるかもしれない。共同研究からまったく新しいものが出てくる可能性もある。新しい生物学の出現である。生物学内の分野、そして関連のまったくない分野、その両者を合わせた多くの専門分野の視点を取り込むことなしにウイルスの出現を研究する良い方法はない。そのためには分子遺伝学、細胞生物学、野外生物学、昆虫生物学、動物行動学、集団生物学等の生物学分野を始めとして、感染症、免疫学、疫学など臨床医学のさまざまな分野を融合する必要がある。同じ大学や研究施設にいてもほとんど言葉をかわすことのない化学者、文化人類学者、地理学者、物理学者、気象学者、社会学者、数学者、歴史学者といった人々の専門的意見を信頼する必要も生じてくる。さまざまな分野が混ざり合った結果、訳の分からぬ言葉の飛び交うバベルの塔ができるのではなく、知識のるつぼができるように見守る責任が出現ウイルスの分野の指導的立場にある人々、そして彼らの研究を見守る私のようなもの書きにあるのかもしれない。

ウイルス学者ならば誰でも持ついちばん基礎的な疑問は、ウイルスの働きがいったいどうなっているかということだろう。この疑問自体にもいろいろな解釈がある。ウイルスはどうやって宿主細胞に感染するのだろうか。どうやって宿主細胞免疫系の監視を逃れるのだろうか。どうやって細胞内に入って細胞にウイルスを作らせるのだろうか。こうした問いは、ウイルスの機能をわずかずつ異なる観点から捕らえている。それぞれの問いに対する答も、遺伝子からみた場合、宿主細胞の環境からみた場合、宿主動物の特性から考えた場合、宿主動物とそれをとりまく世界の関係から考える場合など、観点によって少しずつ変わってくる。言い換えるとウイルスの機能に関する疑問には、分子生物学、細胞生物学、臨床的感染症、個体群生物学といった専門分野から答を出すことができるのだ。

一九九〇年代には、分子生物学のものの見方が他のすべての分野の頂点に立っているように思われる。ハーヴァード大学で生物学の名誉教授であるウォルター・ギルバートは次のように記述している。「生物学は、遺伝子およびその生産物を作れるようになったことで変わってしまった。発生生物学では胚の中にあって形を決定する遺伝子を捜し求めるようになっている。細胞生物学では構造を決める要因として遺伝子を調べる。医学では体のタンパク質生産をもたらす遺伝子、あるいは病気の原因となる遺伝子を求める。生命の起源から鳥類の種の分化にいたる進化の問題も、DNA分子のパターンによって研究されている。生態学では自然界の生物界の生物集団をDNAによって特徴づけている。ライオンの社会的習慣、カメの回遊、人間集団の移住などは、すべてDNA上にパターンとして残される。[☆3]」分子生物学が支配的になることによって、生物学に「パラダイムの移行」が起きるとギルバートは結論している。これは、ある分野の研究の指針となるような根拠に生じた変化を説明するために科学史家トマス・S・クーンが用いた言葉である。遺伝子のクローニングを行う研究所の日々の作業は、大部分が退屈で限定されているが、生物学者は自分が研究するものはすべて遺伝子レベルまで追求しなければならないという考えに縛りつけられているようだ。「配列決定は退屈な作業だ」と生物学者はよくこぼしているが「みんなが行っている」とギルバートは記述している。生物学者たちは、DNAの同定、クローニング、配列決定、そして相当するDNA部分の出現に至るまで研究していないと他の生物学者にまともに受け入れられないのではないかと考え、自衛手段として行っているのだ。

このパラダイムの移行によって、生物学は還元主義への道を急速にたどる。還元主義とは、物質をできる限り小さな本質にまで分解して、それを研究する過程を言う。化学における還元主義は、最終的に原子に至り、生物学の場合には遺伝子に至る。分子生物学者は遺伝子を追跡することによって、具体的にはDNAの二重らせんをほどき、ヌクレオチド構成を解明するために小部分に切断して、この遺伝物質の連なったDNAを何百、何千、何百万回も繰り返してコピーすることによって、生物学におけるほとんどの問題の答が得られると信じている。細胞分裂、疾病発生論から利他的な行動まで、生物現象のほとんどのものは、その生物のDNAで説明がつくと彼らは信じているのだ。わくわくするような考え方だが、それでは遺伝子の働きに重きを置きすぎることになるだろう。還元主義的なものの見方は、細胞レベル、個体レベル、そして環境的レベルで多くの要因を無視することになるため、自然界の真の仕組みを理解する上では限られた能力しか発揮できない。遺伝子的探求は、近視眼的で微小な物に焦点を合わせているので、生物学の世界で獲得した高いステータスにふさわしいものにはなり得ないだろうと私は考えている。これは道具を哲学に変えようとしている一例と思われるのだ。

昔、よくガレージや納屋の中で分解や組立に没頭していた、いわゆる発明家と呼ばれる人々がいたが、分子生物学者は彼らの血を引く知的後継者のようなものだ。昔の人々のように、分子生物学者も最も基本的な構成成分である遺伝子レベルにまで生物を分解して、その仕組みをさらに細かく正確にとらえたいと考えている。そして新しい独創的な方法を用いて、分解したものを元の状態につなぎ合わせようとする。こうした裏庭の発明家的なものを熟練した専門家の領域にまで引き上げようとしても、それはおそらく無理な話だろう。

「私たちはなぜこれほどまでにも配列決定を行おうとするのだろう」と米国立衛生研究所のD・カールトン・ガイジュセクは問いかけている。「私の研究室の若い者は、興味深いデータを集めていると言うが、本当に意味のあるものなのだろうか。」あるタンパク質の配列がわかるということは、石膏で木の型をとるのに似ているところがあるとガイジュセクは述べている。自然を正確に模倣できるからである。しかし、それができるからといって喜んでいるうちに、それがなすべきことなのかどうかが忘れられてしまう。たとえば、温室で育てている小さな木の型を取って、それを元にしてクリスマス・デコレーションを作って売るとする。この場合には、有用性があるわけである。しかし、特に目的もなく森の中の木の型を手当たり次第作るとなると、これはまったく別の問題だ。「私たちは、とてもよいタンパク質のコピーを作り出しているが、その目的は何だろう。そうしたことは限りない時間の浪費ではないかと私は考えるようになってきた」と彼は述べている。[☆4]

ガイジュセクと同じように、分子生物学の実験の中には「料理本の科学」になってしまったものがあると考える世界有数の研究者も多い。料理本云々とは、レシピ通りに料理を作れる程度の知的素養さえあればよいということなのだ。DNA鎖をすばやく分解する試薬は市販されているし、一文字一文字の分析を行いマスター・データベースの遺伝子との比較までしてくれるコンピュータ・プログラムもあるので、手元がしっかりしていて正確な計量ができれば、生物学専攻の学部学生でも配列決定ができる。サイエンス・ライター向けの夏期講習に参加したときには、自分がしていることの意味がほとんどわからなかったにもかかわらず、この私にも配列決定ができた（我慢強いインストラクターの細やかな指導のもとにではあったが）。ジャーナリストにもできる配列決定を、どうして多くの生物学者が聖杯であるかのような扱いをするのだろうか。

だからといって研究における新しくすばらしいアプローチ法としての分子生物学の値打ちを認めないわけではない。細胞や生物体に生じた変化を染色体上に生じた変化と結びつけられるのは、真に驚くべきことだ。しかし、この種の研究には限界があるというのが警告の言葉である。（大部分の科学者は心得ていると思うが）生物のある状態を遺伝学的に解明したといっても、それは研究のゴールではなくて出発点にすぎないのだ。

遺伝子を神聖なものとする考えは生物学にとって良いのだろうか悪いのだろうか。良い点があることには疑う余地がない。遺伝学に力を入れれば、関連性のなかったように思われていた事柄に秩序を見出せるようになるだろう。しかし、あらゆることを考慮してみると、私は還元主義に向かう傾向は、この分野にとって悪いことだと思う。還元主義は研究者がより細かな問題のより小さな断片に目を向けるようになることを意味している。研究の対象が大きな絵のどの部分にあてはまるのかまったくわからない、あるいは関心を持たない近視眼になる恐れがある。「私にはレトロウイルスの研究をしている友人がいる」とモースは話している。年齢的には若い部類に入るモースではあるが、病因論に対して昔ながらの興味を持っている。「彼女は自分がウイルス学者だとは思っていない。ウイルスを扱う分子生物学者だというのだ。[☆5]」

還元主義に伴う近視眼は判断力を失わせることもある。生命の最小単位とも言えるウイルスにズーム・インして近くで凝視しすぎると、相違点や類似点の判断が狂ってくる。ウイルスのスケールで見ると、相違点は誇張されるし、一歩下がってウイルス間の共通点を認めることもできない。こうしたことはポリオウイルスのケースにことのほかはっきりと表わされている。ポリオウイルスの構造が解明されるはるか以前から、このウイルスには三つの型があり、その内一つに感染しても他の二種類に感染せずにすむわけではないことが研究者の間では知られていた。ウイルス内のRNAの知識などまったくなかったが、三種類すべての型に対する免疫をつける効果的なポリオ・ワクチンを作ることができた。しかし分子生物学者がポリオウイルスを詳しく調べていくに従って、それぞれの型の相違点がはっきりしてきた。そして機能的には（主要抗原に対して作られる抗体の分類において）同じ型に属するウイルスにもわずかながら異なる何百もの系統があることがわかった。

「全部がニレの木なのだが、よく見ると一本ずつが少しずつ違っている、というのに似ている」とガイジュセクは記している。病気に関する限り、系統が何百もあることにはまったく重要性がない。1型のポリオウイルスがある抗体反応を起こし、2型、3型もそれぞれ別の抗体反応を起こすことだけが問題になる。公衆衛生の立場から言えば、この3種類の型にだけ直接関係があるのだ。3種類のすべてに免疫をつければ、子供は一生ポリオにかかることはない。しかしポリオウイルスの遺伝子配列や構造の結晶学的記録を凝視する分子生物学者には、これがわからない。彼らが見るのは木であって、森全体ではないのだ。もしもポリオの研究が今日行われていたら、ウイルスの分子構造から始まり、共通点の前に相違点に目を向けるだろうとガイジュセクは述べている。「どれも少しずつ異なっているのだから、そのすべてに対応できるワクチンを作ることなどできないといって、この問題は放棄されてしまっただろう。[☆6]」今日HIV感染のワクチン開発のじゃまをしている要因の一つはこうしたことから生じているのかもしれない。HIVウイルスは同一宿主内に異なる系統が見られることもあるため、系統間の違いを強調しがちだが、そのため生物学的に意味のある型、つまり多くのHIV系統に対する免疫をつける抗体の開発につながる型に分類することが難しくなっている。

出現ウイルスの研究の特に良い点は、こうした還元主義がそれほど定着していないことである。それぞれの分野の最先端で研究を行う人々は自分の視野の中にとどまっているわけにはいかない。最先端で目にはいるのは広大な地平線だけなのだ。「非還元主義者の多くは、複雑なシステムに単純な還元主義的戦略を応用することの限界に気づき、出現的な現象の発見を積み重ねることによって、最先端まで到達するのだ」とイェール大学の生物学者であるキース・スチュアート・トムソンが一九八四年に書いている。[☆7]出現ウイルスという言葉が正式に用いられるようになるまる五年も前に「出現の現象」にふれていることは幸先の良いことだった。彼が学際的な傾向と生物学の最先端の活動に関連を見出したのは、偶然のことではなかった。そして今日の出現ウイルスにも同じ関係が見られると私は考えている。研究中の新しい問題が何であろうと、専門分野に対する忠誠心と自ら課した還元主義を越えて行かない限り、正しい判断を下すことはできない。

「ウイルス学の問題は学際的なものだと言うのが私の信条だ。病因論において遺伝学や分子生物学を理解する唯一の方法は、それを動物レベルで研究することである。ウイルスを培養細胞だけで研究することはできない。動物レベルでなければ知ることのできない宿主特異的な要因があり、それらがウイルスについて新しい考えを与えてくれるかもしれないからである」とハーヴァード大学医学校微生物学主任であるバーナード・フィールズは述べている。彼は自分が一生をかけて研究してきたレオウイルスの例を引用している。ウイルス学の伝統的な考えによると、ウイルスはいかなるものでも細胞内に入るまでは不活性だということになっていた。もしもレオウイルスの研究が培養細胞内でのみ行われていたとすれば、その考えは存続していただろう。しかし動物体内での働きを観察したことによって、このウイルスが最初の細胞に感染する前に不活性状態から活性状態に前もって変わる珍しい能力をもつ事実をフィールズは発見した。腸の内腔、つまり長く曲がりくねった腸の内部は、本来体の一部分というよりも外部環境というべきであろう。この内腔で、ウイルスは酵素の働きによって胞子状の形から活性化された形へと一連の変化の道をたどる。レオウイルスは活性化されて初めて腸腔から腸細胞に侵入できるようになる。「ウイルスを飲み込むと、腸腔へと運ばれて細胞に侵入できる形に変わり、細胞内で増殖を始める。こうしたことが細胞培養でどれだけわかるだろうか」とフィールズは述べている。☆8

フィールズの言うところの学際的とは、生物学内における一般的な区分を越えた交流を意味している。しかしウイルスの研究の場合には、さらに広範囲の、まったく畑違いの分野の考え方をも取り入れるべきであろう。新型ウイルスが進化するにあたって、その過程にさまざまな要因がかかわる様子はすでに取り上げている。アルボウイルスの場合はどうだっただろう。ウイルスの分子遺伝学を知るだけでは不十分なのだ。新しい集団にアルボウイルス病が広まるのをくい止めるには、昆虫学、気象学、水生生物学、政治学、文化人類学、獣医学、そして経済学の専門家の参加すら必要になってくる。

ガイジュセクは、自然界の現象に目を見張る小学生なら当然持っている程度の地学や物理の理解力を、自分の研究室の研究者でさえ持ち合わせていないと嘆いている。塩水の中につるした岩塩に結晶を作ったり、洞くつの中で鍾乳石や石筍が同じような形に成長している様子を観察したり、アイスキャンディーの棒や積み木で橋やアーチを作るなどの、ごく初歩的な「実験」のことを彼らはすっかり忘れてしまっていると彼は話している。「私は今、分子生物学者たちに初歩的な化学知識、たとえば塩と水だけでも数限りないパターンをとり得るといったことを思い出させようとしている」とガイジュセクは述べている。専門外ではあったが彼の場合には自分で行っていた言語学の研究が、ウイルスの仕組みにおける独創的な考えを生み出す大きな助けになった。若い研究者たちには基礎的な物理学や化学、たとえばパターン形成や結晶化といったものを覚えていてほしいと彼は考えている。こうした過程は、クールー病、クロイツフェルト＝ヤコブ病、ウシ・スポンジ脳症といった脳の伝染病に関係する要因の自己複製を解明するモデルになる可能性があるからである。遺伝子に焦点をあわせすぎると、こうしたRNAもDNAも持たない「型にはまらないウイルス」に対する洞察力が限られたものになる恐れがあるという。

遺伝学の偏重うんぬんの論争は、研究室内で研究を行う者と野外で研究を行う者の間で繰り広げられている争いに比べたらとるに足らない。当今の生物学では研究室内でものを混ぜ合わせたり精密な機器を用いて研究を行う場合が多い。しかし、勇ましさで知られている野外研究者たちは、こうした努力が平凡で退屈なものだと言って見下している。彼らは自分たちがインディー・ジョーンズのようなものだと考えているのだ。封じ込めの厳重な研究所で研究を行ったり毒性の強いウイルスを扱うときに青いゴム製の宇宙服を身につける科学者を軽視する傾向が彼らには見られる。リスクを覚悟することも科学事業の一部なのではないか。アフリカのブッシュや南アメリカの森林の中で土埃、ぎらぎら照りつける太陽、そして汗にまみれて研究する彼らには、昔からのカーキ色の制服とゴム手袋だけで十分なのではないだろうか。彼らはそのように考えている。

「ウイルスの野外研究者は、非公式なものではあるが、職務中に死亡した科学者たちが名を連ねる『ウォルター・リード・クラブ』にかなりの敬意を払っている」とトム・モナスは述べている。彼は前任の米国陸軍伝染病医学研究所の仕事で中央および南アメリカで野外研究を行ったことがあった。この「クラブ」は熱帯病の権威ウォルター・リード少佐に敬意を表して命名されたもので、首都ワシントンDCにある陸軍の研究施設にも彼の名がつけられている。一九〇〇年、キューバで流行していた黄熱病を調査するためにリード調査団が派遣された。この病気の伝染経路は当時まだ解明されていなかった。黄熱病患者を刺したばかりの蚊に刺される役をかって出た人間を研究した結果、この病気は蚊が媒介することがわかった。しかしこの実験の代償は高くついた。リードを始めとして何人かの研究者も蚊に刺される役に志願していた。リードは感染しなかったが、数人が黄熱病にかかって死んだのだった。☆9

今日の野外研究は当時ほどリスクの大きいものではない。しかしウイルスを運ぶベクターにわざと刺されるようなことがなくとも、勇気をためす場であることにはかわりがない。野外研究には原始的な生活が伴う。発電機がきまって故障するような研究室で研究を行い、サンプルを冷やしておくのに必要な液体窒素を奪い合い、動物の捕獲方法や顕微鏡の基本を現地の人々に教え、物々交換を行い、政府当局と交渉を行い、その上、限りのない待ち時間がある。若い医師や生物学専攻の学生が思い描くライフスタイルがこのようなものではないことは確かである。従来ウイルスの野外研究者は、伝統的にこれら二つの学問的扉口から供給されていたのだ。

一九六〇年代、一九七〇年代のアメリカには徴兵制度があり、兵役に代わるものとして何千人もの医師が二年間の期限で保健奉仕活動の仕事についた。これは国内の優秀な医師たちに国際的な衛生問題の野外研究の魅力を知らせる大変良い機会となった。毎年三十五人の若者が疾病制御センターの伝染病知的奉仕活動に参加した。「人数が四〜五百人になって応募を中止しなければならないほどだった」と当時CDCに所属していたD・A・アンダーソンは回想している。これはつまり受け入れられたのが最高に優秀な人材だったことを意味している。二年間海外で野外研究を行った後に国際的な公衆衛生の仕事に転向する若者も多かったとヘンダーソンは話している。「彼らは最初、内科医や心臓の専門家になるつもりで、公衆衛生のことなどまったく考えていなかった。しかし彼らは海外の健康管理事情を体験することによって国内の公衆衛生業務の持つ可能性に気がついたのだ。」残念なことに、今日そのような任務は必須条件になっていない。伝染病知的奉仕活動は、面倒な病気が出ると調査のために若い医師を派遣しているが、彼らはすでに進路を定めて医学に進んでいる。ほとんどの若者は、開業したり研究生活に入って落ちつく前に不自由な生活に耐え忍ぶだけの余裕がないと考えている。一般に、医科大学を終えるには十万ドルも借金しなければならないといわれている。☆10 そのため、莫大な負債を返すための収入を念頭に置いて専門を決める新米医師が多くなっている。最も優秀な者は、限られた時間内でかなりの収入がある整形外科や放射線科を郊外で開業する。

若い生物学者たちも、専門職の目標である助成金、昇進、終身在職権などを獲得するにはアフリカやアジアでの研究に時間を費やすことが必ずしも有利に働かないことを知っている。彼らは金と名声を追い求めて研究室に残って遺伝子配列の研究を行う。野外研究にはかなりの費用がかかるが、それに対する公私の援助もほとんどなくなってしまった。今日研究にまわされる金はわずかで、その大部分が伝統的な研究室内の科学、特に分子を扱う科学に当てられている。

こうした傾向は、出現ウイルスの管理に関心を寄せる人々にとっては困ったことである。新型ウイルスを追跡するには、クローニングではなくて野外研究にもっと力を入れなければならないからだ。次に現われるウイルスの予想をたてる上で必要な情報収集所のようなものでは、野外研究者が主要な役割を果たさなければならない。しかし、その研究者をどこに求めたらいいのだろうか。私は、遺伝子が王様である生物学の分野ではなくて、公衆衛生とは関係がなくても野外研究に熱意を持つことがわかっている分野の人々がよいと思う。明日の野外ウイルス学者は、いま生態学、文化人類学、海洋生物学、地質学、昆虫学、農学、地理学、ひょっとしたら政治学や社会学を専攻しているかもしれない。こうした分野の人々は野外研究の醍醐味を味わったことがある。味わうといっても、不便、困難、そして挫折などが伴うが、正しい方向を示してやりさえすれば、彼らに内在する自然界に対する関心を人間の健康や病気に向けることができる。彼らが大学院の勉強に取りかかるときが、奨学金や助成金を与えて国際的な健康問題に取りかからせる時になる。そして彼らに基礎生物学の知識を与えて、彼らの持つ知識を生物学の問題に応用できるようにしていくのだ。国立科学アカデミーの『生物学における好機会』という最近の報告ではまさにその通りのこと、つまり野外研究における学際的アプローチの重要性が強調されている。「ある分野で学位取得前の研究を行い、学位取得後は別の分野で研究を行うよう」若者に奨励すると、報告書は結んでいた[☆11]。もしも「奨励」を金に換算することができれば、この考えはすばらしいものになる。連続性よりも相違点を強調するような科学文化のなかでは、分割された専門分野をつなぎ合わせようとする行為にはリスクと冒険が伴う。金銭的にもそれ相当な代償があってはじめて熱心な学生もリスクをおかせるのではないだろうか。

「新しい生物学」の行く手には大きな障害物がたくさん横たわっている。アメリカの大学の組織構造では、分野の壁が個々の専門分野を囲っている。大部分の大学は連合組織として機能しているため、個々の学部が独自に卒業条件、職員の雇用、昇進、在職期間、長期計画の決定を下している。ある意味では、これは便利なことでもある。同業研究者間の話合いの場が多くなるので、その中でのみ通用するような考え方、方法、用語が当たり前のものになってくる。そして、個々の専門分野は、その分野独特の視点に立ってある小さな部分を追求するようになる。しかし大学全般にわたってすでにそうなっているように、専門の壁が堅固になりすぎると、既存の条件にこだわって、解放どころか害がもたらされることにもなりかねない。ある一つの分野の狭い視野に慣らされた人々は、自分の古い習慣に捕らわれる傾向がある。捜し求めるだけの価値のあるものは何か、何に疑問を感じるべきかといった最初の問いも、過去のあらゆる経験に根ざしたものであり、それらの問いに答えようとして彼らが持ちだす説明も古い尾をひきずっている。

スティーヴン・モースは、専門分野間に橋を架けるために自分で新しい分野を作ろうかと考えたこともあった。当時新型ウイルスが出現する仕組みを表わすのに彼が用いた「ウイルスの交通」というたとえの虜になった人々が彼の同僚にも何人かいた。その中の一人、マンハッタンのヘルスケア慈善団体、ミルバンク記念財団の所長で社会学者でもあるダニエル・フォックスは、たとえを拡張してまったく新しい研究分野を作り出して「交通科学」とでも命名するようにモースに実際に勧めた。フォックスとモースの思い描いたところによると、交通科学はいくつもの専門分野にまたがり、一つの問題に対して、より広い領域から意見を取り込むことができるというものだった。しかし結局のところ、新しい専門分野を作るのはかえって逆の効果を招くことに二人とも気づいた。「私は新しい学科を作って、新しい専門誌を出したり、会合を開いたり、専門用語を作り出したくない。私は専門分野のバリヤーをぶちこわして各分野間を行き来できるようにしたいが、それは新しい分野を作り出すのではなくて、一つのカフェテリアにみんなを集める方法によって成功させなければいけない」とモースは述べている。[☆12]

生物学で専門分野のかきねを取り払うには、いくつかの方法が考えられる。そのひとつは、医学の分野でとられた方法を参考にすることである。一九七〇年代、医学部に入る競争に勝つためには、理科系の勉強に焦点をしぼらざるを得ない状況だった。医学部長たちはこうした傾向に懸念を持った。学部に応募してくる学生は軒並みオールAだったが、医学の中には科学というよりはむしろ「芸術」の部分があるので、理科系一本槍の学生がそうした部分にもたらす影響が心配されたのだ。視野の狭い医者の育成を避けるために、従来とは異なる哲学、文学、歴史学などを専攻した学生の中から積極的に受け入れを始めた医科大学も何校かある。生物学でもこれと同じことができるのだ。カールトン・ガイジュセクのように学位取得後の研究者が精巧な分子操作の真の目的を解していないことを心配するならば、理科ではなくて人文の分野から研究者を捜せばよいのだ。

学際的な研究を行うための次の一歩は、さらに形式張らないものであり、いろいろな分野の人々を「同じカフェテリアに集める」というモースのアイディアに通じる部分がある。こうしたものの見方は、牧歌的とも言えるマサチューセッツ州ウッズホールの海洋生物学研究所（MBL）で得た体験が元になっている。私自身も同じ体験を通して同様な考えを持つようになった。モースは一九八〇年代に数回、自分の研究を行うために夏をそこで過ごしている。私はといえば、一九九〇年に研究を行う生物学者をみるサイエンス・ライターとして四週間ほどこの地に滞在した。（研究に手を出したこともある。DNAの配列決定を行ったのもウッズホールでのことだった。）

MBLには国中から生物学者が集まり、夏の間小さな研究室や図書館の専用室を借りて研究を行う。みんな、建物の廊下をはじめ自転車道、海岸、あるいはたった三ブロックほどしかない繁華街の二軒のパブなどで顔を合わせる。肩ひじ張らない気楽な雰囲気の中でシカゴの生理学者はボストンあるいはボンの進化学者が何を研究しているか知るようになるかもしれない。自分では考えつかなかったようなアイディアを相手が持っている可能性もあるのだ。ウッズホールの体験は、生物学者にとって大きな意味を持つものであり、多くの人々が学際的アプローチの成果について熱狂的なエッセイを書いている。スローン＝ケタリング記念がんセンターの元所長であり、海洋生物学センターを運営する科学者七百名からなる委員会のメンバーでもあるルイス・トマスは、次のように記述している。「人の姿が目に入る前に浜辺から何かが聞こえてくる。それは一風変わった音だ。叫んでいるような、歌っているような音。何かを説明しようとして人々が声を同時に張り上げているのだ。[13]」もしもＭＢＬのような雰囲気を他の環境でも作り出すことができて、形式張らない背景の中でさまざまな分野の学者が長期に渡って交流を持つことができれば、学際的な協力は大きく一歩前進するかもしれない。

ウイルスは少しずつ（そして時には急速に）変化する。そして今まで出たこともないような場所に姿を現わす。しかし、出現ウイルスの研究を通してわかったのは、奇妙な新型ウイルスが今にも飛びかからんとして舞台の袖で出番を待っているのではない、ということなのだ。ある一瞬の間にすべての条件が整って新型ウイルスが出現する可能性は、きわめて低い。だからといって、生物圏に生きる人類が安全だといって満足するのも愚かなことだ。そうしたことはエイズで十分に思い知らされているではないか。エイズ医学財団の創設者で公衆衛生学の教授であるマシルド・クリムは、最近次のように述べている。「エイズは私たちに謙遜を教えようとしている。自然界において絶え間ない変化を続ける進化の力は新型ウイルスのような新しい生命形を作り出している。そして、これだけおごりと破壊を極めながらも、人間は宇宙を支配するどころか、特別有望な生物ですらない。これがエイズの教訓なのだ。[14]」

人間は最も有望な生物ではないかもしれないが、最も創造的な生物に含まれることは確かである。次世紀に私たちが挑戦しなければならないこと、それはウイルス出現の基本的な青写真を次に出現する病気の予測に用いて、私たちがやられる前に相手を打ち負かすことができるように全力を尽くすことであろう。そのためには、謙遜になることも確かに必要だ。しかし、最も小さくて複雑な敵と沈黙の戦を闘うには、知的な意味での勇気、そしてあらゆる科学情報を一つに集めて戦線を作ろうとする意欲を尊重することが必要であろう。

謝辞

本著の調査には何十人もの科学者が時間をさき専門知識を提供して、そのうえ並々ならぬ忍耐力を以て協力された。この方々に感謝しているが、特にスティーヴン・モースは、何から何まで親切で、手元にあるすべての情報の提供、何ヵ月にも及んだミーティングに協力を惜しまれなかった。ウイルス学をはじめとして歴史、政治、数学、そしてクラシック音楽にまで至る深い知識の一端に触れることは、大変楽しいことであった。また、科学的な正確さを期するため、原稿のチェックも進んで引き受けられた。原稿の各部分に目を通していただいた次の方々にも感謝の言葉をおくりたい。ロバート・ショープ、バーナード・フィールズ、トマス・モナス、ジョセフ・メルニック、W・フレンチ・アンダーソン、マックス・エセックス、エドウィン・D・キルボーン、アンソニー・コマロフ、リチャード・M・クローズ、イアン・リプキン、コリン・パリッシュ、ディック・モンターリ、スーザン・フィッシャー＝ホック、ブライアン・マーイ、アンドリュー・スピールマン。本著に誤りがあれば、その責任はすべて筆者にある。しかし誤りを未然に防ぐことができたとすれば、それはこうした方々の寛大な助力があったおかげである。

本著はミシェール・スラングに訪れた着想が元になっている。彼女自身も物書きで、良いストーリーを感じとる勘を持つ人物である。彼女は自分がウイルス性疾患で入院している時にも勘を働かせて、ウイルスが良いストーリーになると考えたのだ。ミシェールを通してクノップ社のジョナサン・セガルとヴィンテージ社のマーティー・アッシャーに出会うことができた。彼らは聡明かつセンシティブで、この話題を本にする機会を与えてくれた。彼らに心から感謝する。私のことをいつも心配してくれたエージェントのバーバラ・ロウェンスタインにも深く感謝する。

最後に私の家族に感謝の言葉を伝えたい。とてつもないプロジェクトに取り組んでしまった私がどうにか切り抜けていく間にも、日常生活を送れるようにいつもみんなで助けてくれた。この本の最初かつ最善の読者になってくれた夫のジェフ。彼はあらゆる意味において私の相棒になってくれた。そして、二人の娘たち、ジェシーとサム。みんな素晴らしい私の家族だ。

訳者あとがき

ほぼ一世紀前、パウル・エールリヒは「魔法の弾丸」ということを説いた。ある治療剤が、人体には害を及ぼさないまま、体内に陣取る病原体に命中して、これを退治するというイメージである。梅毒のための水銀製剤サルヴァルサンは、この思想のもとに探しあてられた（一九一一年）。一九三〇年代には、ドーマクの赤色プロントジルを始めとするサルファ剤が開発されて、化学療法が地歩を確立した。ついで抗生物質が発見されて、単に合成化合物に頼る「化学」療法でなく、自然界で微生物どうしが攻防戦に用いている有機分子が利用されるようになった。こうして、人体を無害のまますり抜け、体内に潜む微小な悪である病原菌だけに命中する弾丸を、我々は手に入れたように見えた。

「魔法の弾丸」が成功したことから、病原体は射撃場の的のようにいつも一定不変のものとして留まっており、医学による撃破をじっと待っている標的であるというイメージが生まれた。しかし、耐性菌の出現がイメージをつき崩した。標的は不動のままおとなしく撃破を待つのでなく、突然変異によって自在に変貌することがある。抗生物質の多用によって、病院は耐性菌の「巣」となり、このスーパー細菌が、来訪した患者にとり付くという逆流がおこる。いま病院内感染は、医療システムで大きな問題の一つである。遺伝機構に仕組まれた突然変異によって、耐性菌が遺伝学的に「出現」したのだ。

本書で主題となっているのは、これとまた別の生態学的な「出現」である。劇画ふうに大げさに描けば、悪疫猖獗《しょうけつ》の密林に踏み込んだ探検隊一行が「最大毒性猛悪ウイルス」(MMMV、六五ページ)に冒されて全滅するというようになる。一九六〇年代以後、現実はときに劇画に劣らず劇的であることが、繰り返し示された。ラッサ熱、マールブルクのサル・ウイルス、近くはエボラ熱。飢えたヒルが樹林の葉裏で、いつか通りかかるかもしれない温血動物をじっと待つように、猛悪ウイルスは密林の奥深く、「探検隊」とか医療ヴォランティアとか、仕事熱心な商社員とかが通りかかるのを、何年でも、ひたすら待っていたのだろうか。

待っていたというのは、人間中心の立場から表現した結果論である。ウイルスの立場としては、彼らはそれぞれの土地で、野生動物との間で一定の平衡関係のもとに共存し、永続していたにすぎない。無遠慮に踏み込んだ人間の側が、騒ぎの引き金を引いたのだ。こうした観点は以前からも論じられていたものである。「自然界のペスト菌のおもな源泉は、感染はしているものの、正常の状態ではその感染で発病しないほど抵抗性の強い野生の齧歯類である。自然感染を受けた動物のうちには、昔から毛皮用に狩りとられるタラバザン[モグラネズミ?]がある。満州の職業的狩人は、病気らしいタラバザンは気をつけて避ける

(…)一九〇〇年ころヨーロッパの婦人のファッションが変わって、タラバザンの毛皮の需要が高まったのにつられて、経験のない中国人まで、タラバザンの狩りをした。かれらは昔からのタブーに気をとめないで、いちばんとりやすい病気のタラバザンを容赦なくとった。数人の猟師にタラバザンのペストがうつり、それが満州の小屋に住む住人に伝わり、結局満州全体に肺ペストの大流行が始まった」(R・デュボス『健康という幻想』、田多井吉之助訳、一九六四年。原書は一九五九年)。

本書に繰り返し紹介される新ウイルス病の「出現」は、どれも大略としては、満州の肺ペスト流行と同じ筋書きに従っている。本書に描かれるウイルス病流行が、どれも古典的筋書きの再三のリフレーンであるとすれば、それらが大いに読者と識者の注目を引き、米国ジャーナリストのためのジューン・ロス記念賞を受け、ハードカヴァー版の初版(一九九三年)に続いて翌年にペーパーバックの普及版が出るほどになったのは、なぜだろうか。事件が反復されるのは、それらに共通する原理が底にあることを意味する。「恐怖の病原ウイルス突発」などと、物語を俗流化した表層で捉えるのではなく、基底の原理を見通すことに、本書の焦点は結ばれている。女性医学ジャーナリストである著者は、ウイルス「出現」について現代の第一人者である気鋭の研究者、スティーヴン・モースを重要な取材源として、この原理を綿密平易に解説してゆく。

自然のシステムのなかで、あるウイルスが要素Xとして振舞っていたとする。人間の介入によってシステムが変動すると、要素もその影響を受けて変化する。Xは変貌してX'となり、ときにはYとなりZとなる。穏和な動物ウイルスだったものが、人間を襲う「猛悪」ウイルスとなる。これによってシステム全体がまた、逆作用を受けて変化してゆく。

これは、免疫学で発想されたスーパーシステムそのものではないか（多田富雄『免疫の意味論』、青土社、一九九三年）。それもそのはず、ウイルス病原性の変化は、免疫学的な抗原性の変化の反映でもあるのだ（本書第1図、第4図、第6図など参照）。

本書のエピグラムとなっているルイス・トマスの一文も、こうした見方に通ずる。ウイルスの変化を単発の突然変異として見るのでなく、ウイルスたちが織りなす「生」の布地全体が、要素と全体の作用と反作用によって、むしろ何が要素であり何が素地かも明らかでない移行によって、たえず揺れ動く。そのさまをトマスは dancing matrix と一語に言い尽くし、ヘニッグは本書の表題とした（Robin Marantz Henig : *A Dancing Matrix*）。

伝染病と病原体を一対一に対応づける特定病因観の限界は、研究者であるデュボスやトマスによって、また科学ジャーナリストのバーナード・ディクソンによって（『近代医学の壁──魔弾の効用を超えて』奥地幹雄・西俣総平訳、岩波書店、一九八一年）、やや以前からも指摘されていた。この「近代」（今世紀前半まで）の立場を「超える」動きは、いま医学で一つの流れである。本書が書かれたこと自体、潮流がすでに無視できないことを示している。しかし現代の医学研究のフロントで、特定病因観はいまなお主流である。なぜそうなのか。分析的なDNA研究が挙げた大きな成果と、医学教育・研究に及んでいるその強力な影響を、ノーベル賞受賞者ガイジュセクなどにも依拠しつつ、著者は結びの章で批判的に論じている。単なるウイルス病の解説本を「超える」本書の特色は、この章からも明らかだと思う。

本書は、新ウイルスの突発的な流行をその原理において捉えようとするが、ジャーナリストである著者の視点は、個々の突発を追うにあたって、たいへん具体的である。具体的に見てゆくことにより、思いがけない連鎖が明らかになる。デュボスが挙げているさきほどの事例からも、そうした教訓が得られる。あの例を要約すれば「満州での肺ペストの流行は、欧州での毛皮ファッションの変化からもたらされた」ということになるだろう。ウイルスは、いろんな地域の人たちの生活スタイルも含めて、生命の生態学的な連鎖のなかを渡りあるき、思いがけない機会に「出現」する。たとえばアヒルと豚を同時に飼う中国農村の風俗は、ウイルスの流行に関してどんな含みを持っているかというような、重大であるが興味も尽きない多くの事例に、読者は本書のなかで出会うことになる。

本書のキーワードの一つである "emerging virus" は、生命論などにおける "emergence" の語感をもっている。要素と組合わせによる新しいものの「創発」。「発現ウイルス」という訳語も考えたが、結局分かりやすい「出現ウイルス」に落ち着いた。しかしこの語の含みが、単に隠れんぼしていたウイルスが次の曲がり角からひょっこり出現したというだけのものでないことは、以上に再説、三説した通りである。ウイルスの出現に関する本としては、エボラ熱をジャーナリスティックな筆致で描いた『ホット・ゾーン』(飛鳥新社、一九九五年)が訳出されている。『日経サイエンス』の今月号(一九九五年十二月)には、フランスの研究者ル・グエノの論文「出血熱」が載っている。L. Garrett, *The Coming Plague—Newly Emerging Diseases in a World out of Balance*, 1994 は、本書とやや違う視角からであるが、女性ジャーナリストが同じ題材を取り上げた本である。

翻訳には、初版本を底本とした。赤松が全体を通して訳し、長野が整理と統一にあたった。いち早く本書に注目され、紹介を勧められた青土社の清水社長のいつもながらのご好意に深謝する。また、やはりいつもながらの綿密な編集作業で、本訳書の「出現」を助けていただいた津田新吾さんに、お礼を申しあげる。

一九九五年十二月

長野　敬

本書に寄せて

松岡正剛

「タンパク質に包まれた悪い知らせ」という言い方がある。「地球上で最も小さなハイジャッカー」という言い方もある。ウイルスのことである。そのウイルスの正体が、しかし、なかなかわからない。

ウイルスは細胞ではない。細胞膜もなく核もなく、むろん細胞質もない。それにもかかわらず遺伝子はもっている。ウイルスは一層あるいはそれ以上のタンパク質の餃子の皮か、ミルフィユのようなエンベロープとよばれる封筒に包まれた極小きわまりない遺伝物質なのである。しかし、これでは自立して生きてはいけない。代謝もできない。だから宿主《ホスト》を選んで、その細胞に入りこみ、封筒の中の遺伝子を送り込んで、ちゃっかり間借りする。それがうまくいったとき、宿主は「感染した」という状態になる。宿主の側もじっとはしていられない。マクロファージや免疫細胞を次々にくりだして応戦し、撃退を試みる。侵入したウイルスを抗原（非自己）とみなして、抗体（自己）をつくろうとする。

こうして宿主に免疫体ができあがってくると、あるいはこの免疫体に倣《なら》ったワクチンが開発され、それが投与されると、いったんウイルスの活動は消沈していくのがふつうなのだが、ウイルスの中には巧みに「変異」していくものがあり、しばらくたつと再び蘇生して侵入を試みる。これが今回の新型コロナウイルスである。

驚くべきことに、ウイルスは多くの病原体とは異なった性質をもっている。そもそもウイルスの大きさは病原体にくらべるとやたらに小さい。アデノウイルスのような平均的なウイルスでさえ、血液一滴の中になんと50億個が入りこめるのである。ウイルス粒子（ビリオン）とよばれる。

そのためウイルスは埃りとともに飛ぶこともできるし、くしゃみにも乗っていける。また、そういうことがおこらなくとも、まるで不精者のように、宿主側のマクロファージや免疫細胞にやられないかぎり、いつまでも待っていられる。潜伏する。待つことがウイルスの半分以上の仕事なのだ。そこでしばしば「ウイルスは死んでいるのか生きているのか、さっぱりわからない」と言われることになる。

ウイルスが生物か非生物かは、いまだにはっきりしていない。けれども世界最小の情報体として、いったん宿主の細胞の中に入ると、たちまち活性化される。こうなれば、ウイルスは生きているということになる。しかしそれはまるでゾンビなのである。

ゾンビは何をするかというと、宿主の細胞機能を横取りしてしまう。本来ならば、宿主細胞は細胞自身の遺伝子をコピーすることになっているのだが、そしてそれこそが生命の尊厳なメカニズムというものであるのだが、ウイルスはその宿主のコピーのメカニズムをそのまま借用して、自分の増殖を企ててしまうのである。

つまり、まず、ウイルスが細胞の中に入ると、ウイルスを覆っていたタンパク質のミルフィユの殻（カプシドという）が溶け出してくる。これはウイルスがもっている酵素の機能によっている。そうなると、宿主細胞はウイルスの遺伝子にじかにさらされる。そこで得たりとばかりに、ウイルス遺伝子は自分と宿主細胞に対して同じウイルス遺伝子をつくるように指令する。ついで、増えてきた遺伝子の組み合わせによって、ウイルスのタンパク質をつくってしまう。行く先を変更させるハイジャックどころではないのだ。

ときにウイルスは、このあとに細胞自身の生存に必要なタンパク質の製造を中止させるプログラムさえ書きこんでしまう。なんとも凄惨なことであるが、自殺タンパク質（アポトーシス）をつくってしまうのである。

われわれからすると、このような外来者であるウイルスが、最終的に遺伝情報のプログラムをDNAのかたちでもつのか、RNAのかたちでもつのかということが、重要になってくる。われわれの細胞にはRNAもDNAも入っているのだが、ウイルスにはRNAかDNAか、どちらかしか入っていない。そのため、このことを調査研究することが今日のウイルス学の最も重要な出発点になったのだった。

もし、RNAのかたちでプログラム機能が保持されれば、これはRNAウイルスとして人類に敵対するほどの猛威をふるう（RNAはDNA確立以前から活動していた核酸）。そのひとつがエイズの原因であるレトロウイルスHIVであり、SARSやMARSであり、新型コロナウイルスなのである。

こんなとんでもなく奇妙なウイルスの出自《ルーツ》は、まだ突きとめられていない。三つ仮説がある。仮説Aは「ウイルスはもともと独立していた細胞だった」というものだ。仮説Bは「極小の自己複製因子のようなものが、細胞の中の遺伝子をとりこんでウイルスに進化した」と見る。仮説Cは「細胞とウイルスは別々につくられた」というもので、これによるとウイルス（RNAウイルス）が細胞よりも先に誕生していたことになる。

本書は、こうしたウイルスのとんでもない性質とそれがもたらす恐怖を縦横無尽に説明し解読しようとして駆けずりまわる、あたかもウイルスを暴くウイルスのような本になっている。とりあげられた話題はまことに多く、また今日のわれわれを蝕む危険な感染症についての説明も多い。本書の原題が『ダンシング・マトリックス』となっているのは、そんな本書の書きっぷりによっている。

二〇二〇年六月

ウイルスの反乱　新装版

2020年6月30日　第1刷印刷
2020年7月15日　第1刷発行

著者――ロビン・M・ヘニッグ
訳者――長野敬・赤松眞紀
発行者――清水一人
発行所――青土社
東京都千代田区神田神保町1-29　市瀬ビル　郵便番号101
電話03-3291-9831（編集）3294-7829（営業）
郵便振替00190-7-192955
印刷・製本所――ディグ

装幀――今垣知沙子

Printed in Japan　ISBN 978-4-7917-7285-8

人名索引

アッカーマン，ダイアン　Ackerman, Diane　149
アルトマン，ローレンス　Altman, Lawrence　39
アンダーソン，W・フレンチ　Anderson, W. French　279-281, 286, 302
ウィリアムズ，ジョージ　Williams, George　85, 86
ウィーリス，マーク　Wheelis, Mark　277
ウェブスター，ロバート　Webster, Robert　54, 240
ウォルドリップ，ロイス・W　Waldrip, Royce W.　182, 183
ウッドール，ジョン　Woodall, John　265
エセックス，マックス　Essex, Max　75-78, 81
オールドストーン，マイケル　Oldstone, Michael　169, 172, 176, 178, 183

ガイジュセク，D・カールトン　Gajdusek, D. Carlton　34, 57, 310, 312, 315, 320
カーター，バリー　Carter, Barrie　289
カポジ，モリッツ　Kaposi, Moriz　84
カーボーン，キャスリン　Carbone, Kathryn　182, 183
カルヴァー，ケネス　Culver, Kenneth　286
ギブス，クラレンス・J　Gibbs, Clarence J.　57-59
ギャロ，ロバート　Gallo, Robert　81, 92, 93, 154, 155
ギルバート，ウォルター　Gilbert, Walter　308, 309
キルボーン，エドウィン・D　Kilbourne, Edwin D.　57, 65, 66, 233, 241, 245, 252-255, 271, 272
クリック，フランシス　Crick, Francis　109, 111, 133
クリム，マシルド　Krim, Mathilde　322
グルメク，ミルコ・D　Grmek, Mirko D.　64, 74, 88, 89
クレーグ，ジョージ　Craig, George　216, 226, 228
クローズ，リチャード　Krause, Richard　13-15, 17, 62, 64, 71, 72, 81, 167
コーエン，シェルダン　Cohen, Sheldon　42
コノプカ，アンドルゼイ　Konopka, Andrzej　108
ゴフ，スティーヴン　Goff, Stephen　155
コマロフ，アンソニー　Komaroff, Anthony　186, 187

ジェンナー，エドワード　Jenner, Edward　294

シャルドン，クロード　Chardon, Claude　67, 68, 89
ショープ，ロバート　Shope, Robert　49, 50, 217, 219, 228, 264, 266, 268, 269, 271
ジョンソン，カール　Johnson, Karl　270
ジョンソン，ジョージ　Johnson, George　249
スチュワート，ウィリアム・H　Stewart, William H.　12
ステッテン，デウィット　Stetten, DeWitt　306
ストラウス，ジェームズ　Strauss, James　120
スピールマン，アンドリュー　Spielman, Andrew　209, 212
セービン，アルバート　Sabin, Albert　158
センサー，デヴィッド　Sencer, David　253
ソーク，ジョナス　Salk, Jonas　42

ダウンズ，ウィルバー　Downs, Wilbur　263, 264, 268, 269
ダルリンプル，ジョエル　Dalrymple, Joel　298
チェニー，ポール　Cheney, Paul　189
テッシュ，ロバート　Tesh, Robert　161, 207, 216
テミン，ハワード　Temin, Howard　41, 111
デュガス，ガエタン　Dugas, Gaetan　68, 69
デュボス，ルネ　Dubos, René　281, 282
デロジャース，ロナルド　Desrosiers, Ronald　76, 81
ドゥリトル，ラッセル　Doolittle, Russell　124
ドーキンス，リチャード　Dawkins, Richard　119, 120
ド・フリタース，エレーヌ　DeFreitas, Elaine　189
トマス，ルイス　Thomas, Lewis　30, 122, 321
トムソン，キース・スチュアート　Thomson, Keith Stewart　313

バイエリンク，マルティヌス　Beijerinck, Martinus　98, 180
パスツール，ルイ　Pasteur, Louis　98
バーネット，サー・マクファーレン　Burnet, Sir Macfarlane　12
バリス，ロバート　Bullis, Robert　140, 141
パリッシュ，コリン　Parrish, Colin　143-147
ファインバーグ，マーク　Feinberg, Mark　155
フィーゲンバウム，ミッチェル　Feigenbaum, Mitchell　36
フィッシャー＝ホック，スーザン　Fisher-Hoch, Susan　131
フィールズ，バーナード　Fields, Bernard　41, 118, 314
フェンナー，フランク　Fenner, Frank　26, 41, 295
フォーシ，アンソニー　Fauci, Anthony　14, 91
フォックス，ダニエル　Fox, Daniel　320

プラット，サー・ロバート　Platt, Sir Robert　85
ブルーム，バリー　Bloom, Barry　42
ブレーズ，マイケル　Blaese, Michael　286
ベック，ベンジャミン　Beck, Benjamin　152
ベドソン，サー・ヘンリー　Bedson, Sir Henry　63
ヘンダーソン，ドナルド（D・A）　Henderson, D. A.　261, 262, 266
ホイル，フレッド　Hoyle, Fred　121, 122, 246, 247
ホランド，ジョン　Holland, John　237
ボルティモア，デヴィッド　Baltimore, David　111, 119

マーイ，ブライアン　Mahy, Brian　136, 138, 139
マクニール，ウィリアム　McNeill, William　31, 41, 49, 61
マコーミック，ジョセフ　McCormick, Joseph　22-24, 59
マッキャンドリッシュ，アイリーン　McCandlish, Irene　141-143
マーティン，マルコム　Martin, Malcolm　123-125
マリガン，リチャード　Mulligan, Richard　283
マーリン，アリ・マオウ　Maalin, Ali Maow　293
マン，ジョナサン　Mann, Jonathan　265, 275
メアーズ，P・D　Meers, P. D.　162
メルニック，ジョセフ・L　Melnick, Joseph L.　191, 193
メンデル，グレゴール　Mendel, Gregor　282
モース，スティーヴン　Morse, Stephen　14-16, 33-43, 56, 61, 64, 70, 71, 86, 132, 133, 160, 240, 248, 266, 267, 311, 320
モナス，トマス　Monath, Thomas　212, 223, 225, 316
モンタニエ，リュック　Montagnier, Luc　81
モンターリ，リチャード・J　Montali, Richard J.　151

ライ，ダグラス　Reye, Douglas　249
ラヴジョイ，トマス　Lovejoy, Thomas　53
ラスク，マルグレーテ　Rask, Margrethe　67, 68
ラ・モンターニュ，ジョン　La Montagne, John　39, 231
リー，ホー・ワン　Lee, Ho Wang　46, 47, 195
リード，ウォルター　Reed, Walter　316
リプキン，W・イアン　Lipkin, W. Ian　183, 184
ルッソ，パオロ　Lusso, Paolo　154, 155
ルデュク，ジェームズ　LeDuc, James　46, 47, 160, 194-198
レヴィンズ，リチャード　Levins, Richard　51, 52
レグターズ，レウェリン　Legters, Llewellyn　304-306
レダーバーグ，ジョシュア　Lederberg, Joshua　15, 34, 35, 39, 160, 266, 271,

274
ローゼン，レオン　Rosen, Leon　224
ローゼンバーグ，スティーヴン　Rosenberg, Steven　281

ワイス，ロビン・A　Weiss, Robin A　188

事項索引

ADA 欠損症　285, 286, 288, 291
CMV　→サイトメガロウイルス
CTF　→コロラド・ダニ熱
DNA　76, 96, 101, 103-111, 120, 122, 142, 169, 187, 308-310
DNA ウイルス　102, 120, 236
EEE　→東部ウマ脳炎
ELISA　136-138
HHV-6　187-189, 192
HIV　73-75, 77, 80-93, 103, 154, 155, 171, 273, 291, 300, 301, 313
HIV-2　73-76, 78-80
LCMV　151, 152, 174, 176-178
PCR　85, 86, 90, 171, 172, 193
RNA　96, 101, 104-106, 109-111, 169, 222, 236
RNA ウイルス　102, 103, 109-111, 120, 183, 236, 237
SLE　→セントルイス脳炎
T 細胞　113, 114, 116, 176, 187, 291
VP-16　292

アルゼンチン出血熱　53, 54, 267, 268
アルファ 1-アンチトリプシン　288
アルボウイルス　48, 102, 110, 202-211, 216-220, 291, 314
遺伝子治療　280-292, 296, 302
インフルエンザ　21, 54, 55, 65, 102, 110, 121, 153, 230-256, 273, 274
ヴァリオラ・ウイルス　102, 162
ウイルスの交通　43, 130, 132, 140, 233, 266, 320
ウイルスの出現　10, 15, 38, 69, 81, 102, 168, 220, 230, 281
エイズ　10, 12, 13, 38, 67-75, 79-94, 103, 124, 132, 155, 171, 232, 262, 264, 266, 273, 291, 300, 303, 322
液性免疫　115
エボラ・ウイルス　61, 129-131
黄熱病　31-33, 102, 130, 202, 212, 213, 223, 225, 264, 269, 316
汚染血液　88, 89
オロプーシェ・ウイルス　202, 217-220
温暖化　44, 49-52

蚊　11, 26, 27, 31-33, 44, 48, 50-52, 100, 202-215, 219, 221, 225-227, 259, 260, 263, 266, 268, 269, 270, 272, 273, 291, 316
核酸プローブ　169-171
還元主義　309, 311-313
キヌザル肝炎ウイルス　150, 151
狂牛病　10, 57, 163, 164, 180
クールー病　34, 57, 163, 315
クロイツフェルト＝ヤコブ病　57, 58, 163, 315
血液製剤　89
抗体中和試験　137
コロラド・ダニ熱　204, 228

サイトメガロウイルス　56, 68, 85, 102, 190, 192-194
細胞性免疫　115
自己免疫病　55, 56, 115, 169, 178

持続感染　166, 169, 176-179, 181, 185
生物兵器　65, 153, 276, 277
セントラル・ドグマ　109-111
セントルイス脳炎　51, 52, 204, 227, 259, 260
臓器移植　44, 55, 56, 59, 90, 177

帯状包疹ウイルス　192
大流行　239, 240, 244, 247
中和試験　137
デング出血熱　33, 201, 220-225
デング熱　33, 102, 203, 207, 211, 213, 221, 225
天然痘　11, 16, 30, 31, 62, 63, 83, 141, 161, 162, 234, 261, 293-295, 300
東部ウマ脳炎　48, 200-202, 206, 208-210, 227, 259
都市化　13, 44, 47, 82
「度日」　51, 52
突然変異　10, 25, 27, 28, 36, 37, 42, 56, 57, 62, 92, 102, 122, 146, 214, 216, 232, 234-237, 240
トランスポゾン　120

内因性ウイルス　154-156, 178
熱帯医学　304, 305
熱帯雨林　28, 49, 149, 261

発汗熱　16, 63
パルボウイルス　101, 134, 141-147
ハンタウイルス　34, 35, 45-47, 160, 194-198
ピコルナウイルス　135
分子生物学　16, 64, 93, 104, 109, 120, 123, 143, 171, 276, 308-311, 313
ベクター　26, 27, 31-33, 44, 51, 97, 184, 202-206, 208-215, 220, 225, 228, 265, 271, 273, 282-285, 286-292, 296, 298, 300, 301
ヘルペスウイルス　56, 65, 102, 133, 158, 165, 187, 188, 191, 192, 292
ヘルペスB　156-159, 191
ボリビア出血熱　54, 270, 271
ボルナ・ウイルス　102, 179-185

マールブルク・ウイルス　60, 156
マレク病　165-167, 190, 191, 193
慢性疲労症候群　103, 185-190
ミクソーマ　25-28, 76, 77
免疫抑制剤　55-56, 92, 177
モノクローナル抗体　145, 146
モルビリウイルス　134-136, 138, 139, 168

ライ症候群　248-250
ライム病　48, 228
ラッサ熱　23-25
リフトヴァレー熱　54, 268, 269
レオウイルス　110, 314
レトロウイルス　65, 91, 103, 111, 112, 120, 124, 188-190, 280

ワクシニア・ウイルス　294-301
ワクチン　16, 62, 65, 79, 83, 116, 147, 165, 225, 231-236, 251-253, 272, 276, 277, 282, 294-301

注

はじめに

☆1　イギリスの狂牛病の起源と過程に関する年代記は，以下の記事にその詳細が記載されている。Richar H. Kimberlin, "Bovine Spongiform Encephalopathy : Taking Stock of the Issues," *Nature* 345 (June 28, 1990), p. 763-4 ; Jeremy Cherfas, "Mad Cow Disease : Uncertainty Rules," *Science* 249 (September 28, 1990), p. 1492 ; Constance Holden, "Antelope Death Adds to BSE Worries," *Science* 250 (November 30, 1990), p. 1203, および Peter Aldhous, "Antelopes Die of 'Mad Cow' Disease," *Nature* 344 (March 15, 1990), p. 183.

☆2　狂牛病ウイルスが長い寿命を持つ証拠は Rick Weiss, "Brain Killer Stable in Soil", *Science News* 139 (February 9, 1991), p. 84 に記されている。

☆3　スチュワート公衆衛生局長官が感染性疾患との闘いに勝利宣言を出したことは Stephen S. Morse (ed.), *Emerging Viruses* (New York : Oxford University Press, 1992) にドナルド・A・ヘンダーソンが書いている。"Surveillance Systems and Intergovernmental Cooperation." サー・マクファーレン・バーネットも著書 *The Natural History of Infectious Disease* (London : Cambridge University Press, 1962), 第三版に同様な主張を記している。

☆4　「ウイルスの植民地」のイメージはリチャード・ドーキンスの *The Selfish Gene,* 2nd ed. (Oxford, England : Oxford University Press, 1989), p. 182 による。

☆5　微生物の出現に関するリチャード・M・クローズのコメントは "After AIDS : The Risk of Other Plagues," *Cosmos,* Fall 1991, p. 15-21 による。

☆6　ジョシュア・レダーバーグは多くの記事に恐ろしい予想を発表しているが，なかでも "Medical Science, Infectious Disease, and the Unity of Humankind," *JAMA* 260 (1988), p. 684-5 にはその傾向が顕著に表わされている。

☆7　スティーヴン・モースの引用は，彼の書いた記事 "Regulating Viral Traffic," *Issues in Science and Technology,* Fall 1990, p. 81 による。

☆8　クローズの引用はエッセイ集 *The Restless Tide : The Persistent Challenge of the Microbial World* (Washington, D. C. : The National Foundation for Infectious Diseases, 1981), p. 26 による。

第1章

☆**1**　ナイジェリアからラッサ熱を持ち帰った男の話は以下の文献および1991年5月に行ったジョセフ・マコーミックとのインタヴューに基づく。Lawrence K. Altman, "When an Exotic Virus Strikes : A Deadly Case of Lassa Fever," *New York Times,* February 28, 1989, C 3. ; Gary P. Holmes, Joseph B. McCormick, Susan C. Trock, et al., "Lassa Fever in the United States : Investigation of a Case and New Guidelines for Management," *New England Journal of Medicine,* October 18, 1990, p. 1120-3.

☆**2**　オーストラリアに導入されたミクソーマの話は，ウイルス病の第一波が出現する際の典型例と考えられている。以下の文献に詳細がよく記されている。Frank Fenner, "Biological Control, as Exemplified by Smallpox Eradication and Myxomatosis," *Proceedings of the Royal Society of London* 218 B (June 22, 1983), p. 259-85 ; Macfarlane Burnet, *Natural History of Infectious Disease,* 3rd ed. (Cambridge, England : Cambridge University Press, 1962), 195-7.

☆**3**　ウサギ一世代の時間は，ウイリアム・マクニールの *Plagues and Peoples* (New York : Anchor Press/Doubleday, 1976), p. 58. ウイルスと宿主が共に進化するまでに要する世代数は，同著170ページおよび Max Essex and Phyllis J. Kanki, "The Origins of the AIDS Virus," *Scientific American,* October 1988, p. 64-71 による。

☆**4**　新型ウイルスの出現に必要な要因は Stephen S. Morse and Ann Schluederberg, "Emerging Viruses : The Evolution of Viruses and Viral Diseases," *Journal of Infectious Diseases* 162 (1990), p. 1-7 に明記されている。

☆**5**　ルイス・トマスの引用は，著書 *The Lives of a Cell : Notes of a Biology Watcher* (New York : Bantam Books, 1974), p. 89 による。

☆**6**　ウイリアム・マクニールの引用は，前出の著書 *Plagues and Peoples* の208ページによる。

☆**7**　黄熱病が新世界に導入された様子は，マクニール著 *Plagues and Peoples* の213ページに記されている。

☆**8**　ニューヨークにあるミルバンク記念財団の会長ダニエル・フォックスは1991年のインタヴューでモースについて本文のように話している。彼は笑いながらモースの風貌を語り，「私は彼のような人物が大好きだ」と，つけ加えている。

☆**9**　出現ウイルスの会合に関して書かれた専門的な記事は多いが，なかでも次のものがわかりやすく詳しく書かれている。Julie Ann Miller, "Diseases for Our Future : Global Ecology and Emerging Viruses," *BioScience* 39, no. 8 (September 1989), p. 509-17 ; Stephen S. Morse, "Regulating Viral Traffic,"

Issues in Science and Technology (Fall 1990), p. 81-4 ; Rick Weiss, "The Viral Advantage," *Science News* 136 (September 23, 1989), p. 200-3, 及び Mitchel L. Zoler, "Emerging Viruses," *Medical World News,* June 26, 1989, p. 36-42. 一般向けの記事としては次のようなものが注意深く書かれている。Lawrence K. Altman, "Fearful of Outbreaks, Doctors Pay New Heed to Emerging Viruses," *New York Times,* May 9, 1989, C3 ; John Langone, "Emerging Viruses," *Discover,* December 1990, p. 63-8 ; Kathleen McAuliffe, "The Killing Fields : Latter-Day Plagues," *Omni,* 1990, p. 51-4, そして Stephen S. Morse, "Stirring Up Trouble : Environmental Disruption Can Divert Animal Viruses Into People," *Sciences,* September 1990, p. 16-21.

☆**10** モースとアン・シュルダーバーグは出現ウイルスの会合に関する概要を "Emerging Viruses : The Evolution of Viruses and Viral Diseases," *Journal of Infectious Diseases* 162 (1990), p. 1-7 に述べている。会合の紀要は *Emerging Viruses* (New York : Oxford University Press, 1992) にまとめられている。

☆**11** マウント・サイナイ医科大学のエドワード・D・キルボーンは，遺伝的に変化したウイルスが生き残っていく上ではいくつかの制約が加えられるため，真の脅威をもたらすまでには至らないと述べている。制約の内容は次の通りである。

・極端な遺伝的変化はウイルスにとって致死的である。

・ウイルスが生き残るためには，十分に強い毒性を獲得しなければならない。

・通常ウイルスが感染しないような動物の細胞を用いてウイルスを培養すると，毒性の弱まる方向に突然変異を起こす傾向がみられる。

・進化的に環境に適応するには，きわめて特異的な遺伝的変化が起きる必要がある。

・ウイルスに対する免疫力が集団内に行き渡っているため，それに勝つにはウイルスの遺伝構成に大きな変化が生じなければならないが，そうしたことは研究室の中でも自然界でも，ほとんど起きない。

・動物のウイルスは時折人間に感染することがあるが，それがさらに次の人間に伝染するようなことはめったにない。

キルボーンはこうした考えを以下の文献に発表している。"Epidemiology of Viruses Genetically Altered by Man——Predictive Principles," *Banbury Report 22 : Genetically Altered Viruses and the Environment* (Cold Spring, N. Y. : Cold Spring Harbor Laboratory, 1985), p. 103-17.

☆**12** スティーヴン・モースは Daniel Fox and Elizabeth Fee (eds.), *AIDS : Contemporary History* (Berkeley : University of California Press, 1992) に寄稿した一章の中で「ウイルス交通」のたとえに初めてふれている。"AIDS and Beyond : Defining the Rules for Viral Traffic" が該当する章である。フォックスに促されて，モースはこの考えを展開して前述の *Issues in*

Science and Technology の記事 “Regulating Viral Traffic” にその内容をより詳しく書いている。

☆**13**　コリアン出血熱が国連軍内で流行した様子および今日知られているこの病気の疫学に関する記事は James W. LeDuc, “Hantaviruses Model of Emerging Agent,” *U. S. Medicine,* August 1990, p. 41-2 に記されている。

☆**14**　ライム病の出現に関する簡単な年代記は, Thomas J. Daniels and Richard C. Falco, “The Lyme Disease Invasion,” *Natural History,* July 1989, p. 4-10 に記されている。

☆**15**　マクニールの発言は, *Plagues and Peoples,* 17ページによる。

☆**16**　地球の温暖化に関する情報およびジョージ・クレーグの引用は Marshall Fisher and David E. Fisher, “The Attack of the Killer Mosquitoes,” *Los Angeles Times Magazine,* September 15, 1991, p. 30-5 による。気候の変化が健康に及ぼす影響に関する世界保健機構の報告も同じ記事からの引用である。WHO の報告は「機構の変化がベクターの媒介する病気の分布や流行に大きな影響をもたらすことは明白であり，こうした変化は決して無視することはできない」と結んでいる。

☆**17**　度日，そして捕食者と獲物間にみられるシンクロニーに関するリチャード・レヴィンズの説明は, 1991年に行ったインタヴューに基づく。

☆**18**　紫外線照射と免疫機能の研究は次の文献にまとめられている。Michael J. Lillyquist, *Sunlight and Health* (New York : Dodd, Mead, 1985).

☆**19**　トマス・ラヴジョイの引用は, 前出 Julie Ann Miller, “Diseases for Our Future” 515ページによる。

☆**20**　アルゼンチン出血熱の記述は Karl M. Johnson, “Arenaviruses,” in Alfred S. Evans, ed., *Viral Infections in Humans : Epidemiology and Control,* 3rd ed. (New York : Plenum Medical Books Company, 1989), p. 141 による。

☆**21**　「混合容器」となる豚の体内でインフルエンザ・ウイルスが組換えを起こす方法およびロバート・ウェブスターの引用は, Peter Radetsky, *The Invisible Invaders : The Story of the Emerging Age of Viruses* (New York:Little Brown, 1991), p. 246 による。

☆**22**　免疫抑制患者におけるウイルスの突然変異に関するエドウィン・D・キルボーンのコメントは, 1991年に行ったインタヴューに基づく。

☆**23**　クラレンス・ギブスは, 1991年6月20日，米国立衛生研究所において夏期講習の学生を対象とした講義 “Conventional and Unconventional Virus-Induced Disorders in the Central Nervous Sysytem” の中でクロイツフェルト=ヤコブ病についてコメントしている。

☆**24**　角膜移植と汚染された電極によるクロイツフェルト=ヤコブ病の伝達に関する記述は P. Duffy, J. Wolf, G. Collins, et al., “Person-to-Person Transmission of Creutzfeldt-Jakob Disease,” *New England Journal of*

Medicine 299 (1974), p. 692-3 に記されている。

☆**25**　マールブルクの流行に関する年代記は前出の Karl M. Johnson, "African Hemorrhagic Fevers Caused by Marburg and Ebola," in Alfred S. Evans, *Viral Infections of Humans : Epidemiology and Control* に詳しく記されている。

☆**26**　スティーヴン・モースの前出の記事 "Stirring Up Trouble" 16 ページには，一連のマールブルク・ウイルス流行の詳細が記されている。

☆**27**　エボラ・ウイルスに感染したサルがフィリピンからバージニア州の研究所に送られた話は，D'Vera Cohn, "Scientists Trace Ebola Virus's Deadly Path," *Washington Post,* December 11, 1989, D1 に詳しく記述されている。

☆**28**　ウイリアム・マクニールの引用は，Julie Ann Miller, "Diseases for Our Future"（前出）による。

☆**29**　リチャード・クローズのコメントは，"After AIDS : The Risk of Other Plagues," *Cosmos,* Fall 1991, p. 15-21 に掲載されたもので，彼は1991年3月にインタヴューを行ったときにその原稿を提供してくれた。

☆**30**　研究室で最後に起きた二件の天然痘の事故の話は前掲の Abram S. Benenson, "Smallpox," in Alfred S. Evans, ed., *Viral Infections of Humans : Epidemiology and Control,* 651ページに記されている。天然痘ゲノムの遺伝子地図の製作状況が David Brown, "Computers to Hold Vestiges of Smallpox," *Washington Post,* May 11, 1992, A3 に記述されている。

イギリス最後のヴァリオラ（天然痘）が，封じ込めの厳重なＣＤＣの研究所に送られたときの様子をスティーヴン・モースが話している。培養ヴァリオラは，ドライアイスをつめた発泡スチロールの容器におさめられ，保護用のラップで幾重にも包み込まれていた。その包みはテロリストの活動を防ぐため交通を一部遮断した道路を，サイレンを鳴らした警察の護衛のもと，ヒースロー空港に届けられた。「まるで女王のパレードのような警備だった」とモースは話している。しかし，このヴァリオラがアトランタに着くと，待っていたのはたった一人のＣＤＣ係官だった。彼は荷物を受け取り，自分の車のトランクにそれを放り込んでから車を出した。

☆**31**　Mirko D. Grmek, *History of AIDS : Emergence and Origin of a Modern Pandemic,* trans. Russell C. Maulitz and Jacalyn Duffin (Princeton, N. J. : Princeton University Press, 1990), p. 103 には粟粒熱に関するコメントがある。この病気の歴史は，Berton Roueche, *The Medical Detectives,* vol. 2 (New York : E. P. Dutton, 1984), p. 194 にも記載されている。Paul B. Beeson, "Some Diseases That Have Disappeared," *American Journal of Medicine* 68 (1980), p. 806-10 で取り上げられている病気の中にも粟粒熱が含まれている。

☆**32**　クローズの進化の波の引用は前出のエッセイ集 *The Restless Tide : The Persistent Challenge of the Microbial World* におさめられているスピーチに

基づく。ウイルスの進化に関するモースの記述はジョシュア・レダーバーグの編集による *The Encyclopedia of Microbiology*（印刷中）の彼が担当した章による。

☆**33**　エドウィン・D・キルボーンがおもしろ半分で書いたMMMVのプロフィールは “Epidemiology of Viruses Genetically Altered by Man-Predictive Principles,” *Banbury Report 22 : Genetically Altered Viruses and the Environment* (Cold Spring, N. Y. : Cold Spring Harbor Laboratory, 1985), p. 103-17 におさめられている。

第2章

☆**1**　早い時期にエイズにかかった患者の詳細は，ヒト免疫不全ウイルスの出現についてきわめて包括的に書かれた本を参考にしている。Mirko D. Grmek, *History of AIDS : Emergence and Origin of a Modern Pandemic,* trans. Russell C. Maulitz and Jacalyn Duffin (Princeton, N. J. : Princeton University Press, 1990). マルグレーテ・ラスクの話は28，29ページ，クロード・シャルドンの話は26，27ページ，ガエタン・デュガスの話は18，19ページに記されている。

☆**2**　ガエタン・デュガスの乱行および初期のエイズ患者たちの詳細は Randy Shilts, *And the Band Played On : People, Politics, and the AIDS Epidemic* (New York : St. Martin's Press, 1987 ; Penguin Books, 1988) に記されている。デュガスの引用は，ペーパーバック版の165ページによる。

☆**3**　エイズに関するスティーヴン・モースの引用は次の文献に基づく。“AIDS and Beyond : Defining the Rules for Viral Traffic,” in Daniel M. Fox and Elizabeth Fee, eds., *AIDS : The Making of a Chronic Disease* (Berkley : University of California Press, 1992).

☆**4**　リチャード・クローズのコメントは1991年4月に行ったインタヴューによる。

☆**5**　グルメクは前出の *History of AIDS,* 104-5 ページで，15世紀後期の梅毒と1980年代のエイズに多くの類似点があると記述している。エイズ同様，梅毒も性行為，また母から子へと伝達される。その出現によってヨーロッパでは公衆浴場が閉鎖され，性のモラルに変化が生じた。出現当初は死亡率の高い病気だった。ヨーロッパと北アメリカ間でやり取りが続き，その間，現在ハイチとドミニカ共和国として知られているヒスパニアが重要な拠点となっていた。穏やかな型のエイズがアフリカのミドリザルやスーティー・マンガベーにみられるように，アフリカのヒヒやゴリラにも軽い型の梅毒が存在することが知られている。

HIV 陽性者の移民を制限する米国の政策に関しては Malcolm Gladwell, “U. S. Visa Policy Denounced at Global AIDS Conference,” *Washington*

Post, June 20, 1991, A3 に記されている。

☆**6**　グルメク は前出の著書 *History of AIDS* に彼の理論を発表している。

☆**7**　アフリカ西部における HIV-2 陽性を表わす推定値は，Max Essex and Phyllis J. Kanki, “The Origins of the AIDS Virus,” *Scientific American,* October 1988, p. 70 による。1991年11月にエセックスが筆者に寄せた書簡によると，ポルトガル航路でヨーロッパとつながりを持つアンゴラ，モザンビークといった中央アフリカの国々では，かなりの割合で HIV-2 感染がみられるという。Amy Goldstein, “Maryland Finds Rare Form of AIDS Virus in 4,” *Washington Post,* August 3, 1991, B3 によると合衆国では，1991年8月の時点で，HIV-2 に感染している者の数は31名にすぎない。合衆国の場合ほとんどのケースがフロリダ州および米国北東部に集中しており，アフリカからの入国者あるいは西アフリカの人と性的関係を持った人々だった。

☆**8**　HIV-1, HI-2, SIV の関係の概要は Ronald C. Desrosiers, “HIV-1 Origins : A Finger on the Missing Link,” *Nature* 345 (May 24, 1990), p, 288-9 に記述されている。HIV-2 と SIV の関係は A. Karpas が編集責任者に宛てた書簡 “Origin and Spread of AIDS,” *Nature* 348 (December 13, 1990), p. 578 にも記されている。

☆**9**　研究者が不注意で研究用のサルに HIV を接種してしまったという説は，1991年5月に行ったインタヴューでマックス・エセックスが話している。

☆**10**　免疫不全ウイルスがサルから人間に移動した可能性を示す説は，次の順序で取り上げている。G. Lecatsas, “Origin of AIDS” (letter), *Nature,* 351 (May 16, 1991), p. 179 ; Karpas, 前出 ; Andrew Scott, *Pirates of the Cell : The Story of Viruses from Molecule to Microbe* (New York : Basil Blackwell, 1987), p. 240 および Scott, p. 241. 1960年代にザイール（当時はベルギー領コンゴ）で行われたポリオのワクチン接種とアフリカへの HIV 導入との関連を示す説は Tom Curtis, “Did a Polio Vaccine Experiment Unleash AIDS in Africa?” *Washington Post,* April 5, 1992, C3 に記述されている。カーティスは，米国では性器ヘルペスの実験治療として二倍量のポリオ・ワクチン（HIV に汚染されていることはわからなかった）の接種を受けたゲイの間でエイズが広がったという説も補足している。

☆**11**　ザイールにおける人口の移り変わりは，グルメクの著書（前出）176ページによる。

☆**12**　天然痘予防接種の後にエイズになった米兵のケースは，グルメクの著書の引用であるが，オリジナルの文献 *Times* (of London), May 11, 1987 も参考にしている。

☆**13**　エイズの起源に関する可能性は，基本的には，1991年3月に行ったインタヴューでリチャード・クローズが話したことに基づく。

☆**14**　最初の五人の患者に関するモリッツ・カポジの記述は *“Idiopathisches multiples Pigmentsarkom der Haut”* と題する記事に最初に記述されている。

英訳されたものも出版されている。*CA-A Cancer Journal for Clinicians* 32 (1982), p. 343-7. グルメクも前出の著書の112ページにカポジ肉腫の初期のケースについて記述している。

☆**15** 1959年に死亡した英国人水夫のケースは Lawrence K. Altman "Puzzle of Sailor's Death Solved After 31 Years : The Answer Is AIDS," *New York Times,* July 24, 1990, C3 に詳しく記述されている。オリジナルの報告は次の医学文献に記載されている。G. Williams, T. B. Stretton, and J. C. Leonard, "Cytomegalic Inclusion Disease and *Pneumocystis carinii* Infection in Adults," *The Lancet* 2 (1960), p. 951-5.

☆**16** PCRの簡単な説明は Barnaby J. Feder, "Dispute Arises over Rights for Copying DNA," *New York Times,* September 18, 1991, D7 による。

☆**17** エイズに倒れたノルウェー人一家の悲劇は Mirko D. Grmek, *History of AIDS,* p. 130 による。上の二人の娘たちには1990年の時点で HIV 感染はみられないと彼は書いている。

☆**18** ロバート・Rのケースはグルメクの著書124ページによる。

☆**19** グルメクの引用は彼の著書の151ページによる。

☆**20** HIV が血液の供給を通して広まった様子は Harry W. Haverkos, "Epidemiology of AIDS in Hemophiliacs and Blood Transfusion Recipients," *Antibiotic Chemotherapy* 38 (1987), p. 59-65 を参照のこと。グルメクの引用は *History of AIDS* の38ページによる。

☆**21** 血友病，第VIII因子の情報は，Suzanne Fogle, "AIDS Hemophiliacs in Tough Court Battle," *Journal of NIH Research* 3 (July 1991), p. 46 に記述されている。血友病患者における HIV 感染の情報は Gina Kolanta, "Hit Hard by AIDS Virus, Hemophiliacs Speak Up," *New York Times,* December 25, 1991, p. 7 による。

☆**22** ウィリアム・ノーウッドのケースに関する詳細は Associated Press の記事 "Organ Donor with AIDS Virus is Identified," *New York Times,* May 19, 1991, p. 21 による。

☆**23** 三百名の科学者と六十名のジャーナリストが参加した CDC の会合における非 HIV エイズに関するフォーシのコメントは Jon Cohen, "'Mystery' Virus Meets the Skeptics," *Science* 257 (1992), p. 1032 に報告されている。

☆**24** ミルバンク記念財団の会長，ダニエル・フォックスは，1991年3月に行ったインタヴューでエイズが急性病から慢性病に移行することについてコメントしている。

☆**25** SCID-hu マウスと HIV を用いたロバート・ギャロの実験は Jean Marx "Concerns Raised about Mouse Models for AIDS," *Science* 247 (February 16, 1990), p. 809 に記述されている。パオロ・ルッソらによる，より技術的な記事 "Expanded HIV-1 Cellular Tropism by Phenotypic Mixing with Murine Endogenous Retroviruses" が *Sciece* の同じ号の848-851ペー

ジに記載されている。

☆26　ロバート・ギャロの引用は前出 Jean Marx の記事による。

第3章

☆1　長年に渡って，ウイルスはさまざまな言葉で言い表わされてきている。その例を以下の文献にみることができる。Andrew Scott, *Pirates of the Cell : The Story of Viruses from Molecule to Microbe* (New York : Basil Blackwell Inc., 1987) ; Elaine Blume Wilson, *At the Edge of Life : An Introduction to Viruses* (Bethesda, Md. : Department of Health and Human Services, National Institute of Allergy and Infectious Diseases, 1980). また，サー・ピーター・メダワーと夫人の言葉を引用した Michael B. A. Oldstone, "Viral Alteration of Cell Function." *Scientific American,* August 1989, p. 42 がある。こうした中でも最もうまくウイルスを言い表わしている家を飛び出す十代の子供のたとえは，Peter Radetsky, *The Invisible Invaders : The Story of the Emerging Age of Viruses* (New York : Little, Brown, 1991), p. 402 による。

☆2　アンドリュー・スコットは前出の著書34，35ページに，ウイルスの奇妙で非生物的な特徴について記述している。

☆3　ウイルスの相対的なサイズに関する情報は John M. Dwyer, *The Body at War : The Miracle of the Immune System* (New York : New American Library, 1988), p. 12 による。

☆4　ウイルスの概念に対するバイエリンクの貢献，そして彼の説に対する反応は前出ラデツキーの著書65-67ページに記されている。

☆5　天然痘ウイルスが驚異的なほど丈夫である証拠は，編集責任者に宛てられた書簡 P. D. Meers, "Smallpox Still Entombed?" *The Lancet* 1 (May 11, 1985), p. 1103 に記されている。

☆6　細胞内取り込みに関連したウイルスのトリックは，Chris Raymond "Deception Is Everywhere in Life and Not Always Bad, Researchers Say," *Chronicle of Higher Education,* February 27, 1991, A5 に言及されている。

☆7　アンドリュー・スコット（前出）49ページにポリオウイルスの指令を受けて細胞が作る「自殺タンパク質」に関する簡単な記述がある。

☆8　遺伝子暗号に関するこの部分は，"Building-Blocks," *Pirates of the Cell,* Chap. 2 におけるアンドリュー・スコットの記述に基づいている。

☆9　A，T，C，Gという文字は，それぞれアデニン，チミン，シトシン，グアニンというヌクレオチドを表わす。

☆10　RNA の場合にはチミンの代わりにUという文字で表わされるウラシルがあ

る。

☆**11** アンドルゼイ・コノプカの引用は，Natalie Angier, “Biologists Seek the Words in DNA’s Unbroken Text,” *New York Times,* July 9, 1991, C1 による。

☆**12** ミルコ・D・グルメクは *History of AIDS : Emergence and Origin of a Modern Pandemic,* trans. Russell C. Maulitz and Jacalyn Duffin (Princeton, N. J. : Princeton University Press, 1991), p. 55 で，フランシス・クリックの「セントラル・ドグマ」という言葉に言及している。セントラル・ドグマの詳しい内容，RNA ウイルスがそれに従わないことはピーター・ラデッキーの著書（前出）299ページに記述されている。

☆**13** さまざまなウイルスが mRNA を作る経路はデヴィッド・ボルティモアの “Expression of Animal Virus Genomes,” *Bacteriological Reviews,* September 1971, p. 235-41 にきわめて詳しく取り上げられている。アンドリュー・スコットの著書（前出）の52-54ページには，彼の分析結果が素人向けに書き表わされている。

☆**14** 「テミニズム」の初期が前出のピーター・ラデッキーの著書300-302ページにまとめられている。逆転写酵素の発見も同じ本の314ページにある。

☆**15** 特異的あるいは非特異的免疫の詳しい説明は，アンドリュー・スコットの著書(前出) 86-87ページを参照のこと。

☆**16** T細胞の成長とその機能はジョン・M・ドワイヤーの著書（前出）33ページに取り上げられている。

☆**17** 炎症性免疫反応の悪影響はアンドリュー・スコットの本の104-105ページに取り上げられている。

☆**18** 自己免疫病の起源に関するこの簡単なアウトラインは，依然として免疫学者たちの議論を呼んでいる。詳しくはジョン・M・ドワイヤーの著書（前出）38-39ページを参照のこと。

☆**19** ジョン・M・ドワイヤーの著書（前出）93-95ページには，抗体の役割をはっきりと説明している。

☆**20** ピーター・ラデッキーは，著書のウイルス複製の速さに関する部分（9ページ）で，細菌に感染するバクテリオファージというウイルスを取り上げている。他の動物ウイルスの場合にもこれと似た速度であろうと考えられている。

☆**21** 狂犬病ウイルスの宿主域に関する情報はロバート・ショープによって書かれた“Rabies,” in Alfred S. Evans, ed., *Viral Infections of Humans : Epidemiology and Control* (New York and London : Plenum Medical Books, 1989), p. 509 による。

☆**22** バーナード・フィールズは，1991年5月に行ったインタヴューで狂犬病ウイルスについて説明している。

☆**23** LCMとマウスの実験は，C. A. Mims, *The Pathogenesis of Infectious Disease* (New York : Academic Press, 1982), p. 191-192 に説明されている。

☆24　生存することの意味に関するデヴィッド・ボルティモアのコメントは，彼がピーター・ラデツキーに話したことをラデツキーが著書（前出）の393ページに引用したものである。

☆25　ウイルスが「反逆したヒトDNA」だというリチャード・ドーキンスの言葉は，彼の著書 *The Selfish Gene* (Oxford, England : Oxford University Press, 1989), p. 182 による。

☆26　トランスポゾンとレトロトランスポゾンに関するジェームズ・ストラウスの説は，ピーター・ラデツキーの著書（前出）400-401ページに説明がある。

☆27　ウイルスの起源が宇宙にあるというフレッド・ホイルの説は *The Intelligent Universe : A New View of Creation and Evolution* (New York : Holt, Rinehart and Winston, 1984) に記述されている。

☆28 「ウイルスの揺れうごく基体（ダンシング・マトリックス）」というルイス・トマスの言葉の引用は *The Lives of a Cell : Notes of a Biology Watcher* (New York : Bantam Books, 1974), p. 4 による。

☆29　ラッセル・ドゥリトルのコメントは，*Nature*, June, 1987 の "News and Views" に書いた記事による。

☆30 "Viruses Revisited," *New York Times Magazine,* November 13, 1988 を執筆中の筆者が行ったマルコム・マーティンとのインタヴューで，彼は人間の胎盤遺伝子の研究について説明してくれた。

☆31　コンピュータ・ウイルスについてさらに知りたい向きには David Stang, "PC Viruses : The Desktop Epidemic," *Washington Post,* January 14, 1990, B3 が参考になる。

第4章

☆1　エボラ・ウイルスが輸入された経過は，ドヴェラ・コーンが *Washington Post* に書いた一連の記事に記されている。"Deadly Ebola Virus Found in Virginia Laboratory Monkey," December 1, 1989, A1 ; "Scientists Trace Ebola Virus's Deadly Path," December 11, 1989, D1 ; "Four Handlers in Virginia Get Ebola Virus," April 6, 1990, B5. 最新の話は，CDC のスザン・フィシャー＝ホックが1991年10月に，書簡で筆者に寄せた情報に基づく。

☆2　初期のエボラ熱流行における死亡率は，Karl M. Johnson, "African Hemorrhagic Fevers Caused by Marburg and Ebola Viruses," in Alfred F. Evans, ed., *Viral Infections of Humans,* 3rd ed. (New York and London : Plenum Medical Book Company, 1989), p. 97 による。

☆3　1990年に CDC は，仕事でサルと接触のある五百五十名を対象に調査を行った。それまでにもすでにヘーゼルトン研究所で働く四名の血液中にエボラの抗体ができていた。この大規模な調査の対象になった人々のうち二百六十六名は

ヘーゼルトンのような施設で働き，二百八十四名は他の形でサル，あるいはサルの組織を扱う仕事をしていた。対照区として，任意に選出した四百四十九名の成人を対象にして同様にエボラ抗体の検査を行った。調査の結果，この新しいウイルスは予想を上回る範囲に広がっていることがわかった。動物検疫関係の施設で働く者の10パーセント，他の現場でサルにさらされる仕事を持つ者の5.6パーセント，普通のアメリカ人の3パーセント近くが，次にあげる既知のフィロウイルス四系統のいずれかに対する抗体を持っていた。エボラ／ザイール，エボラ／スーダン，マールブルク，そしてフィロウイルス／レストンとして知られている新系統のものである。しかし，抗体を持っていても発病した者は一人もいなかった。詳しくは D'Vera Cohn, "Fearing Virus, New York Restricts Imports of Monkeys Used in Research," *Washington Post,* March 22, 1990, A15 を参照のこと。

☆**4**　スティーヴン・モースは，彼の記事 "Emerging Viruses," *American Society for Microbiology News* 55, no. 7 (1989), p. 358 の中でフランシス・クリックを引用している。モースは1991年3月のインタヴューで，人間が偶然ウイルスの宿主になるとコメントしている。

☆**5**　ジャン＝ミシェル・ボンパールの引用は，Marlise Simons, "Virus Linked to Pollution Is Killing Hundreds of Dolphins in Mediterranean," *New York Times,* October 28, 1990, p. 3 による。

☆**6**　アザラシの疫病で死んだイルカの総数，そしてモンク・アザラシに忍び寄る脅威の部分は，Alan Cowell, "A Poisoned Season : Dead Dolphins, Abused Pups," *New York Times,* September 4, 1991, A4 による。

☆**7**　集団内で麻疹が流行する様子は，前出のアルフレッド・F・エヴァンズの著書451ページ，フランシス・L・ブラックによる章 "Measles" に詳細が記されている。

☆**8**　ブライアン・マーイは，1991年8月に行ったインタヴューおよび Stephen S. Morse, ed., *Emerging Viruses* (New York : Oxford University Press, 1992) に書いた一章 "Sea Plague Virus" に，アザラシの疫病の謎との掛かり合いについて詳しく述べている。

☆**9**　アザラシ疫病ウイルスの起源に関する諸説は，C. B. Goodhart, "Did Virus Transfer from Harp Seals to Common Seals?" *Nature* 336 (1988), p. 21 に記述されている。

☆**10**　カリブ海に生息するウニの死に関するロバート・バリスの引用および他の情報は，William Booth, "Mysterious Malady Hits Sea Urchins," *Washington Post,* August 11, 1991, A4 による。

☆**11**　アイリーン・マッキャンドリッシュのコメントは，"Canine Parvovirus-A New Disease," in *Veterinary Record,* September 29, 1979, p. 292 に引用されていたもの。

☆**12**　次にあげるパルボウイルスのケースは，いずれも冷凍保存された血清の分析

によって追跡することができた。1976年ベルギー，1977年オランダ，1978年5月オーストラリア，1978年7月日本。Colin R. Parrish による “Canine Parvovirus 2 : A Probable Example of Interspecies Transfer,” を参照のこと。これはスティーヴン・モースの著書（前出）に記述されている。

☆**13** パルボウイルスのライフサイクルの詳細は Andrew Scott, *Pirates of the Cell* (New York and London : Basil Blackwell, 1989), p. 55 に記述されている。

☆**14** コリン・パリッシュは，1991年9月に行ったインタヴュー，そしてモースの著書（前出）で自分の研究の説明をしている。

☆**15** 最近出現したイヌ・パルボウイルス2が，ネコ・ジステンパーに由来するという説に反対するパリッシュのコメントは，1991年9月に筆者に寄せられた書簡に基づく。

☆**16** ゴールデン・ライオン・タマリンに関するダイアン・アッカーマンの引用は，彼女の記事 “Golden Monkeys,” in *The New Yorker,* June 24, 1991, p. 37 による。タマリンがつがいを作る時の習性は，同じ記事の38ページに記述されている。

☆**17** 再導入活動の成功率は，Christopher Anderson, “Keeping New Zoo Diseases Out of the Wild,” *Washington Post,* June 3, 1991, A3 に基づく。

☆**18** フラッシュの話は，リチャード・J・モンターリとのインタヴューによる。

☆**19** CHVがタマリンの死骸を通じて広がっていくというシナリオは，ダイアン・アッカーマンの記事（前出），39ページによる。リチャード・J・モンターリも同様のことを述べている。

☆**20** 1991年9月にベンジャミン・ベックに行ったインタヴューに基づく。

☆**21** 『警戒警報』は，監督ハル・バーウッド，制作ジム・ブルーム，脚本ハル・バーウッド，マシュー・ロビンソン，出演サム・ウォーターストン，キャスリーン・クィンラン，二十世紀フォックスによって1985年に上映された映画である。

☆**22** 1991年5月に行ったインタヴューでニール・ネーサンソンは関わりを否定している。

☆**23** ロバート・ギャロの研究は，Jean Marx, “Concerns Raised About Mouse Models for AIDS,” *Science* 247 (February 16, 1990), p. 809 による。

☆**24** 記事の引用は，Paolo Lusso, Fulvia di Marzo Veroneses, et al., “Expanded HIV-1 Cellular Tropism by Phenotypic Mixing with Murine Endogenous Retroviruses,” *Science* 247 (Februery 16, 1990), p. 848, 851 に基づく。

☆**25** ゴフとファインバーグのコメントは，Gina Kolata, “AIDS Expert Warns of Hazards in Research,” *New York Times,* February 16, 1990, A19 による。

☆**26** ペンサコーラで起こった四件のヘルペスBに関する詳細は，CDC の疫学者によって “B-Virus Infection in Humans——Pensacola, Florida,” *Morbidity*

and Mortality Weekly Report 36, no. 19 (May 22, 1987), p. 289-96 に記述されている。

☆**27**　ヘルペスBの歴史と死亡率は, A. E. Palmer, "B-virus, *Herpesvirus simiae* : Historical Perspective," *Journal of Medical Primatology* 16 (1987), p. 99-130 による。

☆**28**　考古学者も天然痘のワクチン接種を受けるべきかもしれないという考えはP. Meers, "Smallpox Still Entombed?" *The Lancet* 1 (May 11, 1985), p. 1103 に記されている。

☆**29**　牛にみられるスポンジ脳症の起源に関する説は, Constance Holden, "Answer to Mad Cow Riddle?" *Science* 251 (Maech 15, 1991), p. 1310 による。

第5章

☆**1**　マレク病ワクチンの記述は Elaine Blume Wilson, *At the Edge of Life : An Introduction to Viruses* (Bethesda, Md. : U. S. Department of Health and Human Services, National Institute of Allergy and Infectious Diseases, 1980), p.45 による。

☆**2**　リチャード・クローズの引用は, 彼の著書 *The Restless Tide : The Persistent Challenge of the Microbial World* (Washington, D. C. : National Foundation for Infectious Diseases, 1981), p. 12 による。

☆**3**　マイケル・B・A・オールドストーンの引用は, 彼が書いた記事, "Viral Altertion of Cell Function," *Scientific American,* August 1989, p. 42 による。

☆**4**　PCR の仕組みに関する優れた説明が, 発明者ケアリー・B・マリス自身によって書かれている。"The Unusal Origin of the Polymerase Chain Reaction," *Scientific American,* April 1990, p. 56-65.

☆**5**　LCMV はある系統のマウスの, ある特定の腺に直行するので, LCMV 感染したマウスには障害が観察されたとオールドストーンは *Scientific American* に報告している。たとえば LCMV 感染したマウスは異常に小さいが, オールドストーンらは, こうしたマウスで通常成長ホルモンを生産する下垂体そのものにウイルス RNA を発見している。そうした動物は正常な量の半分ほどしか成長ホルモンを生産していなかった。

☆**6**　オールドストーンは, 次に, 成長ホルモンの生産量を減少させる原因がウイルスの何にあるのかを解明しようとした。これも *Scientific American* に載っている。最初に彼は, それが成長ホルモンそのものの問題ではなくて, 細胞内で成長ホルモン合成の指令を出す mRNA の減少によることを解明した。合成のプロセスを指揮する RNA の量が少なくなるので合成される成長ホルモンも少

なくなるわけである。次に彼はLCMVゲノムのどの部分がRNA転写を妨げているか究明した。「答を求めるにあたって，LCMVには病気を起こす系統と起こさないものがあるという事実に大いに助けられた」とオールドストーンは述べている。それぞれのウイルスは，一方が長く一方が短い二分節から成るRNAを持っているのである。

☆7　ロンドンのチャリング・クロス・ウェストミンスター医学校のL・アンチャードと彼の同僚，ミュンヘン大学のハインツ＝ペーター・シュタイス，ペーター・H・ホフシュナイダーおよび同僚たちによる研究についてマイケル・オールドストーンが前出の *Scientific American* に記述している。そしてオールドストーンらは，遺伝子の交換をした。最初に作った組換え体は，危険な系統からとった長い分節と安全な系統からとった短い分節から成るもの，次に作ったのは，安全な長い分節と危険な短い分節から成るものだった。彼らはそれぞれの雑種LCMVをマウスに注射して，結果を観察した。病気を起こす系統の短い分節を持つウイルスだけが問題を起こした。こうして病気の原因となる情報が，約3700ヌクレオチドで構成されている領域にあることがわかり，両系統の短い分節を比較することによって違いを明らかにできるようになった。病原性のヌクレオチド配列は，その異なる部分に含まれる可能性が最も大きいのである。

☆8　ボルナ・ウイルスを分離する技術，いろいろな研究動物に対するさまざまな影響は，W. Ian Lipkin, Gabriel H. Travis, Kathryn M. Carbone, et al., “Isolation and Characterization of Borna Disease Agent cDNA Clones,” *Proceedings of the National Academy of Sciences* 87 (June 1990), p. 4184-88 による。

☆9　マウスにおけるイヌ・ジステンパー・ウイルスと病的肥満の関係は，M. J. Lyons, I. M. Faust, R. B. Hemmes, et al., “A Virally Induced Obesity Syndrome in Mice,” *Science* 216 (1982), p. 82-5 による。

☆10　動物がボルナウイルスに感染したときの様子は，Hanns Ludwig, Liv Bode, and George Gosztonyi, “Borna Disease : A Persistent Virus Infection of the CNS,” *Progress in Medical Virology* 35 (1988), p. 107-51 による。彼らは，動物の様子を表わして，なかには「無感情」なものもみられるという言い方をしている。

☆11　合衆国およびドイツで行われている，ボルナ病ウイルスを躁鬱病と関連づける研究は，R. Rott, S. Herzog, B. Fleischer, et al., “Detection of Serum Antibodies to Borna Disease Virus in Patients with Psychiatric Disorders,” *Science* 228 (May 10, 1985), p. 755-6 に記述されている。

☆12　キャスリン・カーボーンは，1991年6月に行ったインタヴューの中で，ボルナ病ウイルスと精神分裂病について話している。

☆13　W. イアン・リプキンは1991年2月に行ったインタヴューで，彼が行っているボルナ・ウイルスの研究について話している。

☆14　ボルナ病における炎症の役割は，O. Narayan, S. Herzog, K. Frese, et

al., "Behavioral Disease in Rats Caused by Immunopathological Responses to Persistent Borna Virus in the Brain," *Science* 220 (1983), p. 1401-3 による。

☆**15** 免疫系が活発すぎるために慢性疲労症候群が起きるのかもしれないという説は, Robert Sandres, "UC San Francisco Doctors Find Way to Identify Patients with Chronic Fatigue Syndrome," *UCSF News,* November 15, 1990 に説明されている。

☆**16** アンソニー・コマロフの引用は, 1991年10月に行ったインタヴューによる。

☆**17** CDC の会合の様子は, Lawrence K. Altman, "Experts Unable to Link Chronic Fatigue to Virus," *New York Times,* September 24, 1991, C5 に記されている。この症候群が, おそらく何かのウイルスによって起きるという証拠が, 翌月シカゴで開かれたアメリカ微生物学会の年会に出された。九十二名の慢性疲労症候群患者を対象にした研究で, 半数には抗ウイルス剤, 半数にはプラシーボが六か月に渡って投与された。抗ウイルス剤アンプリゲンの投与を受けた半数はほとんど完治したが, プラシーボ投与を受けた残りの半数の症状はまったく改善されなかった。こうした結果は, 慢性疲労症候群が免疫系の問題によって生じるものであり精神的なものではないという確信をより強いものにするとコマロフは述べている。「この薬で精神的な疾患が治ることなど絶対に考えられない」と彼は『アソシエーテッド・プレス』の記者ダニエル・Q・ヘーニーに話している。ヘーニーはハーネマン医科大学のウィリアム・A・カーター（アンプリゲンの共同発明者）が行った研究について "Anti-Virus Drug Relives Chronic Fatigue Syndrome," *Washington Post,* October 29, 1991, Health section, 18 に書いている。HHV-6 と幼少時に罹る病気の関係が "Herpes Strain Linked to High Fevers in Babies," *Washington Post*（アソシエーテッド・プレス報告), May 28, 1992, A10 に説明されている。

☆**18** フォーミー・ウイルスと人間の病気の関係は D. Stancek, M. Stancekova-Gressnerova, M. Janotka, et al., "Isolation and Some Serological and Epidemiological Data on the Viruses Recovered from Patients with Subacute Thyroiditis de Quervain," *Medical Microbiology and Immunology* 161 (1975), p. 133-44 に取り上げられている。

☆**19** エレーヌ・ド・フリータスのコメントは, 1990年9月5日に行われた記者会見の原稿による。その会見には, 彼女とポール・チェニーおよびデヴィッド・ベルが出席していた。その記録は *Journal of the Chronic Fatigue and Immune Dysfunction Syndrome Association* (September 1990), p. 11-3 に掲載されている。ポール・チェニーの引用もこれによる。しかし HTLV-II の発見者で, 当然人間の病気との関連を確立することにも熱心だった米国立がん協会のロバート・ギャロをはじめ何人かの研究者はド・フリータスの発見を再確認することができなかった。ギャロの研究は Joseph Palca, "Does a Retrovirus Explain Fatigue Syndrome Puzzle?" *Science* 249 (September 14, 1990), p. 1240-41

に説明されている。

☆**20** マレク病ウイルスに感染したニワトリにおけるアテローム性動脈硬化症の研究はC. G. Fabricant, J. Fabricant, M. M. Litrenta, et al., "Virus-Induced Atherosclerosis," *Journal of Experimental Medicine* 148 (1978), p. 335-40による。メルニックの引用は1991年9月に行ったインタヴューに基づく。

☆**21** 出産時にヘルペスウイルス2型（単純）の母子感染が起こると，全身にひどいヘルペスの症状が出て，感染した新生児の約半数が死亡する。Andre J. Nahmias, Harry Keyserling, and Francis K. Lee, "Herpes Simplex Viruses 1 and 2," in Alfred S. Evans, ed., *Viral Infections of Humans : Epidemiology and Control,* 3d ed. (New York and London : Plenum Medical Book Company, 1989), p. 394 を参照のこと。

☆**22** 水痘－帯状疱疹ウイルスにみられる二段階の感染サイクルは Stephen E. Straus, "Clinical and Biological Differences Between Recurrent Herpes Simplex Virus and Varicella-Zoster Virus Infections," *JAMA* 262, no. 24 (December 22, 1989), p. 3455-8 による。

☆**23** HHV-7は，米国立アレルギー・感染症研究所の研究者たちが新型HHV-6ウイルスを研究しているとき，ほとんど偶然に発見された。健康な血液細胞を分裂させようとして操作を加えたところ，潜伏していたヘルペスウイルスの感染性を再活性化させてしまったのだ。出現したウイルスのヌクレオチド配列を調べたところ，HHV-6とサイトメガロウイルスの両者に似てはいるが，まったく新しいヘルペスウイルスと認めざる得ないことがわかった。米国立アレルギー・感染症研究所の発表（"NIAID Scientists Discover New Human Herpesvirus" by Laurie K. Doepel）によると，彼らは四年前に水痘に罹ったことのある健康な二十六歳の男性から採った血液を用いて研究をしていた。疱疹ウイルス，あるいはその他のヘルペスウイルスが潜んでいないかを調べられるように，彼らは男性の血液細胞を分裂させてその数を増やそうとした。研究所の感染症ユニットの所長ナイザ・フレンケルは，血液細胞が分裂するときに奇妙な様子を呈することに気付いた。細胞が多核体と呼ばれる小さな塊を形成したのだ。このことは，細胞の中に感染因子が潜んでいることを表わしていた。フレンケルは，細胞を培養して操作を加えることによって，いままで追跡の手を逃れていたHHV-7が潜伏状態から動き出したのだろうと考えた。この方法によって人間に感染するこれからの新型ウイルス，「特に宿主細胞を変えない限りはいつまでもじっとしている」ヘルペスウイルスを発見できるかもしれないと彼女は述べている。

☆**24** CMVがアテローマ性動脈硬化症と関連しているという説を支持する最近の研究をまとめた文献はいくつかある。最も明解なのは Sandra Blakeslee, "Common Virus Seen as Having Early Role in Arteries' Clogging," *New York Times,* January 29, 1991, C3 であろう。Joseph L. Melnick, Ervin Adam, and Michael E. DeBakey, "Possible Role of Cytomegalovirus in Atherogenesis," *JAMA* 263, no. 16 (April 25, 1990), p. 2204-7

は，より専門的なものである。

メルニックの文献によると，スタンフォード大学の研究では，心臓移植を受けた三百一名中，手術直後に九十一名が CMV に感染したという。CMV 感染した患者と感染しなかった二百十名の患者を比較した。五年後，感染しなかった患者の生存率は68パーセントであったのに対して，CMV 感染した患者の生存率は32パーセントにすぎなかった。詳細は M. T. Grattan, C. E. Moreno-Cabral, V. A. Starnes, et al., “Cytomegalovirus Infection Is Associated with Cardiac Allograft Rejection and Atherosclerosis,” *JAMA* 261 (1989), p. 3561-6 を参照のこと。オランダで行われた研究の詳細は M. G. R. Hendrix, M. M. M. Salimans, C. P. A. van Boven, et al., “High Prevalence of Latently Present Cytomegalovirus in Arterial Walls of Patients Suffering from Grade III Atherosclerosis,” *American Journal of Pathology* 136 (1990), p. 23-8 を参照のこと。Baylor の研究は，メルニックの文献の他に B. L. Petrie, J. L. Melnick, E. Adam, et al., “Nucleic acid sequences of cytomegalovirus in cells cultured from human arterial tissue,” *Journal of Infectious Diseases* 155 (1987), p. 158-9 にも載っている。

☆**25** ルデュクの最初の引用は，1991年1月のインタヴューによる。次の引用は，彼の書いた記事 “Hantaviruses Model of Emerging Agent,” *U. S. Medicine,* August 1990, p. 41 による。

☆**26** 都市のネズミにハンタウイルスを捜し求める様子は，ルデュクとのインタヴューおよび Richard Yanagihara, “Hantavirus Infection in the United States : Epizootiology and Epidemiology,” *Reviews of Infectious Diseases* 12, no. 3 (May-June 1990), p. 450 による。

☆**27** ボルティモアで行ったハンタウイルスの野外研究の様子は，Gregory Glass, James Childs, Alan Watson, et al., “Association of Chronic Renal Disease, Hypertension and Infection with a Rat-Borne Hantavirus,” *Archives of Virology,* suppl. 1 (1990), p. 69-80 および *U. S. Medicine* (前出) にルデュクが書いた記事による。

☆**28** 高血圧症の罹患率と「原因不明の高血圧症」の割合は，*Merck Manual of Diagnosis and Therapy,* 15th ed. (Rahway, N. J. : Merck Sharp & Dohme Research Laboratories, 1987), p. 392 による。高血圧症およびそれに関連した疾患にかかる年間費用は，前出の *Archives of Virology* article by Glass, Childs, and Watsonによる。

第6章

☆**1** EEE 患者の脳障害に関するアンドリュー・スピールマンの引用は，1991年3月に行ったインタヴューによる。

☆2　外来アルボウイルスのリストに記載された大部分のものは，Robert B. Tesh, "Arthritides Caused by Mosquito-Borne Viruses," *Annual Review of Medicine* 22 (1982)，p. 34 による。

☆3　レクリエーションのパターンとアルボウイルスの伝達パターンの間にみられる関係は Wilbur G. Downs, "Arboviruses," in Alfred S. Evans, ed., *Viral Infections of Humans : Epidemiology and Control,* 3rd ed. (New York : Plenum Medical Book Company, 1989)，p. 114 に記述されている。ハーヴァード大学のアンドリュー・スピールマンは，筆者に宛てた書簡の中で，ラクロス脳炎のウイルス感染が子供に限られたものではないと指摘している。大人の場合には，感染しても無症候であることが多いという。

☆4　カリフォルニア州南部でマラリアが流行したときの様子は Sam R. Telford III, Richard J. Pollack, and Andrew Spielman, "Emerging Vector-Borne Infections," *Infectious Disease Clinics of North America* 5, no. 1 (March 1991)，p. 15 による。

☆5　研究室内でアルボウイルス・ベクターによる感染が起きる可能性を示す統計は，1991年10月に行ったトマス・モナスとのインタヴューで入手した。

☆6　記録に残るアルボウイルス感染症の中で最も古いものの年代は，William MacNeill, *Plagues and Peoples* (New York : Doubleday, 1976)，p. 89 による。ベクター動物が移動するため，著しく広い地域がアルボウイルスの対象になるという考えは，テルフォード，ポラック，スピールマンによる記事（前出）の9ページによる。また，マラリアの脅威が地球規模であるという情報は，米国科学アカデミーによって発行された二編の報告書 *The U. S. Capacity to Address Tropical Infectious Disease Problems* (Washington, D. C. : National Academy Press, 1987)，p. 30 と *Malaria : Obstacles and Opportunities* (Washington, D. C. : National Academy Press, 1991) による。

☆7　EEE に感染する動物の中には，奇妙なことに数種類の鳥も含まれている。キジやアメリカシロヅルなどが特 EEE に感染しやすい。トマス・モナスによれば，1980年の後期，動物間にＥＥＥが猛烈な勢いで流行したときには，絶滅の危機に瀕していたある種類のツルの集団が，危うく全滅するところだったという。

☆8　EEE のブリッジ・ベクターが好む繁殖地の情報は，テルフォード，ポラック，スピールマンの記事の14ページによる。

☆9　水を汲み置くことを禁じるタミール人の慣習は，William McNeill の *Plagues and Peoples,* 235-6ページに記されている。

☆10　キューバにおける黄熱病の撲滅は，Thomas P. Monath, "Recent Epidemics of Yellow Fever in Africa and the Risk of Future Urbanisation and Spread," *Arbovirus Research in Australia——Proceedings, 5th Symposium,* p. 37 による。

☆11　ネッタイシマカの好む生活環境に関するモナスのコメントは，1991年2月に行ったインタヴューに基づく。

☆**12**　ラテンアメリカにおけるデング熱および黄熱病の抑制を目的とした殺虫剤利用の歴史は，モナスの記事（前述）37ページに記されている。ノートルダム大学の昆虫学者，ジョージ・クレーグは1991年10月のインタヴューで，そのような撒布プログラムに対する批判を述べている。

☆**13**　不妊化した雄を用いた害虫駆除プログラムの失敗は，Rick Weiss, "The Swat Team : Gene-Altered Mosquitoes Appear on the Horizon," *Science News* 137 (February 3, 1990), p. 72-4 に記述されている。この記事には現行の蚊の遺伝子地図に関する情報も記載されている。

☆**14**　ジョージ・クレーグは，1985年に初めてヒトスジシマカが観察されたときにその流入を阻止しなかったとして当時合衆国公衆衛生サービスの長官，現在合衆国衛生省次官ジェームズ・メーソンを批判している。「人間の健康に支障をきたすまで，関心がないと彼が言った」とクレーグは1991年10月のインタヴューで述べている。そのようなわけで彼は合衆国が「予防医学」ではなくて「対処医学」を行っていると考えるようになった。

☆**15**　ロックフェラー財団設立の熱帯ウイルス研究所の元所長で現在ジュネーブの国際保健機構に所属しているジョン・ウッドールは *Issues in Science and Technology,* Spring 1991, p. 24 の編集責任者に宛てた書簡の中でロックフェラーの研究所が「切手の収集」を行っていると馬鹿にした「潔癖家」を批判している。これはスティーヴン・モースがウイルス交通について書いた記事に対して書かれた。

☆**16**　1960年代にオロプーシェ・ウイルスを追跡したときの様子は，1991年3月に行われたロバート・ショープとのインタヴュー，そして Max Theiler and Wilbur G. Downs, "Oropouche : The Story of a New Virus," *Yale Scientific Magazine* 38, no. 6 (March 1963) による。

☆**17**　1991年のインタヴューでロバート・ショープが話しているように，1961年，夜間雨林で蚊に刺される役をかって出て病気になったブラジルの青年は，回復して仕事に戻ったが，またもや夜間のアルボウイルスに感染してしまった。

☆**18**　カカオ豆の殻とオロプーシェの関連は Stephen S. Morse, "Stirring Up Trouble : Environmental Disruption Can Divert Animal Viruses into People," *Sciences,* September 1990, p. 19 による。

☆**19**　デング熱の歴史の一部分は1991年3月に行ったイェール大学のロバート・テッシュとのインタヴューによる。ベンジャミン・ラッシュによる記述およびデング熱という名称の語源は Donald E. Carey, "Chikungunya and Dengue : A Case of Mistaken Identity?" *Journal of the History of Medicine* 26 (1971), p. 243-62 に基づく。

☆**20**　1989年には外国から入ったデング熱の疑いがあるとして九十四件が合衆国防疫センターに報告された。血液検査によってこの内二十二件がデングと確認された。"Imported Dengue——United States, 1989," *Morbidity and Mortality Weekly Report* 39, no. 41 (October 19, 1990), p. 741-2 を参照のこと。

☆21 デング出血熱のデータは Scott B. Halstead, "Pathogenesis of Dengue : Challenges to Molecular Biology," *Science* 239 (January 29, 1988), p. 476 による。1956年，東南アジアの子供たちに初めてみられたデング出血熱によって，それ以来，少なくとも百五十万の子供たちが入院して，二十五万人以上が死亡している。

☆22 キューバで流行したデング出血熱に関する数字は，ホールステッド（前出）の476ページによる。エクアドル，ベネズエラにおけるデング出血熱の流行は，John Langone, "Emerging Viruses," *Discover,* December 1990, p. 65 による。ペルーにおける流行は，Centers for Disease Control's *Morbidity and Mortality Weekly Reports* 40, no. 9 (March 8, 1991), p. 145-7 による。

☆23 レオン・ローゼンの引用は "Disease Exacerbation Caused by Sequential Dengue Infections : Myth or Reality?" *Reviews of Infectious Diseases* 11, suppl. 4 (May-June 1989) : S840. による。

☆24 モナスの引用は，1991年10月のインタヴューによる。

☆25 コロラド州フォートコリンズにある防疫センターの研究所に所属する昆虫学者D・ブルース・フランシーによれば，アジアのヒトスジシマカは，1985年にテキサス州，1986年にアラバマ州，アーカンソー州，フロリダ州，ジョージア州，イリノイ州，インディアナ州，ルイジアナ州，ミシシッピー州，ミズーリ州，オハイオ州，テネシー州，1987年にデラウェア州，ケンタッキー州，メリーランド州，ノースカロライナ州，カンザス州で発見されている。ノートルダム大学のジョージ・クレーグは，ペンシルヴァニア州にも侵入していると考えている。

☆26 ベロビーチで高校フットボール試合の予定が変更されたことに対して人々が憤慨している様子は，Sara Rimer, "Tiny Mosquitoes' Threat Stills the Florida Night," *New York Times,* October 7, 1990, p. 26 に記述されている。

☆27 マサチューセッツ州公衆衛生当局によるコメントは，Christopher B. Daly, "State's War Against Mosquitoes Leaves Some Residents Upset," *Was hington Post,* September 6, 1990, A2 に引用されている。

第7章

☆1 インフルエンザに関するジョン・ラ・モンターニュのコメントは，1991年3月に行ったインタヴューに基づく。1918年の大流行に関するその他の統計は Peter Radetksy, *The Invisible Invaders : The Story of the Emerging Age of Viruses* (Boston : Little, Brown, 1991), p. 231 による。

☆2 インフルエンザがもたらす社会的影響の記述は，Sally Squires, "Are You Ready for the Flu?" *Washington Post,* January 2, 1990, Health section, 7 による。ニューヨーク市マウント・サイナイ医科大学のインフルエンザ研究者ピーター・パリーズによるインフルエンザとエイズの比較は，ピーター・ラデッ

キーの著書（前出）231ページに記述されている。

☆3　エドウィン・D・キルボーンのコメントは，1991年3月のインタヴューによる。

☆4　普通のインフルエンザと汎流行性インフルエンザの徴候は，*The Merck Manual of Diagnosis and Therapy* 15th ed. (Rahway, N. J. : Merck, Sharp & Dohme Research Laboratories, 1987), p. 172 に記述されている。

☆5　アジア風邪と香港風邪によって死亡したアメリカ人の統計は，Diana B. Dutton, *Worse Than the Disease : Pitfalls of Medical Progress* (Cambridge : Cambridge University Press, 1988), p. 133 による。

☆6　ホランドは水泡性口内炎ウイルスを用いた研究に基づいて値を出している。このウイルスは，インフルエンザのようにDNAではなくRNAに基盤を置く動物ウイルスである。かれの研究については Kathleen McAuliffe, "The Killing Fields," *Omni*, 1990, p. 94 と Julie Anne Miller, "Diseases for Our Future," *BioScience* 39, no. 8 (September 1989), p. 512 に記述されている。

☆7　ヒト・ウイルスには，このほかにもゲノムが分節から成るものがある。その中には下痢を起こすロタウイルス，ラッサ熱，アルゼンチン出血熱，ボリビア出血熱を起こすアレナウイルス，ハンタウイルスなども含まれている。こうしたウイルスもインフルエンザと同じように組換えを起こすことができるが，地理的に限られた範囲に存在して，同時に二種類以上の系統を宿すことのできる動物に出会う可能性も低いため，こうした組換えが人間の脅威になる心配はそれほどない。詳しくは Edwin D. Kilbourne, "New Viral Diseases : A Real and Potential Problem Without Boundaries," *JAMA* 264, no. 1 (July 4, 1990), p. 68-70 を参照のこと。

☆8　豚が「混合容器」になるという言い回しは，ジュリー・アン・ミラーの記事（前出）513ページによる。この説の主な提唱者は，メンフィスにあるセント・ジュード小児研究病院のロバート・G・ウェブスターおよびドイツのギーセンにあるユストゥス＝リービヒ大学ウイルス研究所のクリストフ・スコルティセックである。

☆9　汎流行性インフルエンザに関するスティーヴン・モースのコメントは，彼が書いた記事 "Regulating Viral Traffic," in *Issues in Science and Technology,* Fall 1990, p. 82 による。

☆10　魚の養殖を心配する科学者の声は，*Nature* 331 (1989), p. 215 の編集責任者に宛てた書簡に表明されている。

☆11　この引用のもとになったキルボーンの新聞記事には次のような見出しがつけられていた。「右舷に流感！　銛の用意！　ワクチン充塡！　船長を呼べ！　急げ！」*New York Times,* February 13, 1976, p. 33 には，このみだしと一緒に，荒れ狂った海と病気の魔手に取り囲まれた古いちっぽけな帆船と乗組員を描写した漫画も掲載された。

☆12　遺伝的に「凍結」されたソ連風邪について最初に書かれた文献はマウント・サイナイのピーター・パリーズらによるもので，これについてブライアン・マーフィーは1991年11月のインタヴューで話をしている。彼の研究は Peter Radetsky, *The Invisible Invaders* (Boston : Little, Brown, 1991), p. 241 にまとめられている。

☆13　フレッド・ホイルとチャンドラ・ウィクラマシンジは，太陽の黒点と汎流行性インフルエンザに関する説を編集責任者に宛てた書簡 “Sunspots and Influenza,” *Nature,* January 25, p. 1990 で説明している。

☆14　血球凝集素の型が順番に代わるという説は1991年11月のインタヴューでブライアン・マーフィーが述べたものである。19世紀に生まれた人々の抗体が1970年代半ばに研究されたことに関する情報は，W. Paul Glezen and Robert B. Couch, “Influenza Viruses,” in Alfred S. Evans, ed., *Viral Infections of Humans : Epidemiology and Control,* 3rd ed. (New York and London : Plenum Medical Book Company, 1989), p. 432 による。

☆15　ダグラス・ライによる初期の観察を含めたライ症候群の歴史は，Evelyn Zamula, “Reye Syndrome : The Decline of a Disease,” *FDA Consumer* (November 1990), p. 21-3 による。ローレンス・ショーンバーガーの引用もこの記事による。

☆16　ブタ・インフルエンザ免疫処置プログラムに対するキルボーンのコメントは，1992年1月に筆者に宛てた書簡による。

☆17　ブタ・インフルエンザの大失敗によって起きた科学的，政治的論争をよくまとめたものにダイアナ・B・ダットン，*Worse Than the Disease*（前出）127-173ページがある。ここでとりあげた詳細の多くのものはJ・ブラドリー・オコンネルおよびトム・セイマーの力を借りてダットンが書いたものによる。

☆18　エドワード・D・キルボーンは，ブタ・インフルエンザ免疫処置キャンペーンの体験から得られた教訓を “Swine Flu : The Virus That Vanished,” *Human Nature,* March 1979, p. 73 にまとめている。

☆19　1987年に CDC が中国に研究隊を派遣したことは，“The Disease Detectives,” *National Geographic,* January 1991, p. 116-40 による。

☆20　キルボーンは1991年3月のインタヴューで監視体制について話している。また，スティーヴン・モースのウイルス交通の記事に対する所見を *Issues in Science and Technology,* Spring 1991, p. 22-3 に記している。

第8章

☆1　フロリダ州で見張り役にニワトリを用いたことに関する情報は，CDC の専門家が製作した報告書 “Arboviral Surveillance——United States, 1990,” in *Morbidity and Mortality Weekly Report* 39, no. 35 (September 7, 1990),

p. 593-7 による。

☆2　地球規模の監視システムを提唱するD・A・ヘンダーソンの考えは，スティーヴン・モースの記事 "Regulating Viral Traffic," in *Issues in Science and Technology,* Fall 1990, p. 83 に取り上げられている。エイズ患者にかかる費用の概算は，Malcolm Gladwell, "U. S. Visa Policy Denounced at Global AIDS Conference," *Washington Post,* June 20, 1991, A3による。

☆3　『メディカル・ワールド・ニューズ』のミッチェル・L・ゾーラーとのインタヴューでD・A・ヘンダーソンは，熱帯病訓練センターの考えを話している。ゾーラーは記事 "Old Diseases Are New to Many Doctors," June 25, 1990, p. 23 にそれを引用している。ヘンダーソンは *The U. S. Capacity to Address Tropical Infectious Disease Problems* (Washington, D. C. : National Academy Press, 1987) にも寄稿しているが，この報告書でも同様な結論が出されている。

☆4　Alfred S. Evans, ed., *Viral Infections of Humans : Epidemiology and Control,* 3rd ed. (New York : Plenum Medical Book Company, 1989), の一章 Wilbur G. Downs, "Arboviruses" からの引用。

☆5　1991年3月のインタヴューにおけるロバート・ショープのコメント。

☆6　ジョナサン・マンのコメントは1991年4月のインタヴューにおけるもの。

☆7　ジョン・P・ウッドールの引用は，*Issues in Science and Technology* 7, no. 3 (Spring 1991), p. 24 の編集責任者への書簡による。

☆8　スティーヴン・モースの引用は彼の記事 "Regulating Viral Traffic," *Issues in Science and Technology,* Fall 1990, p. 84 による。

☆9　ジョシュア・レダーバーグの引用は彼の書いた記事 *"Pandemic as a Natural Evolutionary Phenomenon," Social Resarch* 55, no. 3 (Autumn 1988), p. 358 による。

☆10　セネガル川ダム・プロジェクトに関与していたウィル・ダウンズの話は，1991年3月のインタヴューでロバート・ショープが話している。モーリタニアでの流行に関する記述は John Walsh, "Rift Valley Fever Rears Its Head," *Science* 240 (June 10, 1988), p. 1397-9 による。

☆11　カール・ジョンソンは，スティーヴン・モースの著書 *Emerging Viruses* (New York : Oxford University Press, 1992) の中に書いた一章，"Emerging Viruses in Context : An Overview of Viral Hemorrhage Fevers" のなかでボリビア出血熱の出現と消滅について記述している。彼はそれがある程度教訓的な話だと考え，「これが，たった一つの病気を研究対象にした研究プログラムを作ろうとすることに対する人間への教訓になるように」と述べている。彼は，研究プログラムが軌道に乗る前に病気が消滅してしまうかもしれないと指摘している。

☆12　エドウィン・キルボーンのコメントは，1991年3月に行ったインタヴューによる。また，スティーヴン・モースが *Issues in Science and Technology*

に書いた記事に対する考えを編集者に宛てた書簡の中で述べている。キルボーンを始めとする何人かの科学者の返答は，その雑誌の Spring 1991 issue (vol. 7, no. 3) の22ページに掲載されている。

☆13 中国の研究者たちと共同でインフルエンザをモニターした話は Teri Randall, "CDC Plays Cat-and-Mouse With Flu Virus," *JAMA* 263, no. 19 (May 16, 1990), p. 2574-9 による。

☆14 思い上がりに関するジョナサン・マンのコメントは，1991年4月に行ったインタヴューによる。

☆15 創造的な監視計画に関するジョナサン・マンのコメントは，彼の書いた記事 "AIDS and the Next Pandemic," *Scientific American,* March 1991, p. 126 による。彼は1991年4月のインタヴューでもこの考えについて詳しくのべている。

☆16 1972年の生物兵器会議に関する情報および生物戦に関するその他の記述は，Melissa Hendricks, "Germ Wars," *Science News* 134 (December 17, 1988), p. 392-5 による。どのような場合に攻撃用生物兵器の研究が許されるかという部分は，当時合衆国国家安全アドヴァイザーであったヘンリー・キッシンジャーが1969年に発表した声明書を，その記事に引用したもの。

☆17 生物戦に関するマーク・ウィーリスのコメントは，スティーヴン・モースの記事に対する意見として編集責任者に宛てた書簡に書かれたものである。彼の書簡は *Issues in Science and Technology* 7, no. 3 (Spring 1991), p. 21 に発表されている。

第9章

☆1 W・フレンチ・アンダーソンと彼の患者に関する詳細，そして彼の言葉の引用は，Robin Marantz Henig, "Dr. Anderson's Gene Machine," *New York Times Magazine,* March 31, 1991, 31-5ff. という記事の取材で行ったインタヴューで得られた情報による。

☆2 ルネ・デュボスの引用は，*The Unseen World* (New York, The Rockefeller Institute Press, 1962), p. 71, 89 に基づく。

☆3 リチャード・マリガンの引用は，Peter Radestsky, *The Invisible Invaders : The Story of the Emerging Age of Viruses* (Boston : Little, Brown, 1991), p. 378 による。培養容器の中で起きることとは基本的には同じことであるが，アンダーソンは，「導入」のプロセスを使い慣れた「感染」という言葉をで言い表わす人々を注意深く訂正している。彼は，感染という言葉が「感情的すぎる」といっている。

☆4 デビッド少年の最後の日々の様子は，Boyce Rensberger, "Viruses : The Lifeless Invaders That Enslave Cells and Kill Us," *Washington Post,*

August 18, 1985, B1 による。

☆**5**　ロナルド・クリスタルの引用および彼の実験の詳細は Michelle Hoffman, "New Vector Delivers Genes to Lung Cells," *Science* 252 (April 19, 1991), p. 374 による。彼の研究は *Science* の同じ号の，メリッサ・A・ローゼンフェルト，ヴォルフガング・ジークフリートらとの共著による記事 "Adenovirus-Mediated Transfer of a Recombinant Alpha 1-Antitripsin Gene to the Lung Epithelium in Vivo," 431-434ページに説明されている。

☆**6**　バリー・カーターは，1990年11月にメリーランド州ベデスダで開かれたNIH 組換え DNA 顧問委員会の公開ミーティングで見解を述べている。

☆**7**　VP-16 遺伝子および tat 遺伝子を用いた細胞内免疫の詳細は Rick Weiss, "Well-Bred Cells : Poor Hosts to Viruses," *Science News* 134 (October 1, 1988), p. 213 による。

☆**8**　エイブラム・ベネンソンの引用および地球上最後の天然痘に関する部分はベネンソンの書いた章 "Smallpox," in Alfred S. Evans, ed., *Viral Infections of Humans : Epidemiology and Control,* 3rd ed. (New York : Plenum Medical Book Publishing, 1989), p. 633 による。

☆**9**　天然痘ワクチンを用いたジェンナーの初期の実験の様子は，主としてピーター・ラデツキー著 *The Invisible Invaders*（前出）による。

☆**10**　ワクシニア・ウイルスの起源に関して，フランク・フェンナーはデリック・バクスビー著 *The Origin of Vaccinia Virus* の序文に所見を記述している。

☆**11**　ワクシニア・ウイルスを元にした狂犬病ワクチンがフランスとベルギーで用いられたことは，Malcolm W. Browne, "New Animal Vaccines Spread Like Diseases," *New York Times,* November 26, 1991, C1 による。ベルギーにおける追跡調査の報告は Boyce Rensberger, "Vaccinating Foxes to Protect Cows," *Washington Post,* December 23, 1991, A2 による。

組換えワクシニア狂犬病ワクチンは，キツネには効果があるようだったが，Post 誌の記事は，合衆国東部における主な狂犬病キャリヤーであるアライグマやスカンクには効果が認められないと指摘している。

☆**12**　ワクシニア・ウイルスのベクターに関するジョエル・ダルリンプルの引用は1991年3月に行ったインタヴューによる。

☆**13**　地球上から天然痘を撲滅するキャンペーンで悩みの種となった副作用の記述は，エーブラム・ベネンソンの章 "Smallpox"（前出）650ページによる。「天然痘など存在しない所では，こうした併発症が重大な意味を持つので，予防手段のはずのものが病気そのものより多くの命を奪うと考えることができる」とベネンソンは記述している。「残念なことに，こうした併発症が強調されるあまりに西洋社会ではワクチン接種を恐れ，それほど重要ではない反応がみられても過剰反応するようになってしまった。」

☆**14**　パリにあるピエール／マリー・キュリー研究所のダニエル・ザガリーが行った，問題のエイズ・ワクチンの研究は，Alexander Dorozynski and Alun

Anderson, "Deaths in Vaccine Trials Trigger French Inquiry," *Science* 252 (April 16, 1991), p. 501-2 にまとめられている。

☆15 ワクシニアウイルスを用いたバーナード・モスの研究は，ローリー・K・デーペルによって書かれたプレスリリースで，1990年11月20日国立アレルギー・感染症研究所から発行されたものに基づく。

第10章

☆1 レウェリン・レグターズの「医学的戦争ゲーム」は，彼がリンダ・ブリンク，アーネスト・タカフジらと共に書いた章 "Are We Prepared for a Viral Epidemic Emergency?" in Stephen S. Morse, ed., *Emerging Viruses* (New York : Oxford University Press, 1992) に基づく。

☆2 スティーヴン・モースによると，ハンス・ステッテンは，マサチューセッツ州ウッズホールの海洋生物学研究所で行った講義でハード，ソフトの線を書いたという。モースは講義には出席していなかったが，その線の話は生物医学研究者の間では隠れた聖典となっている。

☆3 ウォルター・ギルバートの引用は，彼の解説論文 "Towards a Paradigm Shift in Biology," *Nature* 349 (January 10, 1991), p. 99 による。

☆4 カールトン・ガイジュセクは，1991年12月に行ったインタヴューで分子生物学について話している。

☆5 研究手段としてのレトロウイルスについてのスティーヴン・モースのコメントは，1991年3月のインタヴューによる。

☆6 ポリオの型分類に関する話は1991年12月のガイジュセクとのインタヴューによる。

☆7 キース・スチュワート・トムソンの引用は，彼の記事 "Reductionism and Other Isms in Biology," *American Scientist* 72 (1984), p. 388-90 による。

☆8 レオウイルスの活性化に関するバーナード・フィールズのコメントは，1991年3月に行ったインタヴューによる。

☆9 キューバにおけるウォルター・リードの冒険談は，Carol Eron, *The Virus That Ate Cannibals : Six Great Medical Detective Stories* (New York : Macmillan Publishing, 1981), p. 18-19 による。リード調査団のメンバーで，病気を運ぶ蚊に刺される役をかって出た結果死亡した者の中には，昆虫学者のイェッセ・レーザーと看護婦のクララ・マースがいた。

☆10 医学生の負債額に関する数字は，Janet Bamford, "Doctors of Finance," *Forbes* 137 (April 7, 1986), p. 123 による。

☆11 生物学の未来に関する米国科学アカデミーの報告が，ステュー・ボーマンによって書かれた記事 "Biology Research : Report Stresses Interdisciplinary Ties," in *Chemical and Engineering News* (December 18, 1989), p. 4 の

主題となっていた。

☆**12**　スティーヴン・モースは1991年3月のインタヴューで，「交通科学」という新分野の是非について話している。

☆**13**　ウッズホールに関するルイス・トマスの引用は，*The Lives of a Cell : Notes of a Biology Watcher* (New York : Bantam Books, 1974), p. 73による。

☆**14**　マシルド・クリム のエイズに関するコメントは，彼女に名誉学位を授けたニューヨーク州立大学ストーニーブルック校の卒業式のスピーチに含まれていた。スピーチの抜粋が *The Scientist* (June 24, 1991), p. 11 に掲載された。

文献

Balows, Albert, editor-in-chief. *Manual of Clinical Microbiology*, 5th ed. Washington, D.C.: American Society for Microbiology, 1991.

Burnet, Sir Macfarlane. *Natural History of Infectious Disease*, 3rd ed. New York and London: Cambridge University Press, 1962.

Dawkins, Richard. *The Selfish Gene*. Oxford and New York: Oxford University Press, 1989.

Dubos, René. *Mirage of Health: Utopias, Progress, and Biological Change*. New York: Harper & Row, 1959.

Dubos, René and Jean Dubos. *The White Plague: Tuberculosis, Man and Society*. Boston: Little, Brown, 1952.

Duncan, Ronald, and Miranda Weston-Smith, eds. *The Encyclopedia of Medical Ignorance*. Oxford: Pergamon Press, 1984.

Dutton, Diana B. *Worse Than the Disease: Pitfalls of Medical Progress*. Cambridge: Cambridge University Press, 1988.

Dwyer, John M. *The Body at War: The Miracle of the Immune System*. New York: New American Library, 1988.

Eron, Carol. *The Virus That Ate Cannibals: Six Great Medical Detective Stories*. New York: Macmillan Publishing, 1981.

Evans, Alfred S., ed. *Viral Infections of Humans: Epidemiology and Control*. New York and London: Plenum Medical Book Company, 1989.

Fee, Elizabeth, and Daniel M. Fox, eds. *AIDS: The Burdens of History*. Berkeley and Los Angeles: University of California Press, 1988.

Fenner, Frank, B. R. McAuslan, C. A. Mims, et al. *The Biology of Animal Viruses*, 2nd ed. New York and London: Academic Press, 1974.

Gleick, James. *Chaos: Making a New Science*. New York: Penguin Books, 1987.

Grmek, Mirko D. *History of AIDS: Emergence and Origin of a Modern Pandemic*. Trans-

lated by Russell C. Maulitz and Jacalyn Duffin. Princeton, N.J.: Princeton University Press, 1990.

Hoyle, Fred, and Chandra Wickramasinghe. *Diseases from Space*. New York: Harper & Row, 1979.

Krause, Richard M. *The Restless Tide: The Persistent Challenge of the Microbial World*. Washington, D.C.: The National Foundation for Infectious Diseases, 1981.

McNeill, William H. *Plagues and Peoples*. New York: Anchor Press/Doubleday, 1976.

Morse, Stephen S. *Emerging Viruses*. New York: Oxford University Press, 1992.

National Academy of Sciences. *The U.S. Capacity to Address Tropical Infectious Disease Problems*. Washington, D.C.: National Academy Press, 1987.

Radetsky, Peter. *The Invisible Invaders: The Story of the Emerging Age of Viruses*. Boston: Little, Brown, 1991.

Scott, Andrew. *Pirates of the Cell: The Story of Viruses from Molecule to Microbe*. New York: Basil Blackwell, 1987.

Shilts, Randy. *And the Band Played On: Politics, People, and the AIDS Epidemic* (revised edition). New York: Penguin Books, 1988.

Shoumatoff, Alex. *African Madness*. New York: Alfred A. Knopf, 1988.

Silverstein, Arthur M. *A History of Immunology*. San Diego, Calif.: Academic Press, Inc., 1989.

Thomas, Lewis. *Late Night Thoughts on Listening to Mahler's Ninth Symphony*. New York: Bantam Books, 1984.

Thomas, Lewis. *The Lives of a Cell: Notes of a Biology Watcher*. New York: Bantam Books, 1974.

Wills, Christopher. *The Wisdom of the Genes: New Pathways in Evolution*. New York: Basic Books, 1989.

Witt, Steven C. *Biotechnology, Microbes and the Environment*. San Francisco, Calif.: Center for Science Information, 1990.